129

新知
文库

XINZHI

Earth's Deep History:
How It Was Discovered
and Why It Matters

Earth's Deep History: How It Was Discovered and Why It Matters
By Martin J. S. Rudwick
Licensed by The University of Chicago Press, Chicago, Illinois, U.S.A.
© 2014 by The University of Chicago. All rights reserved.

深解地球

［英］马丁·拉德威克 著

史先涛 译

生活·讀書·新知 三联书店

Simplified Chinese Copyright © 2020 by SDX Joint Publishing Company.
All Rights Reserved.
本作品简体中文版权由生活·读书·新知三联书店所有。
未经许可，不得翻印。

图书在版编目（CIP）数据

深解地球／（英）马丁·拉德威克著；史先涛译．—北京：生活·读书·新知三联书店，2020.10　（2021.9重印）
（新知文库）
ISBN 978-7-108-06926-9

Ⅰ.①深…　Ⅱ.①马…②史…　Ⅲ.①地球演化－普及读物　Ⅳ.①P311-49

中国版本图书馆 CIP 数据核字（2020）第 143926 号

责任编辑	王振峰
装帧设计	陆智昌　康　健
责任校对	曹秋月
责任印制	董　欢
出版发行	生活·讀書·新知 三联书店
	（北京市东城区美术馆东街 22 号 100010）
网　　址	www.sdxjpc.com
图　　字	01-2020-4964
经　　销	新华书店
印　　刷	三河市天润建兴印务有限公司
版　　次	2020 年 10 月北京第 1 版
	2021 年 9 月北京第 2 次印刷
开　　本	635 毫米×965 毫米　1/16　印张 23
字　　数	270 千字　图 94 幅
印　　数	6,001-9,000 册
定　　价	49.00 元

（印装查询：01064002715；邮购查询：01084010542）

新知文库

出版说明

在今天三联书店的前身——生活书店、读书出版社和新知书店的出版史上，介绍新知识和新观念的图书曾占有很大比重。熟悉三联的读者也都会记得，20世纪80年代后期，我们曾以"新知文库"的名义，出版过一批译介西方现代人文社会科学知识的图书。今年是生活·读书·新知三联书店恢复独立建制20周年，我们再次推出"新知文库"，正是为了接续这一传统。

近半个世纪以来，无论在自然科学方面，还是在人文社会科学方面，知识都在以前所未有的速度更新。涉及自然环境、社会文化等领域的新发现、新探索和新成果层出不穷，并以同样前所未有的深度和广度影响人类的社会和生活。了解这种知识成果的内容，思考其与我们生活的关系，固然是明了社会变迁趋势的必需，但更为重要的，乃是通过知识演进的背景和过程，领悟和体会隐藏其中的理性精神和科学规律。

"新知文库"拟选编一些介绍人文社会科学和自然科学新知识及其如何被发现和传播的图书，陆续出版。希望读者能在愉悦的阅读中获取新知，开阔视野，启迪思维，激发好奇心和想象力。

生活·讀書·新知三联书店
2006年3月

献给特里什（Trish）

蒙上帝保佑

目 录

导 论   1

第一章 将历史塑造为科学
     编年史学   9
     推断世界历史的年代   15
     世界历史的时期   19
     被视为真实历史事件的挪亚洪水   22
     有限的宇宙   26
     永恒主义的威胁   30

第二章 自然本身的遗迹
     历史学家和古物收藏者   34
     自然文物   37
     关于化石的新观点   43
     关于历史的新观念   49
     化石和大洪水   53
     绘制地球历史   56

第三章　勾勒宏大图景

一个新的科学门类　　　　　　　　　61
一种"神圣"的理论　　　　　　　　64
一个缓慢冷却的地球？　　　　　　　69
一架循环的世界机器？　　　　　　　75
既古老又现代的世界？　　　　　　　81

第四章　扩展时间和历史

化石：大自然的"钱币"　　　　　　86
作为自然档案的地层　　　　　　　　89
作为自然纪念碑的火山　　　　　　　95
描述性"自然史"和现代"自然史"　　101
猜测地球历史的时间尺度　　　　　　107

第五章　突破时间限制

灭绝的事实性　　　　　　　　　　　111
最后的地球革命　　　　　　　　　　118
现在是理解过去的钥匙　　　　　　　123
作为证据的漂砾　　　　　　　　　　125
《圣经》记载的大洪水和地质洪水　　129

第六章　亚当之前的世界

地球最后一次革命之前　　　　　　　138
奇特的爬行动物的时代　　　　　　　146
新的"地层学"　　　　　　　　　　148
绘制地球的长期历史　　　　　　　　154
缓慢冷却的地球　　　　　　　　　　160

第七章　打破共识
　　地质学和《创世记》　　　　　　　　　　　165
　　令人不安的局外人　　　　　　　　　　　　173
　　灾变还是渐变？　　　　　　　　　　　　　180
　　影响力大的"冰期"　　　　　　　　　　　187

第八章　自然历史中的人类历史
　　破解冰期之谜　　　　　　　　　　　　　　194
　　与猛犸象共处的人类　　　　　　　　　　　198
　　进化的疑问　　　　　　　　　　　　　　　209
　　人类进化　　　　　　　　　　　　　　　　217

第九章　充满重大事件的深史
　　"地质学和《创世记》"走向边缘化　　　　223
　　正确看待地球历史　　　　　　　　　　　　229
　　地质学走向国际　　　　　　　　　　　　　233
　　走向生命的起源　　　　　　　　　　　　　241
　　地球历史的时间尺度　　　　　　　　　　　246

第十章　地球的全球史
　　确定地球历史的年代　　　　　　　　　　　252
　　陆地和海洋　　　　　　　　　　　　　　　258
　　有关大陆"漂移"的争议　　　　　　　　　264
　　一个新的全球性大地构造学　　　　　　　　271

第十一章　众多行星之一
　　利用地球年表　　　　　　　　　　　　　　280
　　灾变回归　　　　　　　　　　　　　　　　283

揭开深远过去之谜　　　　　　　　　　　288
　　　在宇宙背景下的地球　　　　　　　　　　300

第十二章　结　论
　　　地球深史：一场回顾展　　　　　　　　　312
　　　过去的重大事件和引起它们的原因　　　　317
　　　有关深史的知识可靠吗？　　　　　　　　321
　　　重新评估地质学和《创世记》　　　　　　323

后记：创世论者无力对抗科学　　　　　　　　　　329

致　谢　　　　　　　　　　　　　　　　　　　　336
扩展阅读　　　　　　　　　　　　　　　　　　　338
　　　涵盖所有时期的著作（17—21世纪初）　　338
　　　早期（17—18世纪中期）　　　　　　　　339
　　　中期（18世纪中期—19世纪晚期）　　　　340
　　　晚期（19世纪末—21世纪早期）　　　　　341

参考书目　　　　　　　　　　　　　　　　　　　344

图片来源　　　　　　　　　　　　　　　　　　　348

导　论

　　西格蒙德·弗洛伊德（Sigmund Freud）曾经指出，历史上出现过三次重大的革命，它们颠覆了人类对于自身在自然界所处地位的认知。第一次革命终结了地球是宇宙中心的神话，宣告了地球只是诸多行星中的普通一员，它围绕着浩瀚宇宙中不可胜数的恒星之一运行。而第二次革命，据说将我们从上帝独一无二的关爱对象降格为裸猿，使人类深刻地认识到自己并不比其他动物高级。第三次革命通过揭示人类潜意识的深度，动摇了我们自视为理性存在者的信念。这些促使我们转变自身认知的重大革命后来都以著名人物命名，他们分别是哥白尼（Copernicus）、达尔文（Darwin）和弗洛伊德。

　　然而，正如我已故的朋友斯蒂芬·杰伊·古尔德（Stephen Jay Gould）很久之前所说的那样，弗洛伊德的清单里遗漏了第四次革命。虽然这次革命并没有合宜地以某个著名人物命名，但无疑也应当在上述革命阵营中占有一席之地。第四次重大革命（如果按照发生的时间来排列，应该是第二次）的一个显著特点是，它极大地扩展了地球的时间尺度（timescale）。言外之意，也极大地扩展了宇宙的时间尺度，这与第一次革命（哥白尼革命）极大地扩展了宇宙的空间尺度有异曲同工之妙。早前，大多数西方人想当然地以为地球被创造于公元前4004年，如果这一年份不是那么精确的话，那就是再往前几千年的某个特定年份。自第四次革命以来，人们普遍认为，地球的时间尺度的数量级就算不是数十亿年，也得是数百万年。如今，地质学家在日常工作中要跟数量惊人的深时（deep time）打交道，正如他们的天文学家和宇宙学家同事日常工作要面对难以计数的宇宙深空（以及深时）一般。

"深时"这一概念目前已经传播到科学界以外，广为人知。但是，学界对于时间尺度扩展给予的压倒性强调掩盖了这场伟大革命的另外两个特征。如果把这两个特征结合在一起考虑，那将意义非凡。首先是人类自身地位的根本性转变。传统观念中的"年轻地球"几乎完全是由人类主宰的地球，只有短暂的开场或序幕是用于为人类出场做铺垫的。传统观念认为，这是一出从头至尾以人类为主角的戏剧，从亚当登台到未来地球消亡的世界末日莫不如此。比较而言，由早期的地质学家首先发现并重新构建的"古老地球"基本上和人类无关，因为它完全处于人类出现以前的时代，人类这个物种似乎很晚才登上世界舞台。因此，就像在广袤的深空中一样，学者新发现的深时中的大部分时段并没有人类的任何痕迹。

同时，相对短暂的人类历史同无比漫长的前人类历史之间的区别是第四次伟大革命的第二个标志，也是更具根本性意义的标志。人类出现之前的地球处于前人类历史时期，这一简单的事实本身就足以赋予地球一个基本的历史特征。人类产生之前的深时广阔而又深邃，这一漫长而又独立的时段如同人类历史一样内涵丰富、意义重大、激动人心，当然，是以它自己的方式。简而言之，大自然有其自身特有的历史。

因此，本书并非主要讲述深时的发现过程，对此只是简单叙述，重点探讨的是地球深度历史的重新构建和我们人类在其中的地位。第四次伟大革命向来被人们忽视，面向大众的图书和电视节目更是缺乏对相关内容的介绍。两个明显的原因造成了这种现象。首先，这次革命被压缩成仅仅是达尔文进化论的前奏，人们一般认为进化论才是更加振奋人心的故事。承认地球具有深度历史是准确解释生物多样性的必要前提，更是理解人类起源的前提，但是本书总结的这个故事有其自身的使命，它独立于达尔文或其他任何人的进化论，因为它关乎地球上一切存在物的历史：不只是动物和植物，还有岩石、矿物、山脉、火山、地震、陆地、海洋和大气等。因此，承认地球有其自身的历史，认识到这段历史可以精准且可靠地被重建，这为人类思想史上的这次重要革命打下了基础。这次革命是一个值得认真讲述的精彩故事，为了讲好它，我们必须使用它自身的术语。

这次革命被忽视的第二个原因是它被压缩为科学战胜宗教的激烈征程中的一个小插曲。公元前4004年这一声名狼藉的日期被广泛视为固守蒙昧而又残酷严苛的教会压制代表进步的启蒙理性的典型。但是这种使用诸如"科学与宗教""教会与理性"标签的行为应当引起我们的怀疑。真实的历史从来不会如此抽象，也不会如此简单。事实上，科学和宗教存在长期冲突的刻板印象早就被一些历史学家所抛弃。这种刻板印象塑造出的历史粗劣不堪，为近现代的无神论原教旨主义者提供了激动人心的浮夸之词。在本书中，我努力使用与这种刻板印象背道而驰的有趣的和重要的方式来展示地球深史这种逐渐显露的意识是如何与早期的历史观发生关联的。令人惊讶的是，一些现代宗教原教旨主义者复兴了"年轻地球"这一观念，这类观念在某些国家带来的政治力量更加令人惊奇。我在本书的末尾简要讨论了现代的创世论者，但是我希望我使用的方式能够让读者明白这一简要的讨论只是本书中怪诞的助兴插曲，而非叙事的高潮。

其实，我认为，关于科学与宗教长期存在冲突的刻板印象已经过时了，至少在人类思想史的第四次伟大革命中这一刻板印象就应该已被颠覆了。一旦我们认识到第四次革命的核心在于自然有其自身的历史，自然历史的时间尺度的扩展就只是一个次要问题了。更重要的是要理解自然的历史是真实的这个新常识的起源。它的源头在于现当代人对人类历史的理解，人们有意将这种理解方式引入到自然世界，才引导出这个新常识，人类历史，而不是物理学或天文学，成为追寻自然界历史的模型。例如，回顾往事就可以发现，与行星的运动轨迹可以预测不同，帝国的兴起和衰落是完全无法预测的。人类历史被认为具有很强的偶然性。在任何节点上，事情都可能往完全不同的方向发展。这点非常使人着迷，人们经常禁不住设想与历史史实相反的情况，或者设想"如果……将会怎样？"。将历史真实性意识从文化领域转移到自然界，人们便对自然——更确切地说是地球——产生了一种新的理解，使得地球具有类似文化那样的历史特性。如果这种转移看起来令人吃惊，可能是因为人们需要接受以下观点：受到人类历史学的影响，自然科学才得以扩展，而且这种转移跨越了所谓的两种文化——科学和人文——之间假定的鸿沟。英语世界之外的人不会面临跨越这个鸿沟的困境，因为他们很明智地将组成知识的各类学科统称为"sciences"，而不像我们以英语为母语的人，使用单数的"science"来指代其中的一部分学科。

考虑到在相关的几个世纪（大致是17—19世纪）西方文化所具有的特性，自然有其自身的历史这种新设想的一个主要源头——

甚至可以说是唯一的主要源头——就包含在犹太教与基督教共有的经书中体现出的强烈的历史意识之中,这点不足为奇。这种意识蕴含在经文的动态叙述中,从最早的《创世记》到关键性的道成肉身再到最终的《上帝之城》都有它的痕迹。这些传统的基础性文本,不仅没有阻碍地球深史的发现,反而积极促成了这一发现。借用生物学中的一个比喻,这些文本给读者提供了预适应性,也就是说,让读者提前适应,帮助他们更容易和更愉快地使用相似的历史术语来思考自然界,而自然界既是人类活动的背景,也是信徒所声称的上帝主动作为的背景。当然,对于这些经文中体现的宗教视角的可信度,我是持中立态度的。我的观点不是支持或反对这些宗教信念的证据,我将自然与宗教联系起来的目的是探讨历史而非为某种观点辩护。

发现地球深史很重要吗?当然!这个故事本身就足够精彩,引人入胜,值得我们大力宣扬,让更多人知晓。在达尔文200周年诞辰之际,人们非常关注他提出的进化论,相比之下,地球深史却鲜为人知。除了趣味性,我相信地球深史意义重大、影响深远,因为它揭示的内容让我们认识到自己身处的世界竟然如此广袤深邃,这完全出人意料。早年间那些以研究自然世界为职业的人(他们已开始被人称为科学家)普遍认为,随着研究的深入,人们将能够越来越准确地预测自然界。科学家致力于揭示自然界的"规律",无论在过去、现在还是永恒的未来,人们认为"规律"本质上来说是不会变化的。不管是个体还是社会,对自然规律掌握得越准确,就能越有效地控制或改造自然世界,让它服务于人类的目标。像物理和天文之类的学科因此被视为可以效仿的典范。例如,如果人们能够将自然界的潜在规律量化得更彻底,用更精确的数学公式来表达,就能更精确地预测日食或月食的时间。

地球的发展历程证明，它不能像电脑程序那样给出特定的初始条件和不会改变的自然规律，以此决定地球过去和未来的样子。当然，地球上自然界的组成部分是被假定为根据不变的规律活动的。例如，波浪拍打的力量可以侵蚀海边的悬崖峭壁，人们经常以此为例证明，无论是在过去还是在当下，同样的物理学规律一直在发挥作用。但是大陆与海洋过去的历史与可能的将来都无法从任何此类非历史规律中推断出来，更不用说作为一个整体的地球的过去与将来。要想重新构建所有此类历史，必须依靠历史上幸存下来的证据，正如要想重建人类如何居住在陆地上、如何跨越海洋进行交易等事实，就必须依靠幸存下来的当年的文件和有历史价值的人工制品。换句话说，重建地球深史不能通过运用自然规律"自上而下"推导的方式，只能通过将历史证据"自下而上"地拼接在一起。事实证明，地球深史也像人类历史一样具有混乱而又不可预测的偶然性，不能像精确预测月亮和行星的运行如何跟太阳相关那样推导。这种不可预测的偶然性很重要。

在人类历史发展进程中，地质学是最早意识到自然有其自身历史的学科，不过，它不是最后一个也不是唯一意识到这点的学科。地质学家逐渐认识到，要想理解阿尔卑斯山脉目前的形态，就必须弄清楚这一山脉悠久且复杂的历史。同地质学家一样，生物学家（最著名的是作为地质学者开启职业生涯的达尔文）后来发现，植物和动物目前的形态和习性体现了它们自身的进化历史，如果不能掌握它们的进化史，就无法完全理解它们。这种承认研究对象具有历史真实性的观点最终被宇宙学采纳。如今，宇宙学家在日常工作中要经常重建大量恒星和星系的历史，甚至是重建从假想的宇宙起源，即大爆炸以来的整个宇宙的历史。宇宙学家使用的方法同地质学家最初发展出来的探求地球深史的方法是类似的。我在这本书中总结的故事意义重大,远超故事本身聚焦的特定学科。

总之,我必须强调的是,就像任何此类著作一样,本书不仅建立在我的历史研究成果之上,我还借鉴了许多国家的历史学家的成果,这些成果中的大部分以多种语言发表于最近几十年。我之所以强调这点,是因为各学科的历史研究者进行的此类现代研究太容易被轻率地忽略了,即使往好里说,也是没有被充分利用,当然一些值得尊敬的学者除外。这些忽略别人研究成果的群体包括:流行科学书籍的作者、科学类电视节目制作人,最严重的是对自己研究的学科发表专业意见的科学家。在历史研究方面,他们看起来都喜欢待在安逸的舒适区,一再翻新以前的谬论,这些谬论毫无吸引力,充斥着沙文主义(以及性别歧视),总是要挑选出这个或那个领域的"某某之父"。

我能接触到的可靠历史研究成果可以说汗牛充栋,为了突出我眼中的这个故事的主要特征,写作这本篇幅有限的书需要大刀阔斧地删减细节并更敏锐地聚焦某些领域。我集中叙述了那些开始称自己为科学家的个体的观点和活动,对于这些个体宣称的研究成果所具有的更广泛的文化影响,我只是简单提及。地球深史的基本观念如今成了全世界的地球科学家工作的基础。这一观念首先发端于欧洲而不是其他地方,这是人类历史进程中的事实。因此,这个故事的大部分内容聚焦于欧洲文化领域而不是世界其他地方,虽然欧洲以外的区域在 21 世纪的科学发展中发挥着越来越重要的作用。(这个故事的主角基本都是男性,这点反映了早期的历史现实;最近几十年更加详尽的历史表明,至少在这一科学领域中,性别越来越无关紧要。)

我希望这本书不仅有助于传播人类思想史中的一场伟大革命,使之为更多人知晓和了解,而且还能破除人们头脑中一些过时的观念，尤其是"科学"和"宗教"之间存在长期冲突这一家喻户晓的错误观念。在这种错误观念中，科学和宗教不管从什么意义上来说都像神话中两种对立的野兽，正如圣乔治与恶龙一样，分别被视为善良和邪恶的传统象征。

第一章
将历史塑造为科学

编年史学

对于世界、人类和时间的最终起源这一深刻问题，17世纪的英国作家托马斯·布朗爵士（Sir Thomas Browne）很随意地总结说："我们可以这样理解时间：只是比我们人类的出现早五天而已。"在诸如伽利略（Galileo）和牛顿（Newton）这样的科学巨匠生活的时代，大部分西方世界的民众，无论是否信奉宗教，都理所当然地认为人类几乎同地球一样古老。不光是地球，他们还认为整个宇宙甚至是时间本身也并不比人类历史更加古老。

《圣经》第一卷《创世记》在开篇中简短叙述了在经过五天的准备活动后，上帝在创世的第六天造出了亚当（"那人"），然后在安息日休息，世界上的第一周就这么结束了。倒不是说，专横严苛的教会强逼布朗和他同时代的人认同《创世记》，将它视作对最古老过去的可靠记叙，而且当时被宗教改革运动和反宗教改革运动分裂的基督教世界，确实也没有一个单独的教派拥有至高无上的权威能够强迫信徒接受这种观点。当时的人们理所当然地认为，世界从诞生之日起基本上就是人类世界，人类登上历史舞台前的序幕非常短暂，上帝在序幕中设置了人类生活所必需的"道具"：太阳和月亮、白天和黑夜、大地和海洋、植物和动物。当时的人们认为这是很明显的常识，他们认为没有人类存在的世界完全没有意义，前人类世界的时间很短暂，只是以人类为主角的戏剧开演的前奏，用来设置背景。所以，他们想当然地认为《创世记》记录了真实的世界的起源情况。他们认为《创世记》出自摩西之手，作为远古世界唯一的历史学家，他记录了世界的早期状况；而且那段历史的最初阶段没有任何人到场见证并记录，只能由上帝自己透露给摩西（或者是他之前的亚当）。最糟糕的是，当时的人们认为，自己身处的世界不存在任何事物能清楚地证明历史还有其他面貌。

布朗和他同时代的大部分人——不管是鸿儒还是白丁——都想当然地认为，人类历史跨越的时间长度与自然世界的历史相同。不过，他们并不认为人类历史很短暂，也不认为地球很年轻，相反地，他们认为二者都很古老，尤其是对于最多只能活到"70 岁"的人类个体来说更是如此。按照当时的划分标准，"基督纪元"（Anno Domini，又译为"公元"）始于耶稣诞生的公元元年，即道成肉身这一极不寻常的关键事件的发生之年。从这个时间点算起，大概 30 年后，罗马帝国总督本丢·彼拉多（Pontius Pilate）下令处决了耶稣，从那时起一直到布朗生活的年代，人类社会总共走过了 1600 年。比照人类寿命的标准来看，这是跨度非常大的时段。在布朗的同时代人看来，古罗马和令他们高度尊重的拉丁文献当之无愧地属于"古代历史"的研究范畴。"基督出生之前的年份"（Years Before Christ，又译为"公元前"）跨越的时段更长，越过了古希腊和古希腊人创作的同样令人钦佩的文献，一直可以追溯到鲜为人知的年代。《圣经》中的内容被普遍视为有关那个年代的仅存的记录。当时的大部分历史学家认为上帝最初的创世活动距离道成肉身的时间长度为大概三倍于道成肉身距离他们自己生活的时代。因此，从上帝创世到他们生活的年代就是地球全部的历史，其时间跨度之大在他们看来已然不可思议。看起来，五六千年就足够涵盖整个已知的人类历史，当然也包括人类活动的舞台——自然世界。世界历史的开端之久远甚至令古希腊和古罗马所处的"古代历史"时期相形见绌。

17世纪，一位历史学家精确计算出上帝创世的那个星期始于公元前4004年的某个具体日期，这一日期理应受到人们的质疑，当时也确实遭到质疑。不过，人们并没有质疑这位历史学家致力于追求精确的行为，而且也不认为他计算出的时间不够久远。这个特殊的数字是由爱尔兰历史学家詹姆斯·厄谢尔（James Ussher）计算出的，他拥有一位对他仰慕不已同时又非常有权势的资助人——英国国王詹姆斯一世（King James Ⅰ，他担任苏格兰国王时被称为詹姆斯六世）。詹姆斯一世去世前不久，任命厄谢尔为爱尔兰阿尔马教区大主教兼爱尔兰新教教会首领（厄谢尔晚年大部分时间生活在英格兰）。

在现代社会，厄谢尔和他提出的公元前4004年被大肆嘲讽。但是，按照现代的观点来看，厄谢尔并不是宗教原教旨主义者。在他生活的时代，他是主流文化领域中的公共知识分子。他的工作不应该被视为《1066年那些事儿》（*1066 and All That*）一书中所讲的那些笑话。在这本以恶搞口吻讲述历史的经典著作中，作者将英国历史中的国王和重大事项黑白分明地划分为好国王和坏国王、好事和坏事。在厄谢尔生活的时代，他提出的公元前4004年并不是一件"坏事"。相反地，从一些重要的方面来看，这个日期是一件彻头彻尾的"好事"。厄谢尔关于世界历史的观点看上去与地球深史的现代科学理念相去甚远，以至于二者之间没有任何可能的关联，是不可调和的、互相排斥的（在现代的宗教原教旨主义者和无神论原教旨主义者看来，事情就是这样的）。其实，像厄谢尔那样的17世纪的历史学家所做的工作，同当今世界地球科学家所做的工作是首尾相连的。也就是说，厄谢尔是理解现代地球深史观起源的上佳起点。此外，如果我们能够在厄谢尔所处的时代背景下来理解他的观点，就能明白他的观点同现代创世论者所谓"年轻地球"这一观点仅仅是表面上相似，实质上则对比鲜明。同厄谢尔不同，现代的创世论者处于孤立状态，地位岌岌可危。

17世纪有一群遍布欧洲的学者，他们专注于被称为"编年史学"的历史研究，厄谢尔只是其中一员。他们致力于为世界历史构建出详尽和精确的时间表。他们尽力收集并整理一切文本记录，既有宗教方面的也有出自世俗人士之手的，其中包括非同寻常的自然事件，比如日食、月食，彗星和"新星"（超新星）等。其他年代学家对厄谢尔年表中的很多具体细节并不认同，甚至多有批评，但是他们中的大多数赞同他的总体目标，他的编纂工作清楚地表明了这些学者努力做了哪些尝试。

在漫长而又高产的学术生涯末期，厄谢尔出版了《旧约年鉴》（*Annales Veteris Testamenti*，1650—1654）。这部作品是用拉丁文写成的，以确保其他地方的学者也能读懂，因为拉丁文是整个欧洲的文化人之间通用的国际语言，如同今天英语在世界上的地位。厄谢尔这部洋洋洒洒两大卷的作品被命名为"年鉴"，是因为书中逐年排列并总结了世界历史中已知的重大事件。他至少给每一个重大事件都分配了他自认为正确的年份，并严格按照时间顺序来描述。因此，他的这部书开篇就是上帝在公元前4004年创造世界。书中讲述的内容追溯到公元前和公元的分界点以及耶稣生活的年代，一直到70年，罗马人完全摧毁了位于耶路撒冷的著名犹太教圣殿才告结束。从厄谢尔的基督教视角来看,这标志着将上帝与犹太民众明确相连的"旧约"的决定性结束。在追溯世界历史进程的道路上,厄谢尔的年表一直向前探寻到上帝与其新子民订立"新约"的最初年份,这些新子民从总体上来说是全球性的和多民族的,而上帝则由基督教会来代表。

厄谢尔的世界历史著作代表了那个时代最优秀的学术实践。编年史学作为历史"科学"(这里的"科学"是指它最本源的意思,除了在英语世界以外,这个意思在其他语言中依然在流通)名副其实。厄谢尔的著作基础扎实,他对能收集到的已知的所有古代文本记录都做了缜密分析。这些材料大部分来自拉丁文、希腊文和希伯来文。比厄谢尔出生早四十多年的法国学者约瑟夫·斯卡利杰尔(Joseph Scaliger)是最伟大也最博学的编年史学家,他在研究中还使用了诸如古叙利亚语和阿拉伯语等多种相关语言的材料。但即使博学如斯卡利杰尔,对像中国或印度等更远地方的资料也知之甚少。此外,古埃及的象形文字当时也还没有被破解。尽管如此,编年史学家依然可以获得大量融合多种文化和多语言的证据。他们从形形色色的记录中选取重要的日期,在那些日期中发生了重要的政治变革,出现了值得纪念的天文事件,古代帝王登基掌权或结束统治也在上演。编年史学家跨越不同的古代文明,努力将这些日期和事件加以匹配,然后把这些标注日期的重大事件连接到一起形成环环相扣的链条。(编年史学并没有消亡。如今,现代编年史学研究成果在博物馆中得到展示,无论是来自古代中国还是古代埃及的文物都会被贴上公元前某年的标签;所有此类日期都来自不同文明的历史之间存在的相似性和关联性。)

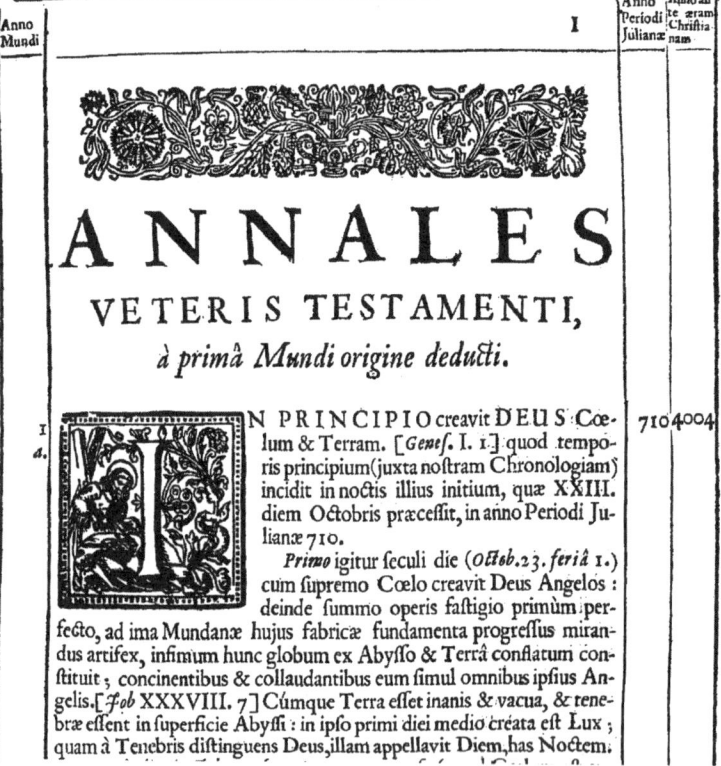

图 1.1 厄谢尔的"公元前 4004 年"是如何首次出现在印刷品上的？此图是他所著的《旧约年鉴》首页的一部分，日期体系分别列在页面边缘的三栏中。页面左边一栏是"创世纪元"（Anno Mundi），被标记为 1 年，标志着上帝创世的年份。在页面右边，是"基督纪元之前"（Anno ante æram Christianam），始于 4004 年（即公元前 4004 年），随着这个年表向前继续，年份是递减的。但是，按照"儒略周期纪年"（Anno Periodi Julianæ，独立于任何真实历史的一种参照性计时体系）来看，这一年是儒略周期的 710 年。在文章的一开始，厄谢尔将上帝创世的第一天，也就是真实时间的开始，设定为儒略周期 710 年的 10 月 23 日前夜。因此，有更早的儒略周期年份以"虚拟"时间的方式存在。编年史学并非头脑简单的人能理解的一门学科。厄谢尔的拉丁文书名指的是上帝与犹太人订立"旧约"这一神学理念，而不是犹太人的宗教典籍或者《圣经·旧约》；厄谢尔的编年史学也涵盖了《圣经·新约》或基督教典籍所涉及的时期

很显然，就像其他编年史学家一样，厄谢尔的大部分重要证据并非出自《圣经》，而是古代世俗人士的记录。在他的这部书中，距离耶稣诞生较近的公元前几个世纪的材料是最丰富的，随着他继续追溯到更加遥远的过去，相关材料急剧减少。记载地球最初历史的史料极其匮乏，基本上只限于《创世记》中关于人类历史最初几代人"谁生了谁"的少量记录。这非常清楚地表明，厄谢尔的主要目标确实是编纂一部详尽的世界历史，而不是为了确立《创世记》的日期或者从总体上提升《圣经》的权威性。虽然在厄谢尔看来，《圣经》是最宝贵和最可靠的史料，但他也只是将《圣经》作为诸多史料中的一种。

推断世界历史的年代

跟其他编年史学家一样，厄谢尔采用了由斯卡利杰尔设计的复杂精密的年代推断系统。斯卡利杰尔是法国人，他使用天文和历法元素构建了一种思维缜密的、人为的时间尺度——"儒略日"。这提供了一种计算时间的中立维度，在其基础上，相互竞争的编年史学家们编制出了不同的年表并加以比较。它不只是一种方便的设计，还强调了时间和历史之间关键的不同之处：时间只是一个用年份测量的抽象维度，历史是时间在流逝过程中发生过的所有真实事件。任何编年史学家声称的真实历史都可以在"儒略日"尺度的基准线上被构思出来，就像"创世纪元"（AM）从创世记开始向前数，或者像"公元前"（BC）从道成肉身向后数，而"基督纪元"则是从道成肉身向前数。知识分子对定量的精确性渴求推动了编年史学的研究，这是当时的重大特征，而且并不局限于像编年史学这样的学科。在自然科学中，这一特点更加突出。例如，在同时代的天文学家第谷·布拉赫（Tycho Brahe）和约翰内斯·开普勒（Johannes Kepler）的著作中也是如此。在天文学和编年史学这两类学科中，定量的精确性价值得到前所未有的重视。

如同宇宙学一样，编年史学是一门充满高度争议性的学科。为重大事件编制按日期排列的年表是有风险的，因为学者参考的文献可能存在不全面、含糊不清或互相排斥等问题。在一个又一个的问题上，编年史学家必须依靠他们的学术鉴别力来确定哪些文献记录最可靠，并以看起来最具逻辑性的方式把这些记录连接起来，形成连续的年表。结果，对于每个重大事件来说，有多少编年史学家研究它们，就几乎有多少个被推定的不同日期。这点在上帝创世的日期上表现得尤为突出。根据一项调查，厄谢尔提出的公元前4004年只是从公元前4103年到公元前3928年这一区间内的诸多年份之一。例如，斯卡利杰尔就认为上帝创世是在公元前3949年，艾萨克·牛顿（编年史学是他满怀热情的研究领域之一）后来认定的创世年份是公元前3988年。如同很多编年史学家一样，厄谢尔确实为创世确定了一个非常精确的日期：公元前4004年秋分之后第一个星期的第一天（根据犹太人的计时方式，新的一天从黄昏开始），也就是说，厄谢尔计算出的上帝创世日期是公元前4004年的犹太新年。通过复杂的历法学和历史学论证推断出如此精确的日期，虽然在我们看来非常怪异，但编年史学家的雄心壮志在当时非常值得尊重。

厄谢尔提出的公元前4004年成为此类日期中最著名的，也是如今最臭名昭著的，至少在英语世界如此。出现这种局面其实只是一个历史巧合而已。在厄谢尔去世将近半个世纪之后，一位博学的英国大主教将厄谢尔提出的一长串日期纳入自己新版英语《圣经》页面边缘的编者注解中。这位主教使用的《圣经》是新版的

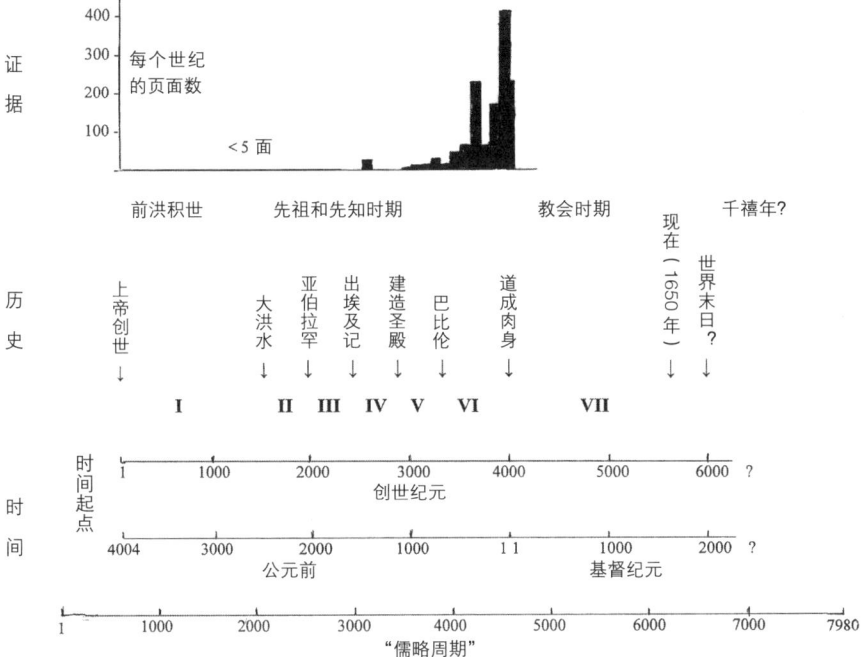

图 1.2 编年史学家是如何确定他们心目中世界历史的日期的？在这个用现代方式绘制的示意图中，时间从左往右流逝。"儒略周期"是一个精心设计出来的人工年表，每个周期为 7980 年。通过结合天文学和历法学因素，过去和未来可以被独一无二地限定。作为一个参考性的时间尺度，在这个周期之内，编年史学家可以为历史上的重大事件设定日期，例如：创世记、挪亚洪水、耶稣诞生和其他具有决定性意义的事件或"新纪元"，不管是用公元前的年份还是公元纪元或犹太教使用的"创世纪元"来表达，这些事件将整个世界历史划分为七个"时代"（ages，Ⅰ 至 Ⅶ），这当然是从犹太教与基督教共有的视角来看问题。这个图表就建立在厄谢尔的《旧约年鉴》的年份基础上，但是其他编年史学家的计算从时间尺度上来说并没有本质上的不同。随着编年史学家探索更古老的历史，相关历史记录的数量急剧减少：这个直方图表明，在厄谢尔的著作中，每个世纪相关的文字数量有多少。他的年鉴始于公元前 4004 年，结束于 73 年

图1.3 厄谢尔的"公元前4004年"第一次出现在《圣经》上。这是威廉·劳埃德大主教的"钦定版"英文《圣经》(1701年)开篇页的一部分,即《创世记》开篇的上帝利用六日创世的故事。这个页面展现了不太引人瞩目的创世时间(边栏右上方)——公元前4004年,儒略周期第710年,世界开元的第1年,还有按其他历法计算出的一些日期。在页面左边的边栏中,印的是与《圣经》其他部分相互参照的大量的编辑注解的第一部分,还有这个英文译本的希腊语和希伯来语底本的相关笔记。这原本应该很清楚地向读者表明,页面边缘的这些日期只是编者注释,并不是神圣的经文的组成部分,但读者通常意识不到这一点。装饰这篇页面第一个字母的小图是伊甸园中的亚当和夏娃,属于《创世记》中的第二个故事

"钦定版"《圣经》,也叫"詹姆斯国王版"("Authorized" or "King James")《圣经》。它最初由赞助过厄谢尔的国王詹姆斯一世授权出版于1611年。或许是出于遵守惯例,或许是因为懒得调整内容,厄谢尔提出的日期就这样在18世纪以及几乎整个19世纪一直被印在英文版《圣经》中,虽然教会或政府从来没有正式授权印刷这些

日期。例如，达尔文和他同时代的英国同胞在成长过程中应该会在他们的家庭用《圣经》第一页看到公元前4004年这个年份。许多年轻的或者未受过教育的读者并不理解编辑扮演的角色，会认为那个日期是神圣的经文不可分割的组成部分。他们因此尊重甚至崇敬这一日期。到了1885年，厄谢尔的那些日期（无论是从历史学角度还是从科学角度，到那时早已不被认可）从新的"修订版"《圣经》页面边缘消失了。"修订版"《圣经》是体现语言学和历史学研究最新成果的第一个全面的英文译本。它吸纳的成果出自厄谢尔（和詹姆斯国王）时代以来犹太教和基督教学者对《圣经》文本的细致研究。还有一些读者等的时间要久一些。比如，直到20世纪晚期，国际基甸会向旅馆赠送的《圣经》才删掉了公元前4004年这个年份。相较之下，其他语种的《圣经》通常不会印上厄谢尔的这些日期，因此，英语世界之外的读者免去了这种灾难性的误解——创世的精确日期是由上帝确定的，不然至少是教会或官方确定的。

世界历史的时期

回过头看厄谢尔生活的世纪，会发现他和其他编年史学家努力编撰缜密精确的世界历史"年鉴"只是一种手段，是为了达到他们中的大多数认定的一个重要目的。编年史学家希望通过将世界历史划分为一连串有意义的周期，从而为他们眼中的世界历史的整体框架赋予精确性。传统的公元前和公元形式的日期标注系统代表了最重要的历史划分体系，不过，它只是众多此类划分体系中的一个。公元纪年从基督教的视角将旧的人类世界和全新的人类世界区分开，二者的分界线就是道成肉身这一独特事件。但是，和其他编年史学家一样，厄谢尔通过确定一连串具有决定意义的事件或"纪

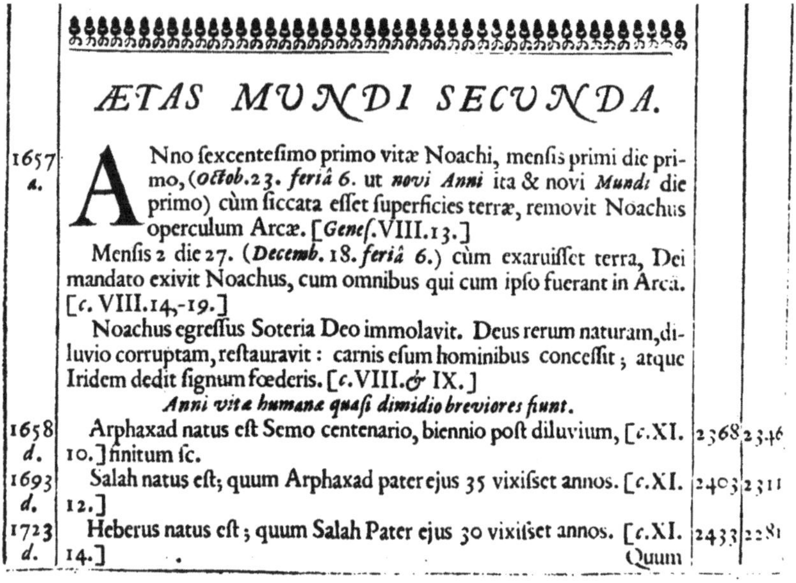

```
ӔTAS MUNDI SECUNDA.
1657   Anno sexcentesimo primo vitæ Noachi, mensis primi die pri-
  a.     mo, (Octob. 23. feriâ 6. ut novi Anni ita & novi Mundi die
         primo) cùm siccata esset superficies terræ, removit Noachus
         operculum Arcæ. [Genes. VIII. 13.]
         Mensis 2 die 27. (Decemb. 18. feriâ 6.) cùm exaruisset terra, Dei
         mandato exivit Noachus, cum omnibus qui cum ipso fuerant in Arca.
         [c. VIII. 14,-19.]
         Noachus egressus Soteria Deo immolavit. Deus rerum naturam, di-
         luvio corruptam, restauravit : carnis esum hominibus concessit ; atque
         Iridem dedit signum fœderis. [c. VIII. & IX.]
         Anni vitæ humanæ quasi dimidio breviores fiunt.
1658   Arphaxad natus est Semo centenario, biennio post diluvium, [c. XI.  2368 2346
  d.   10.] finitum sc.
1693   Salah natus est ; quum Arphaxad pater ejus 35 vixisset annos. [c. XI. 2403 2311
  d.   12.]
1723   Heberus natus est ; quum Salah Pater ejus 30 vixisset annos. [c. XI. 2433 2281
  d.   14.]                                                              Quum
```

图1.4 厄谢尔的《年鉴》讲述挪亚大洪水的开头部分。他参照了《创世记》中的内容，并认为它是世界历史上如此古老事件的唯一可靠史料。大洪水是在创世纪元的 1657 年（页左侧边栏）。此外，大洪水后的最初几代人生活的年代被以儒略周期和公元前的形式标记（页面右侧的边栏）。对厄谢尔和其他编年史学家来说，大洪水标志着世界的"第二个时代"（Aetas Mundi Secunda），这具有重要意义。除了上帝创世的第六"天"，大洪水是《圣经》中最明显的既包括自然世界也包括人类在内的重大事件。它也因此成为后来辩论的焦点：人类历史与地球自身的历史究竟在多么久远的过去发生了关联

元"细分了耶稣诞生前的一千年的历史，他还进一步将"纪元"细分为一连串独特的"时代""年代"或周期。厄谢尔在上帝创世和道成肉身这两个重大事件之间确定了五个重大的转折点，跨越了挪亚洪水一直到古代犹太人被放逐到巴比伦这一时段。加上道成肉身以来的时期，世界历史可以被划分为连续的七个时代，这七个时代经常被人拿来与《创世记》中连续的七"天"相比较，这或许是对

《创世记》的象征性模仿。可见,他们眼中的整个历史框架被深深地嵌入了基督教教义。

在17世纪,人们依据不同的性质将世界历史描绘为一连串独特的时期,这些时期被特别重大的事件所界定。编年史学家在量化的时间尺度基础上试图给每个重大事件推定一个精确的日期。最重要的是,所有的世界历史都被视为逐渐积累的神的自我揭示或者"天启",但是它在很大程度上也是人类历史。当时的人们一般认为,自然世界只是以人类为主角的戏剧得以上演的背景,这种为人类活动和神明显灵而存在的背景亘古不变。无论是宗教文献还是世俗文献,在讲述人类历史时,自然世界中的事件只是出于偶然才成为重点。这种情况在《圣经》故事中就出现过几次。例如,在《出埃及记》中,红海的水暂时一分为二,露出陆地,摩西才得以率众通过,获得自由。同样获得天佑的是,为了帮助激战中的约书亚,太阳"在天当中停住约有一天之久"(这话的意思存在很多争论);还有,耶稣降生时,天空中出现了一颗新星,他死亡时,则出现了地震。

只有在两个故事中自然世界才成为讲述的重点,而这两个故事就是《圣经》中引人注目的《创世记》和挪亚洪水。在17世纪,这两个故事分别成为各自领域中的历史评论的焦点,这在一定程度上引导学者利用自然界中的物质研究《圣经》文本。

第一种历史评论关注的是《创世记》的六"天"或六个阶段。《创世记》中的简短叙述通常被用作框架来评论宇宙、地球、植物和动物(它们联合组成了人类的生存环境)已知的结构和功能。这些评论(被称为"hexahemeral"或"hexameral",来自希腊语,意为"六天")是在遵照《圣经》文本原始意思的基础上做出的。它们将自然世界主要地貌的起源当作真实时间中发生的一连串历史事件之一。人们认为,《创世记》描述了自然世界的起源,在这个历史事件中,上帝在人类戏剧开场前往舞台上放置了道具。对人类生活环境做出的任何此类评论,不只是一种自然史的描述(列出大自然中万事万物的清单或对自然进行系统性描述),还是对他们认为的真实的自然史(这里指的是历史的现代意义)起源的记叙。无论《创世记》的时间跨度曾经被认为多么短,这个故事确实认为自然世界有其自身的历史,并将其划分为一系列独特的时期(在《圣经》叙述中,是六"天"),直到人类开始出现而告终。尽管在时间尺度方面存在巨大差异,这种世界历史观与现代的地球深史观非常相似,二者都梳理了一连串的重大事件,研究了生命的新形态。我指出这一点并不是主张《创世记》先于后来的科学研究发现了历史事实,我只是说,17世纪解释世界历史的方式与现代的地球历史观在结构方面相近。《创世记》的叙述方式以此赋予了欧洲文化预适应性,有助于欧洲人以相似的历史研究方式更容易地思考地球和它的生命。

被视为真实历史事件的挪亚洪水

挪亚洪水,也被称为大洪水(《创世记》稍微靠后的篇幅对此进行了描述),更加明显地被看作真实的历史事件。在编年史学家的计算中,这一事件发生在人类出现以后的一千五百多年。这个事件的细节并不依赖于上帝的"神启",这些细节出自摩西(被认为是《创世记》的作者)之手;一条连贯的记录线或记忆线贯穿始终,一直回溯到挪亚和他的家人登上方舟并亲眼见证了大洪水。因此,学者对大洪水的故事进行了详尽的细节分析,他们试图弄清楚究竟发生了什么、这一切是如何发生的。他们致力于重建被大洪水摧毁之前的人类世界，弄清楚挪亚一家人是如何在方舟中存活下来的，大洪水退去之后的世界又是如何恢复原貌的。他们还推测了大洪水暴发的原因，它是如何影响地球自身的，是如何影响生活在地球上的动物以及其他地貌、地物的。这一切的研究基础都是《圣经》文本，主要是因为《创世记》被认为是记载这一事件的唯一真实记录。(《圣经》文本以外的相似故事，比如希腊文献记载中的丢卡利翁经历的大洪水，一般被认为来源于早期《圣经》文本的二手加工之作，或者是对后来的地区性洪水的记录。)

17 世纪，在以这种方式分析和评论大洪水故事的众多历史学家中，德国天主教耶稣会学者阿塔纳斯·珂雪（Athanasius Kircher）是一个很好的榜样（就像厄谢尔被视为编年史学家的代表一样）。珂雪是一位博学之士，兴趣多样，出版了涉猎广泛的著作。像厄谢尔一样，他也用拉丁文写作，因此整个欧洲受过教育的读者都可以读懂他的作品。他的著作《地下世界》(*Mundus Subterraneus*, 1668) 包含大量的插图，当时的学者对自然科学的研究取得了丰硕成果，这是该书得以创作的基础。珂雪将有形的地球描述为一个复杂的、动态的系统，但他并不认为地球是任何历史的产物。例如，他一直在考虑像火山一样的可见地表特征是如何与其不可见的内部结构发生关联的（他曾经去意大利旅行，掌握了维苏威火山和埃特纳火山的一手资料）。他思考问题的方式并非孤例，他同时代的外科医生和内科医生也在试图弄清楚人体可见的外部特征跟体内看不到的器官是如何关联的。珂雪描述了地球的构造和内在机能，但是在他的描述中，地球自被创造以来没有发生过任何有意义的重要转变，他也没有提到地球有其自身的历史。

不过，大洪水是一个巨大的例外。在另外一个大部头作品《挪亚方舟》(*Arca Noë*, 1675) 中，珂雪从历史视角分析了大洪水，

图 1.5　珂雪看待大洪水的视角。随着大洪水减退，方舟在亚拉腊山的顶峰搁浅（右）。作为配图的版画表现了大洪水初期的最高高度，此时方舟漂浮在高加索山脉上方（左中），这是珂雪所知道的最高山脉。这些重建结合了《创世记》中大洪水的文本证据和他了解的自然地理学的证据。（珂雪充分意识到图中的方舟并没有按比例绘制。就像许多现代科学插图一样，这是一幅示意图，而且是巴洛克风格的。）

他使用了令人敬佩的多语言技能探索所有已知的古代《圣经》版本。他弄明白了多个难题：挪亚是如何建造方舟的，又是怎样把各种各样的动物装上船的；逐渐上升的洪水是如何将方舟漂起来的；随着洪水退去，又如何最终将它搁浅在亚拉腊山顶峰上的；人类世界在大洪水之后是如何再次恢复生机的。从《创世记》中给出的日期算起，珂雪重建并详细阐明了方舟可能的形态和尺寸。他试图弄清楚方舟如何能装下已知的每种动物，哪怕每种只装雌雄各一对。

图 1.6 珂雪对大洪水之前和之后世界的地貌所做的推测。他绘制的世界地图中的这半幅显示了他的推测：大洪水之前的陆地在大洪水消退之后已经沉入水中（其中，沉入水中的亚特兰蒂斯被他放置于西班牙的西边），此前淹没在海底的陆地现在已经成为干涸的陆地。这阐明了珂雪的如下观点：地球的地貌因大洪水发生过重大变革。地球因此具有一部真正的自然史，至少在这个方面如此。他的地图参考了同时代的地图册，并使用了墨卡托投影法绘制。他在地图中展示了当时依然鲜为人知的澳大利亚，并将其作为相对更大的南极洲或"南部未知陆地"的一部分。此外，他还展示了位于北极的相似未知大陆

这给了他一个理由用种类繁多的现存动物的图片来装饰自己的文字。（这事实上给他的读者提供了一种"自然史"。）大洪水一直被认为是在全世界范围内暴发的，他也计算了需要多少水量才能使全

球的海平面上升，并足以淹没掉已知的最高山脉的顶峰；他还推测了洪水是从哪里来的以及最终去了哪里。他认为只有一种令人难以置信的可能，这场大洪水是专门被创造出来又特地被消除的。

从当下的观点来看，最有意义的是，珂雪像其他学者一样推测认为大洪水的暴发改变了陆地和海洋的分布以及形态。这场大洪水实质上改变了地球的面貌，其意义不亚于它曾经改变了人类世界。至少在这一点上，他声称，地球实际上有一部与人类历史相似的真正的自然历史。不过，就像他的书名所暗示的，他的博学分析主要集中在挪亚和他的方舟，他对于大洪水本身对自然世界造成的影响的关注只是第二位的。总的来说，他的著作同厄谢尔那样博学的编年史学家的著作一样，都认为历史主要是关于人类的故事。不过，按照现代标准来看，人类历史相当短暂。

有限的宇宙

就像编年史学家所看到的那样，作为人造的时间尺度，儒略周期的优势在于它的一个完整周期跨越的时段足够长。不管他们计算出的作为历史开端的任何看似合理的上帝创世日期是什么时候，也无论他们预料的世界历史最终完结的日期是何时，儒略周期都可以容纳得下从开端到终结所跨越的时段，它有足够的虚拟时间可以分配。正是这点使它很方便地成为编年史学家使用的一个维度。在这个维度上，他们才能编制出数量繁多的年表并加以比较。但是，儒略周期也凸显了厄谢尔和斯卡利杰尔制定的那种年表与现代人熟悉的年表的最大不同之处。按现代科学标准来看，问题不在于这些年表跨越的时间太短（虽然比起人类的寿命，已经是极为长久了），而是它勾勒出的世界历史的时段是有限的，无论是过去还是未来。

它在这点上同"封闭世界"存在惊人的相似性。反映人们传统宇宙空间观念的"封闭世界"(地球位于中心,所有天体围绕它运转)曾经同样被认为是理所当然的,直到哥白尼、开普勒和伽利略等天文学家开始将"封闭世界"拆解,并将其扩展为空间上无限广袤的宇宙。但是,珂雪和许多同时代的学者对于无限宇宙的新观念表示怀疑,他们认为这有待证明。

厄谢尔和同时代大部分的编年史学家都相信,他们生活在世界的第七个时代,同时也是最后一个时代。当时的人们大都认为世界末日已经临近,或者说它至少是在可预见的未来。一个普遍的观点是世界将终结于上帝创世以后的六千年(按照厄谢尔的计算是1996年)。这与厄谢尔计算的道成肉身这一关键年份是相匹配的,他精确地算出道成肉身发生在上帝创世以后的四千年(人们早就认为传统历法在确定耶稣诞生日期方面并不准确,他并非诞生于公元元年,而是诞生于公元前4年)。这种精确充满了象征意义,比起同时代学者的研究成果,厄谢尔的公元前4004年具有特别的吸引力。他不是第一个也不是唯一一个推算出上帝创世年份的编年史学家。

厄谢尔非常看重自己的成就并为此感到自豪,当然,他也很清楚自己的观点充满争议。就像之前提过的,众多学者提出了大量不同的上帝创世日期,但是,并不是所有的编年史学家都相信此类日期都能被确定。自基督纪元(公元纪年)的最初几个世纪以来,一些学者指出,在《创世记》故事中,太阳直到第四"天"才被创造出来,但显而易见的是,正是太阳的运动才决定了一天的时长,在太阳被创造出来前,"一天"的时长是如何确定的呢?因此,很多人指出,《创世记》中的"七天"的"天"并不是以24小时为周期的。相反,这七天可能代表的是神圣的重大时刻,就好像犹太教先知所说,"主的日子"("day of the Lord")将会到来,此处的"day"

第一章 将历史塑造为科学

就是指基督降临的重大时刻。（我们也有类似的说法，例如"在达尔文生活的时代"["in Darwin's day"]，此处的"day"也不是指"一天"。）如果是这样，《创世记》中那"一个星期"所指的也是一段模糊的时期，它开始和结束的时间可能更加无法确定。换句话说，这部分《圣经》文本，像其他一些内容一样，都需要解释。有些文字的意思并非简单明了，而是充满争议，不像其他内容清晰易懂，也无法从"字面"意思去理解。人们普遍意识到理解《圣经》的文本意思需要引入学术性评判，这引导编年史学家和其他历史学家研究出文本批评的方法，今天的历史学研究（包括《圣经》研究）依然在使用这种方法。这里所说的"批评"与其在艺术批评、音乐批评或文学批评中的意思一致，没有任何必然的负面含义。

17世纪学者的解释给我们留下了深刻的印象，那就是他们极为忠于《圣经》文本的字面意思，部分原因是他们将《圣经》文本视为严肃的历史文献。但是，这种非常明显的"拘泥于字面意思"的研究方法远非一项古老的传统，而是他们所生活的时代的一项创新。几百年前，在对《圣经》文本的解读中，有许多其他层面的意思——象征性意义、比喻义，甚至是诗意等——曾经非常突出，并被认为比字面意思更值得珍视。但是它们有时被阐释得太过天马行空，在宗教改革后出现的基督教新教世界中尤其如此。后来，这种过度阐释的方式遭到贬低，对《圣经》文本异想天开的解释统统被抛弃，人们更加推崇文本原本简明的"字面"意思。不过，新教学者和天主教学者一样，也承认并强调他们对《圣经》经文的解释重点在于阐明它在神学基础上的现实意义，而不是为了传授自然知识。

在《创世记》故事的例子中，最重要的并不是它的精确日期，也不是它持续的"天数"（days），对人类来说，更为有意义的是它包含的信念，即世间万物都是由唯一的上帝自由创造的，而且他还宣告自己所有的造物都是"善"的。他的一连串创世行为并非随心所欲，而是体现了他始终关爱世间的秉性。没有任何造物——包括天使或其他神圣的力量，更不用说太阳、月亮或者其他自然实体——应该被当作终极价值来对待，也不值得崇拜。自基督教创教初期起，这类主题成为以《创世记》为中心的流行性布道和学术评论所使用的素材。这些文本的神学意义和它们在基督教宗教活动中的应用被无休无止地强调，但它们并没有被优先作为世界起源的现实知识的来源。（学者在《圣经》文本解释中强调神学意义古来有之，只是到了近代才开始拘泥于经文的字面意思，而现代的宗教原教旨主义者和无神论原教旨主义者却忽视了这一点。）

编年史学家满怀信心地为世界历史推断日期，但是在他们的雄心背后潜藏着诸多未解决的问题，上帝创世的精确日期只是其中之一。虽然古埃及的象形文字尚未被破解，但是对于古埃及的历史，古希腊人已有所研究。据记载，古埃及的早期王朝可以追溯到比普遍认可的上帝创世的日期还要早好几百年。存在冲突的两种资料——关于古埃及的历史文献和《圣经》——不可能都是正确的，编年史学家需要做出选择，这就需要学术判断力了。学者们认为《圣经》中的记载更加可靠，这并不令人意外。埃及文献中提及的早于上帝创世的历史一般被斥为政治性溢美之词，欧洲学者认为这是很久以前被杜撰出来用于增强古埃及统治者合法性或声望的。但是，同样令人不安的还有古代中国的一些文献。有一些居住在中国的耶稣会学者对它们进行了研究并首次将它们介绍到欧洲。这些文献表明，古代人类历史远比欧洲编年史学者计算出来的要久远。古希腊人对古巴比伦文献的研究显示，人类文明甚至还要更加古老，尽管古巴比伦文献被蔑视为虚假之物。

最令人不安的可能是紧随厄谢尔的皇皇巨著《旧约年鉴》之后出版的一本小书中的推测。匿名作者所著的《亚当之前的人类》（*Prae-Adamitae*，1655）在出版后不久便广泛流传，而且达到了众所周知的程度。这本书对《圣经·新约》中的一段经文做了微妙的解释，主张《圣经》中提及的亚当最初指的是第一个犹太人，而不是全人类中的第一个。这提出了一个严峻的问题并挑战了所有编年史学家，因为他们都将亚当作为人类历史的起点。这一猜测的优势在于，它可以解释人类族群是如何在充足的时间内通过迁徙遍布全球并发展出族群多样性的。当时的欧洲人只是在一百多年前才完全理解了人种的多样性。他们伟大的远洋探险船首次带他们环绕非洲前往亚洲，并横跨大西洋抵达美洲。不过，这一推测也有不足之处，那就是它看上去否定了基督教"戏剧"中的如下信条：上帝的救赎是普及全人类的。例如，这一猜测从这出"戏剧"中排除了美洲的土著居民，从而否认了他们完全具有的人类地位。宣称在亚当之前就有人类存在的这种主张给作者——法国学者伊萨克·拉佩雷尔（Isaac La Peyrère）——带来了麻烦，他遭到教会的批判。不过，在他放弃这种观点之后，至少在表面上他得以安然度过晚年。

永恒主义的威胁

但是，在当时的社会背景下，亚当之前就存在人类这一观念增强了古埃及、古中国和古巴比伦文献的影响力。它们都暗示，人类的全部历史可能比任何传统的编年史学家所承认的要久远得多，可以追溯到五六千年以前，甚至超过一万年，如果古巴比伦文献可信的话，那将是数万年。这对传统观念造成了冲击，引发了人们对上帝创世日期或《圣经》权威性的怀疑，更重要的是它似乎为激进得多的推测打开了大门。新观点认为像亚里士多德和柏拉图等古希腊哲学家（他们在其他问题上的观点长久以来在欧洲受到推崇）的如下看法可能是对的：宇宙，包括地球和人类，不仅极为古老，而且可能确实是永恒的，没有任何被创造的开始，也不会有最终的完结。这非常令人不安，因为这在某种意义上否定了人类是被创造的，也就否定了人类在道德上要向超然的上帝负责，也就等于否定了人类对于自己的行为举止负有任何最终的责任。这似乎威胁到了道德和社会的根基。

乍看起来，这种"永恒主义"可能预测了现代科学的观点，即地球和宇宙有数十亿年的历史，这与编年史学家认为地球只有数千年简短和有限的历史形成了鲜明对比。但是，这种"永恒主义"跟现代人理解的"宇宙是永恒的"意义并不相同，不可混为一谈。"年轻地球"和永恒地球，这两种观念在17世纪虽然是非此即彼的，但是二者都不同于现代的观念。两种观念都认为，对宇宙来说，人类一直是而且将来也是必不可少的。编年史学家构建出来的简短的、有限的地球（当然还有宇宙）历史，尽管包括一个非常短暂的前人类时期的场景，但除此以外，它从头至尾完全是一出以人类为主角的戏剧。永恒主义者也认为，地球（和宇宙）从来就没有过不存在人类的过去，未来也将不会没有人类存在。古埃及、古中国、古巴比伦那些极为古老的人类记录显示，人类历史远早于看似可信的上帝创世日期的范围。相信这些记录真实性的学者认为，这些地方的历史是全人类最古老的，而且碰巧有史料幸存。他们想当然地认为，一定存在历史悠久的甚至是多种更早的人类文化，只不过它们的所有痕迹都已经湮没在时间的迷雾中了。

因此，永恒主义所主张的无限古老的地球（和宇宙）不同于现代科学观点，后者认为地球（和宇宙）的历史极为漫长但并非无限。17世纪以及更晚的时期，永恒主义确实提供了一个激进的替代选项，毕竟当时文化界的主流观点认为宇宙具有确定的有限性而且历史简短。永恒主义被广泛视为集颠覆性、社会性、政治性和宗教性于一身，因此，它在当时总体上处于非法的地下状态。非正统的倡导者并不敢公开宣扬这种理念，反而是正统评论家以它为靶子进行攻击才使它暴露在世人面前。有些人认为永恒主义对人类社会造成了根本性威胁，他们坚持不懈地进行反击，并坚决捍卫因机械理解《创世记》故事而产生的"年轻地球"观念，不过这种反击经历了一个过程，并不是很快就发生的。而永恒主义者则忙于宣传宗教怀疑论甚至是无神论。因此，二者之间肯定不是简单的启蒙理性同宗教教义的斗争。双方争论不休的议题具有强烈的"意识形态"特性。

像永恒主义者所暗示的那样，人类历史的期限是不明确的，甚至可能是无穷无尽的，这种观点在全球范围内很常见。世界上大部分现代化之前的社会在文化中都包含这样的设想：时间（或者说是在时间中展开的历史）是重复的，或者在某种意义上是循环的，并不是像射出的箭一样一直向前，方向不可逆转，而且也不是独一无二的。这种设想的基础来自个体生命循环的普遍经验，人的一生经历了出生到成熟再到死亡，一代又一代地循环往复。在这种经验下，"时间也是循环的"看起来也成了常识。而且每年的四季交替更有力地强化了这种观点，在大部分前现代社会，四季是主导人类生活的决定性因素。总的来说，这些因素叠加起来孕育了相似的循环观念或者"稳态"观念，它适用于作为一个整体的人类文明、地球和宇宙。在这种背景下，世界有独一无二的起点和线性的、方向不可逆转的历史这种观点非常显眼地成为惊人的异端邪说。这种历史观首先出现在犹太教，后来扩展到基督教（再后来传到伊斯兰教）。亚伯拉罕诸教都将历史具有方向性的观点浓缩成一年一度的斋戒和节日（逾越节、复活节等）。这实际上是将宏大的宇宙观在普通人的生命长度这一很小的时间尺度内进行了浓缩，但是更大的时间尺度上的宇宙观依然是最重要的。也就是人类、地球和宇宙共同拥有一段真实的历史，而且像射出的箭一样，方向是不可逆转的。

这种强烈的历史意识赋予犹太教与基督教共有的传统一个基本结构，它同地球深史（和宇宙历史）的现代观念非常相似，都认为历史是有限的，而且具有方向性。具体来说，涉猎广泛的编年史学，同现代"地质年代学"极为相似：编年史学为人类历史精确地推定年代，并根据定性将其划分为一连串有意义的时代和时期；而"地质年代学"试图给地球深史确定类似的精度和结构，用同样的方式将其划分为不同的时代和时期。二者仅有这一个相似之处，还是拥有更多相似之处是本书剩下的篇幅要探讨的问题。

总之，当时，西方社会对宇宙、地球和人类生命的历史长度的传统认识，比起现代观点要短暂太多。但是，这种不同是无关紧要的：数量上的差别并不重要，重要的是性质上的相似。像厄谢尔一样的编年史学家所进行的历史研究，几乎完全建立在文本证据的基础上（以前的日食、月食、彗星等天文学证据也来自文本记录），这并非无足轻重的问题。珂雪等学者对挪亚洪水所做的历史分析也主要是使用文本证据，对于自然证据的使用非常边缘化。但是在同时期，即 17 世纪，尽管没有看到任何明显扩展时间尺度的需求，其他学者依然将自然证据大量带入有关地球历史的辩论。这就是下一章的主题。

第二章
自然本身的遗迹

历史学家和古物收藏者

回过头来看,包括岩石、化石、山脉、火山等在内的自然世界的证据似乎从一开始就可以削弱"年轻地球"这一观念。这点好像非常明显,但其实出于多种令人信服的原因,这些地形、地物的重要意义远非我们认为的如此明显。自然世界的主要组成部分在上帝创世的"那一周"(不管是不是字面意思)被放置到地球这一大舞台上,自然世界自此以后可能拥有自身真实的历史这一观念在当时完全是新奇的。除了后来出现的大洪水这一独特的重大事件,人们认为在不断发展的人类历史戏剧中,自然世界只是充当了稳定不变的背景。只有在历史观念和研究方法从人文领域转换到自然世界后,大自然也在地球舞台上扮演角色才具有可能性。17世纪,历史,尤其是人类历史,是一块繁荣的学术领地,历史研究的多样性和高标准为这种关键性的转换提供了肥沃的土壤。

对于上帝创世那一周的日期,詹姆斯·厄谢尔的公元前4004年并不是编年史学家计算出来的唯一年份。在17世纪,并不是只有编年史学家在做历史研究工作,编年史学只是一种相当专业化的历史学分支：它的史料来自多种语言和多种文化；它解释世界历史的依据是基督教叙事中累积起来的神的"启示"。一般来说，编年史学家用"年鉴"的形式来展示自己的研究成果，也就是按照他们能够整理出的尽量精确的日期将重大事件逐年排列成年代记。其他学者用另外的方式书写历史，将古希腊和古罗马作家当成自己的模范，通常更加世俗化。他们书写的历史关注特殊的地点和人物，或者是过去的特定时期以及事件，或者是杰出人物的生平和影响。同编年史学家一样，其他历史学家经常将过去划分为不同的独特时期，他们也采用通行的时期划分法。将历史划分为不同时期有助于历史学叙事，即使这些时期并没有被精确的日期所界定。例如，历史学家用中世纪指代一个很长的时段，从古代世界（古希腊和古罗马世界）覆灭一直到文艺复兴（标志"现代"世界开始的复兴时期）之间的 1000 年。

储存在档案馆和图书馆中的文件和图书，几乎在任何形式的历史研究中都至关重要。和编年史学家一样，其他历史学家也采纳了新兴的严格标准，对史料来源的可靠性进行细致的评估。数量上不少于宗教文献的世俗性的文本记录需要被彻底审视。事件发生同时期的记录被认为价值最高。历史学家学会了如何发现揭露时代错误的痕迹——历史文件可能是后来伪造的，这可能相应地具有重大的政治影响。相反地，很多历史学家相信，与文献记录相对充分的古希腊和古罗马时代不同，人类历史早期的珍贵线索可能保存在神话、传说和预言等形式中。他们认为，以诸神和非凡英雄为主角的故事其实是对古代伟大的统治者以及不寻常的重大自然事件的记叙，只是经过了加工而已。乍看之下，这些故事可能逻辑混乱，难以置信，但是通过适当地消除神话色彩（这种去神话的方法被称为"欧伊迈罗斯主义"，以古希腊作家欧伊迈罗斯命名），它们可能阐明了处于"寓言"或"神话"阶段的早期人类历史。

但是,历史学家也越来越多地使用其他类型的证据,因为这些记载过去信息的证据可以补充文献的不足。例如,在古建筑中或在挖掘出的遗迹中发现的古希腊和古罗马时代镌刻的文字,虽然它们和传统文献一样都是文本化的,但是经常可以提供重大的远古事件的新的重要信息,对传统文献形成补充。后来,在古代遗址中还发现了钱币,它们有助于确定历史年代,因为上面铸造有少量文字和古代统治者的肖像以及其他有意义的图像。即使不包含任何文字的其他文物,也能够进一步提供证据,帮助人们了解广受崇拜的古代文明中的重大事件以及普通人的日常生活。这些文物形式多样,从古希腊花瓶、古罗马雕塑到诸如古希腊神庙和古罗马剧院之类的"纪念建筑"。所有这些补充文献资料的文物被统称为"古物"。个头更小、适于收藏的文物(在现代被称为"古玩")通常在珍奇屋或私人博物馆中展示,与它们陈列在一起的是花样繁多的各种稀奇古怪或令人迷惑不解的东西,既有天然物品也有人造物品。此类珍奇屋的主人多为学者,尤其是那些自称古文物收藏家的学者。

学者们没有理由不将文物作为历史证据,尤其是在完全缺乏文本史料的情况下。在古罗马人带着他们的读写文化到来之前,欧洲大部分地区的历史证据被限定在无法确定年代的文物中。例如,从地下发掘出的石器工具或者武器,从古代坟墓中出土的青铜器和陶器;或者非同寻常但是神秘莫测的纪念建筑,例如英国南部呈环形排列的巨石阵。其中一些文物可能与其他地区的早期识字文化(如地中海周围的古希腊世界)的年代相同。但是,有说服力的是,有些文物比任何地方的文本证据(除了极为罕见的早期《圣经》记录,还有其他一些文化中有争议的早期神话)都要古老。古文物收藏家研究的文物,即使无法确定日期,也可能有助于解释最早期的

图 2.1　丹麦哥本哈根的博物学家奥勒·沃尔姆（Ole Worm）的珍奇屋。他收藏了各种各样有趣或令人迷惑难解的物品，而且进行了精心分类。例如，大部分化石都摆放在底层的架子上，并被归类为石头。这幅版画（此图经过缩印，比实际尺寸小很多）是《沃尔姆的藏品》(*Museum Wormianum*, 1655) 一书的精彩卷首插图，它栩栩如生地对该书的内容进行了展示。这本书是用拉丁语写成的，整个欧洲受过教育的人都能读懂

人类历史，因为在那些时期没有任何文本记录幸存。实际上，这些文物不仅是传统历史证据来源的补充，还可能会取代它们。

自然文物

反过来，也会有其他古代物品补充甚至取代上述文物，而这些物品并非人工制品而是源于自然。可以这么说，自然可能有其自己

的"文物",例如来自海洋的贝壳。它们有时会出现在远离海洋之处甚至海拔很高的陆地上。在古希腊和古罗马时代已经有人发现并评论这些"自然文物"了。到了17世纪,很多学者像他们的先驱一样,相信这些贝壳的出现表明,在遥远的过去,海域的范围远超他们生活的时代。例如,西西里学者(职业画家)阿戈斯蒂诺·希拉(Agostino Scilla)就出版了一份与此相关的报告。他在自己居住的岛屿以及邻近的意大利其他地区收集到一些贝壳。他声称经过亲自观察,非常确定这是真实存在过的贝类水生动物的贝壳,他粗暴地将任何其他看法斥为完全违反常识的"徒劳的猜测"。

在已知的人类历史上,发生这种重要地理变革的原因被归结为挪亚大洪水。在珂雪和其他许多学者看来,关于地理大变革出现的原因,大洪水是可靠的文献记载中唯一值得信任的一手证言。如果像《创世记》叙述的那样,那场大洪水淹没了整个世界,这就可能导致这些贝壳在很多远离海洋而且通常高于海平面的地方出现。大洪水为其他令人迷惑不解的自然物质提供了"洪积论"解释。那些用这种观点解释这些贝壳的人并不是出于对《圣经》的狭隘的字面理解,更不是被任何专横的教会所强迫。至少在当时,这些解释看起来同水生贝类生物本身一样自然和合理。这是一种历史性解释,尽管人们无法确定大洪水暴发的原因,但并不妨碍人们接受这种解释。大洪水这一历史现实(或者并非现实)与它的起因被视为两个独立的、不相关的问题(人们通常认为是自然原因引发了大洪水,尽管人们同时相信大洪水背后是神的旨意)。

那些将海生贝类生物的出现归因于大洪水的学者,通常希望这可以增强《创世记》的可信性,进而从总体上增强《圣经》的可信度。即使那些反对此类目标的人,怀疑或者否认这些变革是由大洪水引发的人,依然同意这些贝壳是发生重大地理变革的可信赖的自

图 2.2 在意大利南部卡拉布里亚发现的贝壳化石和一块珊瑚。这是阿戈斯蒂诺·希拉出版的《徒劳的猜测》(*La Vana Speculazione*, 1760)中大量版画插图中的一幅。这些版画支持了他的论断,即此类物品是贝类水生动物以及其他生物的遗骸,它们曾经在地球上生活过。它们同软体动物、海胆、珊瑚等非常相似。(由于印刷版画所使用的铜印版价格昂贵,因此,这些版画中尽可能多地印满了贝壳。)

然证据。这些变革在人类历史上可能过于久远,没有相关记录,如果说有,也只是存在于神话和传说等对事实篡改的形式中。不过,可以根据欧伊迈罗斯主义消除它们的神话色彩，还原历史现实。就像珂雪和其他编年史学家所主张的，现存的大部分大陆可能过去是沉没在水下的；也有相反的看法，比如，柏拉图就记录过一个传说，海洋覆盖了以前人类居住的陆地亚特兰蒂斯（到底在什么位置存在很大争议）。引起这些地理变革的原因再次成为一个独立的问题。在远离海洋的内陆发现的贝类动物等"自然文物"被很多勤奋的学者收集并储藏在他们的珍奇屋中，同更加传统的人造文物摆在一起。它们都是早期人类历史的潜在证据。

并不是所有所谓的大洪水或其他主要地理变革的痕迹都像希拉的贝壳那样容易解释。这些贝壳只是被统称为"化石"的庞大又多样的物体集团中的一类。"化石"的字面意思是"挖掘出来的东西"，包括各种有特色的物体或材料，它们有的是在地面上被发现的，但更多是在地面以下被发现的。（在我们使用的"化石燃料"这个术语中，"化石"依然保留了其最初的意思，煤炭和石油是从地下挖出来和抽上来的。）17世纪的学者收集的五花八门的化石都保存在自己的珍奇屋或私人博物馆中。在这里，无生命的石英晶体、其他类型的矿物、明显有生命的海洋贝壳，摆放得琳琅满目。处于无生命物体和生命体中间的是些令人困惑的东西，它们或多或少像植物或动物（或是它们的一部分）。因此，重点不在于判定化石是否原本是有机体，而是判定哪些是有机体（或它们的一部分）的遗骸，哪些不是。问题是，哪些化石同植物或动物相似是因为它们最初活着的时候就是这些生物的一部分？哪些化石与某些生物相似只是一种巧合？只有那些原本是有机体的化石可以被视为自然本身的遗迹，也因此才能用来补充甚至替代人类历史中其他形式的证据及人类所处的陆地环境史中其他形式的证据。

事实上，问题并非表面看到的那么简单。很多化石和活着的动植物之间或多或少存在相似之处，当时的人们大都认为这并非偶然，也非简单的因果关系，而是大自然中无机物王国和有机物王国之间拥有的基本相似点。人们普遍认为，尽管从来都是无生命的，但无机物或矿物世界发展出的形态与有机物或生物世界发展出的形态有相似之处，或者说存在一定的"一致性"。例如，有些矿物形态隐约像蕨类植物（我们现在将这些矿物称为"树枝石"），当一块石头裂开后，这种形态经常出现于裂开的岩石表面。这种解释现代人很难理解，但在17世纪流传甚广，而且是占主导地位的观点。具体到化石，这种解释说明了其所具有的那些令人费解的特征是怎么回事。简而言之，它们的形态通常不同于已知的活着的动物或植物。从本质上讲，它们大多是矿物质，而不是有机物。它们是从地表下被挖掘出来的，这表明它们可能像矿物一样是在地下生长的，而不是在已经消失而之前存在过的海洋中作为有机物生长的。

上述观点就是希拉希望摒弃的"徒劳的猜测"。他希望通过"理性思考"或仔细研究让人们相信，贝壳化石是曾经真切生存过的贝类动物的遗骸。不过，要证明这点相对简单，因为在珍奇屋存放的林林总总的东西中，他的化石很容易被辨认出来：它们在形态上同生活在地中海里的贝类动物相似，本质上同海滩上的贝壳差别并不大，而且它们是在当时的海域附近被发现的。而其他大部分化石比它们难理解得多，很多与已知的活着的动植物都不相像，至少在细节上不像。它们一般都是"石化的"或者外观像石头，大多包裹在坚硬的岩石中，而且通常是在远离海洋且高于海平面的内陆被发现的。对于这些化石来说，有生命的世界和无生命的世界之间存在微妙的"一致性"这种解释看上去很有道理，完全不是"徒劳的猜测"。化石也因此在整个欧洲被热议。当时对于自然的认识也存在完全不同的观点，而且处于论战之中。在17世纪末18世纪初，各种各样解释化石的观点激烈交锋，程度之激烈不亚于以自然的基本力量、物质的最终结构或生命的本质特征为主题的争论。

这些争论并没有局限在主要以图书和其他文献材料为研究基础的学者和古文物研究者的圈子中。与动植物一样，化石也被认为是自然历史的产物，也因此被那些博物学家（这个术语并没有现代人所理解的"业余"的意味）所研究。涉及自然事件的问题，诸如化石的起源或者大洪水的水从何而来是哲学家的研究领域，尤其是那些自称"自然哲学家"的专长。但是这些对学者的分类并非泾渭分明，因为他们都自认为致力于研究由互相关联的学科组成的专业知识，这些专业知识被称为"各种科学"（sciences，就像之前提到的那样，这种科学的复数形式现在依然被广泛使用，英语世界除外）。他们觉得自己是"学者"（savant），而且公众也是这样认为的。"学者"是19世纪广泛使用的一个综合性术语（在此使用这个术语是合适的，可以避免错误地使用语义狭窄的英语单词"科学家"[scientist]，科学家这个词直到19世纪才被创造出来，到20世纪才被广泛使用）。

17世纪时，各类学者之间切磋的机会迅速增加，这得益于以下两点：在欧洲多个城市，尤其是两大超级政治强国——法国和英国的首都建立了许多科学团体；出现了面向学者的定期出版的业务通讯或期刊。著名的科学团体，比如，设在巴黎的法国科学院，定期出版《学者报》（*Journal des Savants*）；而英国皇家学会也主办了《哲学学报》（*Philosophical Transactions*，此处的"哲学的"[Philosophical]意思是自然哲学的[natural-philosophical]，基本上等同于现代的"科学的"[scientific]一词）。但是，很多科学辩论依然以传统的形式在进行：专家在周游欧洲的路途中相遇时会辩论，他们还会以通信的方式切磋问题，也会通过出版并散发图书和小册子来宣传自己的观点。

关于化石的新观点

丹麦医生尼尔斯·斯丹森（Nils Stensen，人们更熟悉他的另一个名字尼尔斯·斯坦诺［Nils Steno］，这是他出版作品时使用的拉丁语名字）和英国人罗伯特·胡克（Robert Hooke）对化石问题的研究有不同寻常的意义。斯坦诺在丹麦、荷兰和法国学习过，他还在意大利中部强大的托斯卡纳共和国的首都佛罗伦萨担任过重要的医疗职位（在当时，此类国际化的职位非常普遍，与现代世界提供给科学家的一些职位性质相似）。斯坦诺在佛罗伦萨时参加了一个学者团体，他们的学术生涯受到生活在同一个世纪的伟大科学家伽利略的激励。与斯坦诺年龄相仿的胡克当时在伦敦的新皇家学会（这一新学会借鉴了佛罗伦萨的同类学会的经验）工作，负责通过试验和例证来指导会员。这些科学团体的会员以及遍及欧洲的许多学者都在探索研究自然世界的新方法。受到日新月异的技术进步的启发，他们通常使用材料学和机械学方面的术语来解释自然世界。这是斯坦诺和胡克所处的共同的科学环境，二人在这种环境中被卷入了持续进行的关于化石的争论。因此，他们得出相似的结论不足为奇。（不久后，双方都指责对方剽窃，但是并没有历史证据能够证明他们对彼此的指控。）

1667年，斯坦诺出版了一个短篇报告，内容是他解剖了一只碰巧被冲到托斯卡纳海岸边的大型鲨鱼的头部。他在报告中提到了被他称为"题外话"的一部分内容，讲述了名为"舌形石"的著名化石。这个东西形状有几分像舌头，但是更像鲨鱼的牙齿，不过从形状上看比真正的牙齿大得多。它们已经石化了，被发现于陆地上，而且嵌在坚硬的岩石中。斯坦诺认定它们意义重大，他计划创作一部从总体上解释化石的重要著作。在被召回哥本哈根做医疗工作前，他只是出版了一个简短的《绪论》（*Prodromus*，1669）。他后来又返回意大利，但是皈依了天主教，并被任命为神父，此时的他还肩负其他职责，有别的优先事项要考虑，因此，在化石问题上，他便没有再出版任何作品（敌视天主教和其他宗教的评论人士捏造出了荒诞的说法，宣称他之所以放弃研究是因为担心这会对他的宗教信仰产生不良影响）。但是他出版的《绪论》传遍了整个欧洲，并在学者中引发了热烈的讨论。在伦敦，人们认为他得出的结论同胡克已经阐述过的有相似之处。在《显微图谱》（*Micrographia*，1665）一书中，胡克描述了令人震惊的新世界，即由刚刚被发明出来的显微镜展现的微观自然世界。在很多关于微小之物（跳蚤、苍蝇的复眼等）的令人震惊的插图中，胡克还描绘并比较了石化木和木炭的微观面貌，展示了它们相似的微观结构——微小的"细胞"。胡克看待石化木和斯坦诺看待鲸鱼牙齿的观点相似，他们分别声称化石是起源于有机物的。他们主张，至少这些东西同远离大海发现的海生贝壳一样是真正的自然遗迹，它们可以作为理解大自然自身历史的线索被恰当地使用。

两位学者从一开始就都否定了有机物和矿物存在本质上的"一致性"，并给出了理由。他们都援引了"大自然不做徒劳无功的事"这一传统原则，很明显，那些东西很可能是由曾经活着的鲨鱼、贝类水生物和树木形成的，大自然造就它们不可能只是为了永远将它们镶嵌在岩石中。一个与之密切相关的原则来自"自然神学"（神学的一个分支，着重分析上帝和自然世界以及人类本性的关系，它补充了"启示神学"——研究上帝在人类历史中以不同方式向人类自我显现）。这一原则认为，由上帝创造的动植物的所有形态是为

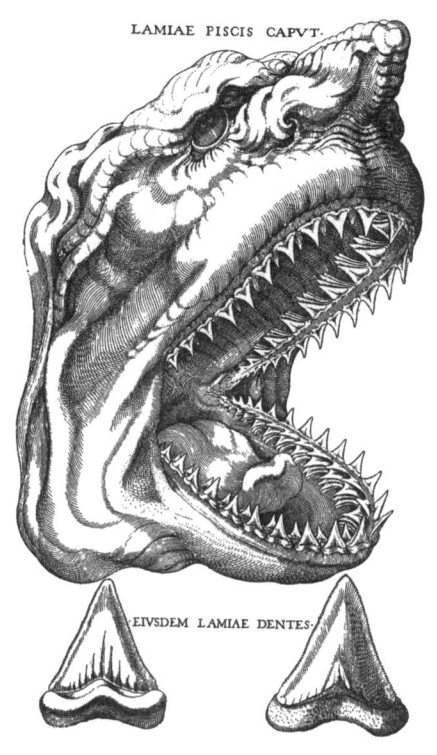

图2.3 斯坦诺的鲨鱼头部插图（1667年），展示了大量牙齿。鲨鱼张开血盆大口，好像要用牙齿来咬东西。下面是内部和外部两种视角下的牙齿。在不久之后出版的一本书中，斯坦诺将这些牙齿同被称为"舌形石"的著名化石做了比较，作为应该如何解释这些化石的例证

了确保它们能够遵循合适的生活方式生存，无论如何都不会被嵌入岩石。斯坦诺还分析了鲨鱼下颌内的牙齿生长与嵌在岩石中的结晶体生长之间的差异，得出结论说二者的生长并没有真正意义上的相似性。

　　这两位学者必须解释他们的化石和任何活着的动植物在形态、本质等方面的不同，还要解释这些化石被发现的位置为何与活着的动植物分布区域不同。他们和同时代的学者创建了关于物质成分方面的大体理论，使得关于事物本质的问题变得相对简单。他们可以很容易地想到木头或鲨鱼牙齿或海生贝壳是如何变成石头的，即细小颗粒状的矿物质渗透并溶解在岩石中，和原来的有机物一起沉

淀，或完全取代原本的有机物。将目标化石包裹起来的坚硬岩石也可以通过非常相似的方式产生，斯坦诺声称它们一定是柔软的沉积物凝固后形成的。胡克考虑的化石范围比斯坦诺考虑的要宽泛很多，而且他还研究出了很多此类化石中没有任何贝壳组织的原因。在沉淀物变成坚硬的岩石后，渗透进的水可以溶解掉原本的贝壳，留下一个空的"模子"，就像宝石匠用来铸造金银的模具一样。但是，即使只是一个模子也可以保持真正的贝类生物原有的贝壳的形态。

鲨鱼的牙齿和海生贝壳在陆地上的位置通常远离大海并远高于海平面，这些疑点不容易解释。斯坦诺推测，当海水一度远高于目前海平面的时候（他认为这可能发生在《圣经》中讲到的大洪水时期），岩层像绵软泥泞的沉淀物一样沉积，当海水退去时，这些岩层便留在了高处并逐渐干硬。相反，胡克则援引过去的地震作为依据。他推测，地震使得地壳从海床处隆起，形成了新的陆地。他们两人的推测都引发了进一步的问题。和很多评论人士的观点一样，胡克认为大洪水只是一个插曲，因为它持续的时间很短，无法产生如此明显的效果。但是他主张的地震说也被其他博物学家所批评，因为他的祖国就遍布相关的化石，但是基本上都和地震无关。（恰好英国这一时期发生了几次地震，非常引人注目，这主要是因为它们太不寻常了。）

"舌形石"与鲨鱼的牙齿非常相似，虽然这个知名化石比真正的鲨鱼牙齿大得多，但是这一差异被最初激励斯坦诺做研究的巨大鲨鱼缓解。他（和希拉）在意大利岩石中发现的贝壳化石同活着的贝类生物也非常相似。反观胡克，他研究了范围广阔的英国化石。例如，他不得不艰难地应对形形色色的漂亮的菊石引发的问题，奇珍异宝的收集者非常珍视它们。不过，它们同任何已知的存活的贝

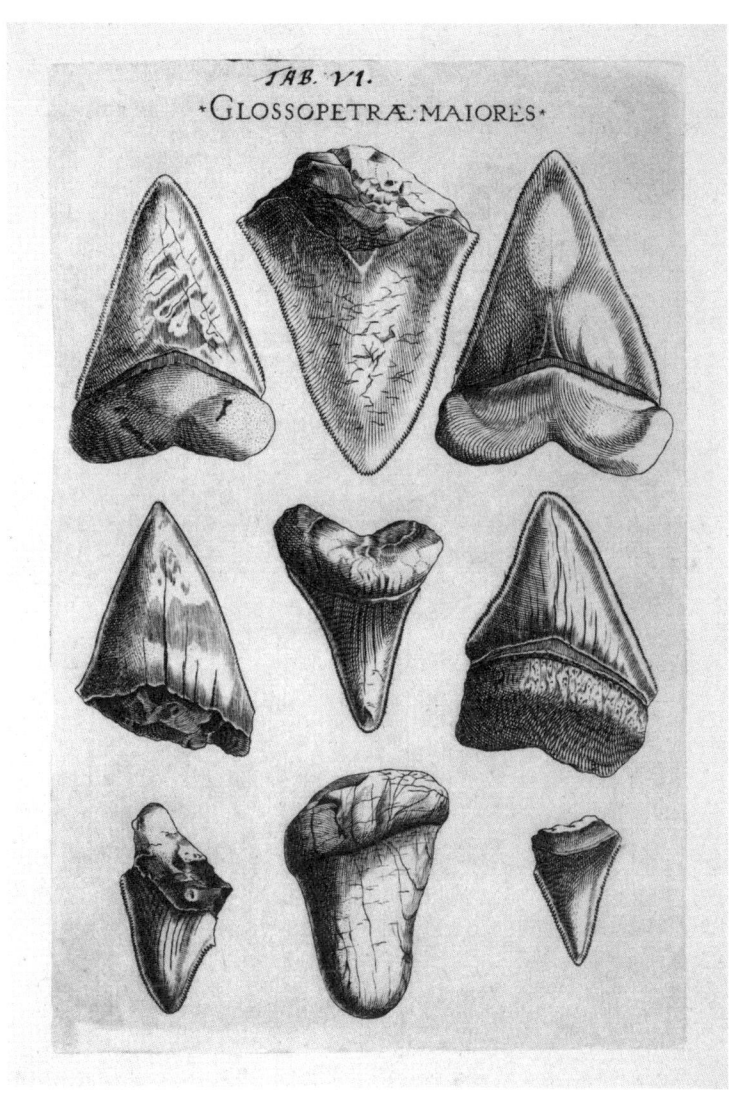

图 2.4 斯坦诺绘制的发现于坚硬岩石中的大型"舌形石"的插图(1667 年)。在他所著的《绪论》中,他认为这是比任何已知存活的鲨鱼体形大得多的一种鲨鱼的牙齿"化石"。而且这种鲨鱼生活在非常古老的历史时期。从"化石"这个词在现代的准确定义来看,它们的确是化石

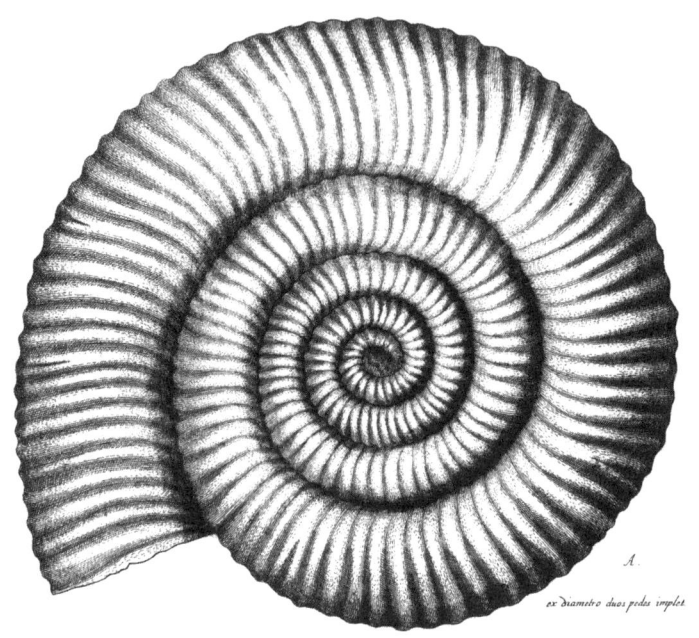

图 2.5 一个大型菊石（宽 2 英寸［6 厘米］），出自马丁·理斯特（Martin Lister）厚重而又插图丰富的《贝类学历史》（*Historia Conchyliorum*，1685—1692）。理斯特是医生，也是位于伦敦的皇家学会的早期会员。他怀疑这个像贝壳的化石不是真正存活过的动物的遗骸，因为它在形态上同任何活着的贝类生物差别很大（他对贝类生物的了解在当时无人能及）。而且，它看起来全部是由石头构成的，没有任何构成贝壳的钙化物成分（用现在的术语说，它其实是"模铸化石"）。在形态上最像菊石的贝类生物是来自东印度群岛（如今的印度尼西亚）热带海域的"鹦鹉螺"

类生物都不相像。但是，胡克意识到人们对生活在世界上其他遥远地方的动植物知之甚少，因为欧洲人每次远距离航海或者远征都会带回新的和未知的物种。所以，他认为那些作为化石为人所知的物种可能最终会在某地被发现有存世的活物。胡克推测，另一种可能是，一些物种可能随着时间的流逝改变了形态，就像国内的动物发展出了新品种一样（他的这种想法同后来的"进化改变论"具有相似的误导性）。在接下来的三十年中，胡克在皇家学会一直以化石和地震的关系为主题做报告，会员对此怀有极大兴趣，而这些问题依然没有解决，继续困扰着他。不仅是他，这些问题也困扰着与他同时代的其他学者。

关于历史的新观念

但是，不论是斯坦诺研究的舌形石还是胡克讨论的菊石以及其他化石都没有激发他们去质疑大多数学者都认同的地球的时间尺度（编年史学家正试图将其精确量化）。他们对几乎所有历史都是人类历史也没有表示怀疑。例如，斯坦诺指出，在马耳他岛发现的如此大量的舌形石并不能作为证据反对它们来源于生物体，也跟地球短暂的时间尺度没有冲突，因为仅仅一条活着的鲨鱼就有大概 200 颗牙齿（包括正在使用的牙齿和备用牙齿）。他还指出，从托斯卡纳挖掘的大量包含化石的岩石被古代伊特鲁里亚人用来建造沃尔泰拉的山巅城镇的围墙，那是在古罗马人征服该地区并彻底摧毁伊特鲁里亚之前。这表明，这些岩石和化石不仅在古罗马之前就存在，而且还早于伊特鲁里亚人生活的时代，这意味着它们属于古代历史的范畴。因此，斯坦诺认为，它们的形态可以追溯到更久远的过去，甚至可能远至《圣经》记载的大洪水时期。他并没有将自己的证据强行塞入较短暂的世界历史，他期待自己的读者能够相信这些自然遗迹与很多出自人类之手的古董是不同的。

和斯坦诺一样，胡克认为，无论多么久远，他重建的所有重大事件都发生在人类历史的范畴中，他认为英国在非常久远的过去遭受过威力强大的地震（斯坦诺在意大利时，依然有地震发生），这可能导致岩石抬升，包裹其中的化石也随之露出海面。但是，他预测，进一步的证据并不会在自然中被发现，而是以寓言和传说的形式隐藏在古代的人类记录中，不过，可以通过去神话的方式来还原遭篡改的关于古代地震和火山爆发的记录。他坚持认为，菊石是由未知的贝类生物的遗骸形成的，这跟他同时代的一些学者看法相左。由于一些菊石体形巨大，而且形态同美丽又珍贵的热带"鹦鹉螺"的外壳非常相近，胡克认为英国在历史上曾经处于热带地区，但是进一步的证据并没有在自然中被发现，而是存在于古代的文献记录中。他认为可以根据化石"创建一个年表"，但是，他这么做的目的只是为了补充编年史学家使用的文本资料，或者最多是取代那些资料，将人类记录扩展到没有确证的历史文献保存下来的人类历史的最早期。他知道古埃及和古中国的文字记录所显示的历史比大多数编年史学家主张的要久远；即使那是真的（他对此表示怀疑）也只是扩展了几千年，而且依然都是关于人类的历史。

在考虑如何解释化石时，胡克和斯坦诺的观点都没有受公认的假定——传统世界历史的轮廓显然是正确的，它的时间尺度从数量级上看也是恰当的——束缚，更没有被其扭曲。他们二人分别为围绕人类历史及其自然环境进行的辩论引进了重要的新元素。二人慎重地将历史学家研究人类历史的观点和方法转换到自然世界，却没有认识到他们及同时代人认为理所当然的地球历史的时间尺度需要被极大地扩展。

斯坦诺使用他在托斯卡纳发现的岩石和化石来重建重大自然事件的历史顺序。他认为，托斯卡纳的地貌可以显示地球表面的典型特征。他将化石与《圣经》记载的上帝创世和大洪水相匹配。在环绕沃尔泰拉的众多山丘中他发现了两组独特的岩石，其中一组平铺在另外一组之上，每一组所在的地层在一些地方是水平的，但是在

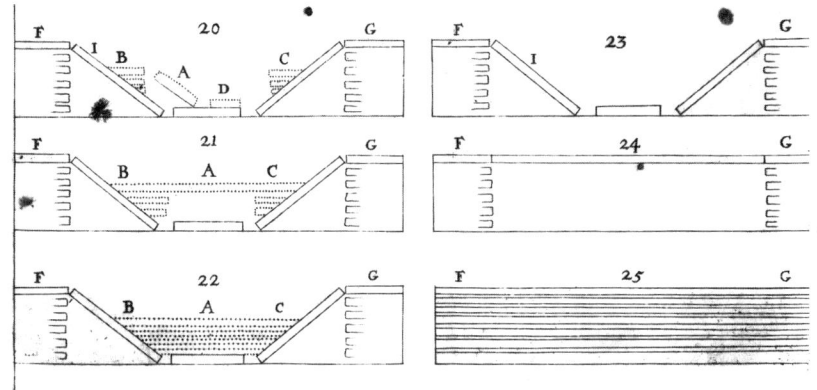

图 2.6 在《绪论》一书中,斯坦诺用图表来解释他对托斯卡纳自然史的重建。这六个"部分"是地壳的垂直截面图,可以用两种互补的方式来解读。标号表示作者做研究时的顺序,是从发掘现场岩石的状态(20)往回倒推至岩石的初始状态(25);但是,如果按照事件发生的时间先后顺序,就应该是从初始状态(25)一步步发展到当前的状态(20)。较老的岩层(连续的水平线表示岩层)没有化石,呈水平方向沉积(25),然后逐渐塌陷(24)直到最上面一层坍塌呈倾斜状(23)。后来,经过一连串不完全相似的事件,包含化石的较新的岩石(用虚线表示岩层),呈水平状沉积在较老岩层的顶部(22),然后逐渐损毁(21),直到最上面一层坍塌,形成被发掘时的样子(20)。这张图表使用了抽象的几何图形绘制,这让人们回想起伽利略的物理学研究,他的研究传统激励了身处佛罗伦萨的斯坦诺及其同事

其他地方则是倾斜的。他推断,它们最初都沉积在水平的地层中,后来在某些地方坍塌成倾斜的位置。上层的岩石包含化石贝壳,下层的岩石明显更加古老,没有任何化石。因此,他推断下层的岩石来自上帝创世期间,当时还没有任何活的生物,而上层的岩石则来自较晚的时期,有可能是大洪水时期。他因此自信地推断这些自然遗迹证实了《圣经》对于早期历史的叙述,或者至少可以说,与《圣经》的记载并不冲突。(两组岩石所在的地层体现了在较小的时间尺度内发生的重大事件的顺序:较老的地层之上覆盖着较新的地

> 没有任何古钱币能够完美地向古文物研究者揭示这个地方或那个地方曾经在哪位国君的统治之下，而这些（贝壳化石）却能够向自然文物研究者证实，这个地方或那个地方曾经淹没在水下，此处曾经有何种动物生存，该地的地球表面先前曾经发生了哪些变化。我认为，上帝看起来确实设计了这些一成不变的形态供人利用，正如纪念碑和文字记录能够指导后人了解之前的时代发生了什么。比起古埃及的象形文字，它们就像更加清晰可辨的文字；比起古埃及庞大的金字塔和方尖碑，它们是镌刻在更加持久的"纪念建筑"上的。

图 2.7　这段有启发性的文字引自胡克 1668 年在伦敦皇家学会做的一场报告。他表示，"自然文物研究者"研究化石的工作同传统古文物研究者研究文物的工作非常相似。在另一场报告中，他认为，贝壳化石可能比最古老的"历史遗迹"还要悠久，但是我们并不清楚，他是否认为它们比人类历史上最早的"神话"或"寓言"所描述的年代要早

层，这是一个很明显的推论，不值得像后来人那样将其拔高为正式的"叠覆律"，斯坦诺当然也不应因为使用所谓的叠覆律受到特别夸赞。）

斯坦诺对于这一历史事件的总结表明，他的推理方法同编年史学家如出一辙。他们从文献记录最丰富的较为晚近的过去（在厄谢尔的例子中，是古罗马时代）开始，将证据拼接在一起，然后回溯到更加模糊的人类历史初期。斯坦诺从托斯卡纳当时的状态着手，以此为起点推演过去发生的事件。编年史学家在创作标识事件精确日期的年鉴时，则逆转方向，按时间发展顺序，从最古老的时期开始展示他们重建的历史。同编年史学家一样，斯坦诺也是按照时间的流逝方向重建了地球历史的连续阶段，即从最遥远的过去一直延

续到当下。斯坦诺在《绪论》中以此为主题的简短论文讲解了如何使用作为"自然遗迹"的岩石和化石补充甚至是替代编年史学家收集的文本证据,并以此来重建地球早期的历史。他的论证引人注目,很快就广泛流传,影响力大增。

胡克慎重地将古文物研究者的方法应用到地球研究中,这是一个相当有意义的举动。"自然文物研究者"可以将岩石和化石用作古代地理变革的历史证据,而且从时间上看,它们的出现甚至早于有文献记录留存的人类历史时期。岩石和化石是自然的历史遗迹,是自然留给人们的宝藏,它们承担了重要的解释工作。岩石和化石甚至可以被视为自然的文档,书写了发生在遥远的过去并被自然所见证的重大事件。但是,就像古代的人类记录,人们需要破译才能解释它们的意思。但人们在使用自然遗迹重建历史之前,必须学习"自然的语法"和自然的语言,否则,这些证据就会像古埃及的象形文字一样,虽然众所周知,但未被破译,因此无法向人们提供信息。

化石和大洪水

斯坦诺和胡克并非与世隔绝的天才,他们和同时代的学者联系密切,经常就学术问题展开热烈讨论。而且他们给其他博物学家提供了可资借鉴的富有成效的研究模式。在 17 世纪最后几十年至 18 世纪,学术界的同人可以在他们开发的模式基础上将相关研究向前推进。(胡克的影响力不如斯坦诺,部分原因在于他的讲稿直到去世后才发表出来,而且只有英文版。)在同时代的学者中,英国医生约翰·伍德沃德(John Woodward)相对年轻而且非常活跃。他不知从哪儿收集了一套上好的化石,去世后将它们遗赠给了剑桥大学，同时还捐款资助开设讲座研究这批化石。（剑桥大学以这批化石为基础建成了一个重要的地质博物馆，而研究这批化石的讲座则发展成该大学一个著名院系中的讲席教授职位，即"伍德沃德讲席教授"，我曾经作为古生物学家在一位 20 世纪的"伍德沃德讲席教授"门下受教。）伍德沃德的主要著作是《论地球的自然史》（*An Essay on the Natural History of the Earth*，1695），不出所料，他在该书中集中研究了那些很明显是起源于有机物的化石。他认为，形成这些化石的生物都生活在大洪水之前的世界。他还认为大洪水暴发时无比猛烈，摧毁了整个世界。他在书中指出，万有引力（牛顿当时提出的新观点）在大洪水中暂时消失，地球上的万物都被剧烈搅拌进入浓稠的大洪水中，并暂时处于悬浮状态。当万有引力的作用恢复时，这些东西都沉积下来形成连续的岩层，在悬崖峭壁和采石场内可以清楚地看到这些岩层。在伍德沃德看来，只靠幸存下来的化石就能给大洪水之前的世界提供证据，但这只是一种间接的方式。他表示，这些化石并没有保存在那些生物最初生活的地方，它们甚至不带有那些生物原始栖息地的任何痕迹，它们被发现的地点其实是那些生物在浓稠的大洪水中被搅拌后沉积的地点（用现在的术语来说，它们都是"衍生"化石或"再沉积"化石）。像前辈们一样，伍德沃德想当然地以为，所有这一切都发生在编年史学家所认同的相对短暂的时间尺度之内。他认为更广大的时间跨度是不必要的。

18 世纪初，很多博物学家，不管他们是否认同伍德沃德关于大洪水特征和起因的推测性观点，都效仿他声称化石为大洪水的历史真实性提供了无可辩驳的实证。这其中就有瑞士医生约翰·佘赫泽（Johann Scheuchzer）。他出版了伍德沃德著作的拉丁语译本，使它成为一种国际读物。同伍德沃德一样，佘赫泽在自己丰富的作品

图 2.8 佘赫泽的版画《大洪水的见证人和上帝的信使》(1725 年)。作为一名受过专业训练的医生,他本应该能够辨认出,不管这个化石是什么,它绝对不可能是人类。他丧失科学判断力或许是由于不加批判地采纳了伍德沃德的观点,认同所有化石都是大洪水的遗迹。一个世纪之后,当时首屈一指的比较解剖学家乔治·居维叶(Georges Cuvier)认出了这是一种大蝾螈的化石,这种两栖动物已经灭绝

中,将所有生物化石的形成原因都归结为大洪水这一重大事件。半个世纪之前,珂雪在解释大洪水故事的评论性著作中配了一套所有动物的插图,他认为它们一定都挤在挪亚方舟中。佘赫泽在一部主题相似的作品中也配了一套插图,但不是关于动物的,而是描绘他自己收藏的精美化石。这是一个重大转变。作为大洪水遗迹的"自然文物",化石现在成为辩论地球历史时的核心证据。佘赫泽甚至声称,他的一个化石是"大洪水的见证人和上帝的信使"的骨骼。他以此为证告诫自己的同代人,灾难性的大洪水具有历史真实性。他深信,这个独特的化石提供了此前缺失的决定性证据,那个曾经掩埋了无数动植物遗骸的重大事件确实是《圣经》中记载的大洪水,挪亚同时代的人类也没有逃过这场劫难,这个化石便是明证。

这种对化石的洪积论解释并不是没有遭到挑战。为了让这一解

释行得通，就必须远离《创世记》的字面意思。如果像《圣经》中记载的那样，大洪水仅仅持续了"40天"，一层又一层厚厚的沉积物（后来凝固变成岩层）沉淀并嵌入所有贝类生物和其他化石是否来得及？还有，如果那场猛烈席卷陆地的大洪水是由某种疾风骤雨似的大海啸所引发，这跟《圣经》中的记叙是否一致？因为在挪亚方舟的故事中，海平面的上升和下降必须相对平静，方舟才能完好无损地安然完成如此重大的航程。这类问题不可避免地指引人们对《圣经》进行批评性解释，而且这种声音也不是第一次出现。

以现代人的眼光看，伍德沃德的著作，还有佘赫泽以及受伍德沃德观点影响的其他学者的著作，似乎没什么价值，因为这些作者愚蠢地执着于证明大洪水的历史真实性。不过，他们提倡的洪积论当年确实有助于巩固当时还很新奇的观念——地球自身具备真正的自然史，而且可以根据自然遗迹这种重要证据对其进行重建。这种新观念引导博物学家将注意力集中在化石上，以惊人而富有成效的方式开拓了地球历史研究的新境界。

绘制地球历史

当时，除了大洪水这一独特的重大事件外，自然世界中的事物很少能够表明地球及其承载的生命曾经有过任何重大的历史。18世纪，就算有人认为在大洪水之前可能存在一连串独特的自然事件或重要时期，他们也只是继续从《创世记》中寻找支持和灵感，而不是依靠化石来论证。一个显著的例子是佘赫泽的"六日"系列图片，它们描绘了《创世记》故事中前六"天"的景象。他出版了评论《圣经》中所讲述历史的大部头著作《神圣的自然科学》（*Physica Sacra*，1731—1735，当时"自然科学"一词的含义非常广泛），并配有大量插图。这本书展现了他广博的科学知识。描述《创世记》的插图在该书的开篇部分，这些图片给人们提供了想象中的世界景象，描绘了在《创世记》最初那一"星期"的多个连续的重大时刻。（这部内容丰富的著作描绘了自大洪水以后很多年的重大事件。）例如，在描绘《创世记》第三"天"景象的图片中，第一张图片描绘了没有任何生命存在的山川河流，后一张则画满了人们所熟知的枝繁叶茂的大树和其他植物。再往后，描绘第六"天"场景的图片中，有一张图描绘了伊甸园生活着各种各样的动物，接下来的一张图则描述了亚当来到这个园子并负责看守它。佘赫泽真的认为《创世记》中的每一天只有 24 小时吗？他很可能效仿其他研究人员，在确立已久的《圣经》解释原则所允许的范围内推断出《创世记》中的"天"极有可能指的是很长的时期，而且无法确定到底有多长。尽管佘赫泽在自己设想的《创世记》的壮丽场景中并没有提及自己收藏的为数众多的化石，也没有将它们作为可能的证据，不过，就像之前提到的，稍后在这部书中，他将自己所有的化石都用来描述大洪水。

　　如果不考虑时间尺度，佘赫泽描绘的场景，最有意义之处在于它们组成了条理清晰的一连串事件。例如，在他受《创世记》叙事启发创作的场景中，最初是没有生命的世界，然后陆续出现了植物、海洋生物、高等陆地生物，最后是人类。这些场景加强了人们的直观意识，即自然世界必定具有清楚易懂的自身的历史，即使人们认为那不过是漫长的人类历史的短暂序幕。在自然历史的开端，人类还没有出现，在最初的阶段甚至没有任何生命。但是，迄今为止，自然历史中发生过一系列重大的事件，这一观念不是来自自然世界本身，而是几乎全部来自《创世记》中的记叙。

　　不过，一旦能够发现所需的自然证据，地球全部的历史轮廓

图 2.9 形象化的《创世记》故事：佘赫泽想象的历史场景之一，取自《神圣的自然科学》。这幅画描绘了上帝创世"第六天做的工作"，表现的是上帝创造亚当之前的世界。插图中的说明文字是拉丁文和德文，分别满足国际读者和德语世界读者的需求。这幅插图在形式上像油画，还有带有巴洛克风格的边框，就像是穿越时光的博物学家亲手绘制的描绘过去景象的画作。佘赫泽所有的画都采纳了宗教或世俗历史绘画的既定艺术手法，这个例子描绘的是伊甸园。画中的动植物都是作者所了解的现存物种，但是这类图片后来为想象中的地球深史场景提供了一个模板，不过，描绘地球深史的图中绘制的生物与任何已知的活着的物种都大不相同

就可以很容易地扩展开来，届时就需要一个长得多的时间尺度来衡量。但是在17世纪末和18世纪初，似乎没有将相对短暂的传统时间尺度加以扩展的需求，这一传统时间尺度是厄谢尔等编年史学家精心量化的。只是在偶然的情况下，学者们在讨论历史问题时才会波及时间尺度问题，而且只有少数学者会表达些许疑虑，即几千年是否足以容纳目前已知的一切历史事件。著名的英国博物学家约翰·雷（John Ray）认为，许多化石肯定来源于有机物，他对伍德沃德用洪积论解释化石并不满意。在写给另一位学者的信中，雷评论说，如果怀疑时间尺度问题，可能会产生"一连串的后果，包括对于世界的新发现，这些看起来会冲击《圣经》所确认的历史"。如果说他对于沿这条路继续走下去有所疑虑，那是因为这需要质疑《圣经》作为历史著作的可靠性，而他和大部分同代人都想当然地把《圣经》作为权威的历史文献。不过，胡克并没怎么被这种质疑困扰。他表示，贝壳化石等自然遗迹可能比历史最悠久的人类遗迹还要古老。但是不清楚的是，他是否认为它们的起源会扩展到超出人类最初的历史时期或者说"神话"时代。

只有极少数人认为衡量地球历史的时间尺度可能比公认的要长得多，英国学者埃德蒙·哈雷（Edmund Halley）就是其中一位。（他现在最为大众所知的是计算出一颗彗星的运行轨道数据，准确预测了它的回归时间，这颗彗星后来被命名为"哈雷彗星"。）他试图通过估算世界上的河流向海洋中注入盐分的速率弄清地球的年龄。他总结认为："通过这一点可以发现，地球可能比很多人迄今所认为的古老很多。"他在伦敦的皇家学会宣读自己的论文时提到了这一点，这主要是为了驳斥认为"地球是永恒的"这一观点。他的方法就是证明地球历史是发端于某个时刻，不管这个时刻多么古老（和很多人一样，他也认为，《创世记》中的"一天"可能是比较长的时期）。17世纪末、18世纪初，对大部分学者来说，真正具有威胁性的观点并不是地球历史具备更长的时间尺度，而是"地球是永恒的，世界不是被上帝创造的"。

这一章简单概述的辩论尽管聚焦于化石，但涉及的问题非常广泛。在我们的故事回到详细重建地球自身历史这个主题之前，这些问题都被纳入一种创立新理论的雄心壮志中，这可以追溯到17世纪并一直贯穿到18世纪末（下一章会讲到）。

第三章
勾勒宏大图景

一个新的科学门类

如果化石（从现在起，我们使用的是"化石"的现代意义）真的是自然本身的遗迹，它们可以成为人类文献记录和其他遗迹的补充，并且可以解释清楚人类历史的最初阶段和当时的自然环境。这一观点在17世纪末和18世纪初得到斯坦诺、胡克以及其他学者的认同。同时，另外一种完全不同的研究地球的方式也呼应了这个观点。这种研究方式不是将重大事件串在一起拼接出地球历史，而是试图弄清楚重大事件发生的根本原因。它也不从编年史学家、古文物研究者和历史学家那里借用观念和方法，而是借鉴自然哲学家（"哲学家"在这个语境中基本等同于现代的物理学家）的工作方式，努力将基本的"自然规律"应用在地球的自然特性上。这两种研究方式大体上是互补的。例如，认为大洪水是真实的历史事件（不仅可以被《圣经》的记载证实，而且也可以被自然本身的遗迹所证实）与试图弄清楚是什么原因引发的并不冲突，而是相容的。斯坦诺和胡克就同时从事这两方面的研究。他们认为海生贝类化石出现在高海拔的干硬陆地上是由于自然原因。事实上，从自然原因出发理解地球的努力逐渐发展成为一种创立理论的工作，有别于重建历史的努力。

那些提出具有因果关系理论的学者志在构建一幅宏大的图景，以便从总体上解释地球。考虑到永恒的自然规律会持续运作，他们不仅研究导致地球现状的过去，而且还研究必然会来临的未来。关于过去和未来设想的一个模型来自一部出版于17世纪初的著名作品——勒内·笛卡尔（Rene Descartes）的《哲学原理》（*Principia Philosophiae*，1644）。这本书勾勒了他推测的整个宇宙的景象，这个景象被他所认为的大自然的基本规律完全支配。在这个宏大的图景中，他还对地球进行了分析。跟传统观点不同，他认为地球并不是位于宇宙正中心的独一无二的天体，它只是众多相似的行星之一，而这些行星又围绕着广泛分布于太空中的恒星运转。（在当代太空探索和搜寻外星文明计划之前，人们就已经热烈讨论此类"多重世界论"的可能，即宇宙中存在多个类似地球的世界。）在这种新天文学视角中，地球之所以独特，只是因为在它的同类中，人类只能接触到它。笛卡尔认为，任何类地行星，不论位于宇宙何处，要么已然经历，要么未来将会经历一连串相似的变化，这是从它们形成之初就注定了的。

就像现实中所表现出来的那样，类地行星发生的一连串变化是由其最初状态（他推测之前是恒星）所决定或预先确定的，并且被自然规律所支配。在笛卡尔看来，这个行星的结构因此一定会随着时间的流逝以可预测的方式变化。它从由炽热物质组成的球体这一初始状态开始，逐渐分离成为由不同成分组成的各种各样的同心地层。其中，最外层的坚硬地层是该天体的外壳。他认为，在某个时间节点上，外壳可能会粉碎并解体，其中的一部分坍塌成为底层的液态层，而另外一部分则隆起并上升成为气态层。具体到我们生活

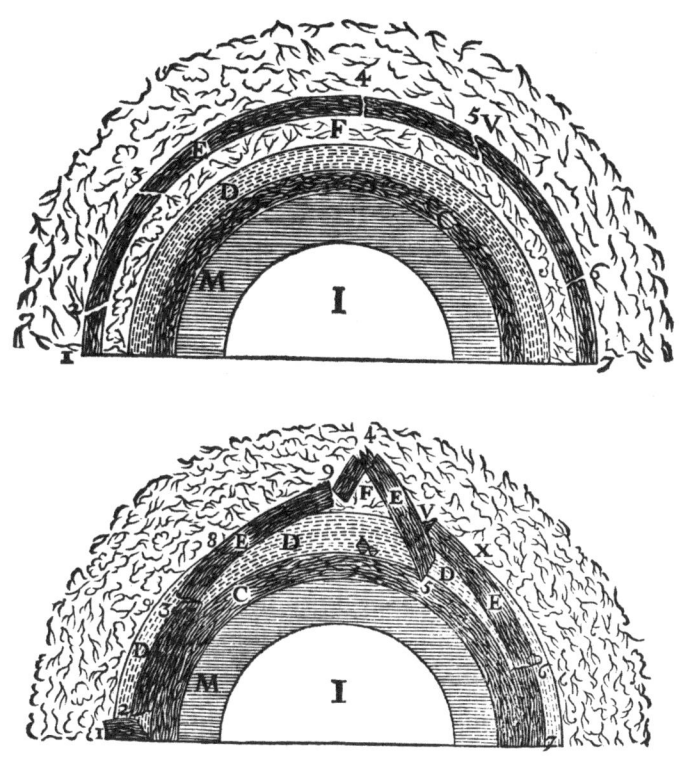

图 3.1 笛卡尔绘制的类地行星的截面图，表现的是该行星一系列可预测的变化中的两个连续阶段：坚硬的外壳（E，外层的黑色地层）解体前后。外壳的一部分隆起并上升成为包裹住天体的大气层，而其他部分则坍塌成为底层的液态层（D）。这个变化产生了一个不规则的表层地貌，上空的大气层和看不到的位于地下的核心层。（在他的《哲学原理》一书中，为了节约印刷版画的成本以及页面空间，在截面图展示的两个阶段中，他都只绘制了半个球体。）

的地球，在这个过程中可能会形成各种各样的山脉、大陆和海洋的地形，而地球上空则被大气所包围，内部是看不到的地核（还有一个假想的液态地层）。

笛卡尔没有详细说明以这种方式发生变化的类地行星的时间尺度是多少，他也无须做出说明。对他来说，最重要的是，无论自然变化的速率如何，在自然规律的支配下这一系列变化必然会发生。而且，天主教会发起的反宗教改革运动导致政治形势紧张，笛卡尔对于时间尺度的模糊态度是明智的。众所周知，伽利略因为其学说的广泛影响已经卷入与罗马教会的冲突。笛卡尔不愿面临跟伽利略同样的遭遇。况且，当人们将他的理论应用到我们生活的地球时，可以很容易地适用编年史学家计算出来的几千年的时间尺度。笛卡尔和斯坦诺、胡克以及大部分学者一样，可能没找到令人信服的理由去质疑这一时间尺度（作为一个整体的宇宙的时间尺度问题是另外一回事）。

不管怎样，从17世纪后半期一直到18世纪的大部分时间里，笛卡尔的著名理论被其他人作为模板使用，他们同样聚焦于可能支配地球发展的法则。至少，原则上，此类理论不仅试图解释具体现象（例如，地震或火山），而且还试图解释在地球上发现的主要自然特征和自然进程。此类理论会给出过去、现在和未来地球赖以运行的整个自然"系统"的因果性解释（在现代社会，与这一理论大体等同的学科——"地球系统科学"使用了相同的关键词"系统"，这并非偶然）。这一被称为"地球理论"的理论，成了一个独特的科学门类，好比在同样的意义上，小说、十四行诗属于文学门类，风景画和交响乐则属于艺术门类。

一种"神圣"的理论

第一个使用"神圣理论"字眼做书名的重要著作是《地球的神圣理论》（*Telluris Theoria Sacra*，1680—1689）。书名中还包含一个额外的但意义重大的单词——地球。这本书的作者是英国学者托马斯·伯内特（Thomas Burnet），他是当时知识分子圈子中的核心人物,他的地位就像五十年前厄谢尔在学界的地位一样。从现代意义上讲,伯内特并不是基督教基要主义者,但是他想整合早就被视为人类知识的两个可信的互补来源——大自然和《圣经》,即上帝的"作为"和上帝的"话语"。因此,他既引证了在亘古不变的自然规律支配下正在发展的自然事件,也参阅了《圣经》是如何记录过去又是如何预言未来的。他所总结的理论体现在了自己多卷本著作的卷首插图中。在这幅图的描绘中,地球的过去和未来都不是无限的,现在是过去和未来之间的中间点,耶稣基督象征性地主导了从头到尾的整部戏剧。

笛卡尔描述的最初完好无损的地壳被视为最初的人类世界(伊甸园)那圆融而完美的状态。随后,地壳解体产生了大洪水,也就是挪亚大洪水。当大洪水退去,破败和不完美的世界呈现出来,表现为具有不规则地貌的大陆和海洋。在未来的某个时刻,引发大洪水的自然规律将进一步发挥作用,导致世界范围内的火山大爆发,人们认为这是《圣经》中描述的被烈焰吞噬的末日景象。火山爆发将净化世界并使得它再次圆融和完美,以待耶稣在未来的千禧年降临尘世进行统治。最终,在自然规律的持续支配下,地球会转变成一颗恒星。所有这些变化过程都心照不宣地符合编年史学家的时间尺度(倒数第二个阶段,也就是"千禧年"阶段,将恰好持续一千年整)。伯内特明确反对世界是永恒的或者世界历史是不断循环往复的。他描绘的环状发展阶段通过出自基督之口的"从头至尾"表达了这样的意思:这个环状结构有始有终,最后达至圆满,而并非永恒主义者描述的那种无限连续的相似圆环中的一个。

伯内特的理论影响力极大,而且不限于学者圈子。讽刺的是,尽管他的书名中包含"神圣"一词,他也将《圣经》文本作为可靠的学术资料来看待,而且他还明确驳斥了永恒主义,但他发现自己

图 3.2　伯内特所著的《地球的神圣理论》英文版（1684 年）的卷首插图。编年史学家有限的线性历史观在这里被卷曲成环形，象征历史在未来达至圆满。基督的两只脚分别跨在代表第一阶段和第七阶段的球体之上，他上方的希腊语被视为他自我描述的话："我就是从头至尾的一切。"从顺时针方向来看，最初的混乱阶段之后是平静的完美阶段，也就是大洪水暴发之前的天堂般的世界，再接下来是全球范围的大洪水（画中有一个漂浮的微型挪亚方舟）。当前世界，也就是中间阶段，描绘的是人们熟悉的大陆和海洋。未来是全球火山大爆发，这将摧毁现有的世界，随后是耶稣在千禧年统治地球，地球的最终结局则是转变为一颗恒星。过去和将来以引人注目的对称形式分列当前世界的两边。天使在时空框架之外观察着这一系列变化，他们代表的是永恒的神圣王国。但是，地球本身并不是永恒的：这个呈环形的一系列发展阶段有明显的开端和结局

依然被指控为无神论者。还有人批评他忽视了重要的科学证据。例如，在《圣经》的叙述中，人类先民被逐出伊甸园，进入一个"堕落"的世界，他们的后裔（除了挪亚及其家人）遭到报应被大洪水淹死。相比之下，伯内特忽视了世界的堕落阶段，并将大洪水之前的世界描绘为完美的天堂。这种最初的完美状态中没有出现任何一片海洋（在《圣经》中通常象征着自然界的混乱）。因此，他的理论框架没有为海洋生物化石嵌入岩层提供解释的余地。事实上，他的同代人都在热烈讨论岩石和化石，不管是在皇家学会，还是在其他地方。伯内特将大洪水和火山大爆发仅仅归因于自然规律的支配。自然规律看起来预先决定或确定了这些重大事件的发生，因此，它们原则上是可以预测的。这很难和传统解释相调和。传统上，人们认为大洪水和火山大爆发是神对堕落的人类反复无常的不道德行为进行审判的表现方式。

无论如何，批评者和信服者都以非常严肃的态度对待伯内特的理论。例如，艾萨克·牛顿向伯内特提议改进其理论：考虑到地球最初的自转速度同当今的差异，《创世记》中的"数天"事实上可能是数年（尽管这也很难扩展时间尺度）。牛顿的崇拜者，后来接替了他在剑桥大学教席的威廉·惠斯顿（William Whiston）出版了《关于地球的新理论》（*A New Theory of the Earth*，1696）。在这本书中，他用牛顿发现的自然规律取代了笛卡尔的规律。他声称，这改善了伯内特的理论，使其能够跟得上时代。具体来说，他认为彗星很可能是造成过去的大洪水和未来的火山大爆发的自然原因（根据牛顿的观点，人们可以更容易地理解彗星，不过，人们认为彗星体量巨大，有能力引发如此重大的自然事件）。惠斯顿的主要目标同伯内特没有什么不同，就像他在书的副题中表明的那样，是为了证明《圣经》体现的历史同理性和哲学是完美相容的。尽管当时宗教和自然科学关系紧张，二者仍在激烈辩论，但人们认为二者肯定不存在内在冲突，能够和谐共存。

尽管争议很大，"地球理论"此时开始成为一个新的科学门类。事实上，伯内特的著作激励了大量类似图书和小册子的创作，其中很多作者都宣称自己提出的是唯一正确的理论。有批评家嘲笑这些作品都在荒唐而肆意地猜测"世界是如何被创造的"。无论如何，在整个18世纪，"地球理论"在学者中非常流行。而且，它在两个重要方面得到了修正：首先，它毫不费力地吸收了地球适当的时间尺度应该急剧扩展这一意识，虽然它在这个世纪才出现（这一意识的源头与这个科学门类本身完全不同，下一章将会讲述这个问题）；其次，在启蒙运动的文化氛围中，"地球理论"从总体上被缩减成只是关乎自然世界中的自然规律的研究课题。就像在伯内特和其他一些学者的理论中看到的那样，整合自然证据和《圣经》经文证据的努力基本上被放弃或至少被边缘化了。在直言不讳的无神论中，宗教方面的证据已被摒弃。被启蒙运动学者广泛接受的"自然神论"将宗教证据降格到了边缘地位。与传统的基督教（和犹太教）"一神论"不同，"自然神论"对完全超然的上帝有着创新性的理解。尽管认为上帝与人类历史发展进程中的世界是相互作用的，但在自然神论者看来，首先是一种"至高无上的力量"设计和创造了宇宙，然后便任其自行运转。（在实践中，这种力量被认为是不具人格的。）在他们的观点中，挪亚大洪水的所谓自然效应总体上是被淡化或者完全被否定的，《创世记》故事通常被认为是毫无科学价值的。这点在地球研究领域具有深远的影响。它有效聚焦了支配具有因果关系的地球进程的永恒规律。而且，通过拒绝承认来自《圣经》的任何证据，它也不再聚焦地球历史可能不会重复并具有偶然性这一观点。下文将要讲述的两位重要的启蒙运动学者可以说明这一点。此外,还有第三个学者的例子,他的著作试图恢复《圣经》的角色并借此恢复对地球的真正的历史研究。他们三人创建的宏大理论给 19 世纪甚至是更久远的未来留下了有影响力的遗产。

一个缓慢冷却的地球?

乔治·勒克来克(Georges Leclerc),即布封伯爵,创立了这些宏大理论中的一个。几十年来,他一直担任"法王御花园与御书房"(位于巴黎植物园内的法国国家自然历史博物馆的前身)的总管。他身处法国文化和政治生活的中心,并且很有权势。他原来打算在多卷本著作《自然史》(*Histoire Naturelle*,1749—1789)中对自然世界的三个"王国"(动物、植物和矿物)进行综合研究,但最终成书时大部分内容都是关于动物的。布封所谓的"自然史"是在传统意义上对自然进行的静态描述,而不是现代意义上的叙述——自然随着时间的推进而发生变化。

布封的一篇介绍性论文勾勒了一种地球理论。他将地球视为自己计划描述的生物的生存环境,并一直在慢慢变化,但是这种变化在方向上并不具有颠覆性。他表示,导致过去发生变化的自然原因(比如侵蚀和沉积)如今很容易就能观察到,而且还会在未来继续发挥作用。在一些地方可以看到海洋正在侵蚀陆地,在其他地方,新的陆地在形成,海洋则被取代。在不同的历史时期,地球的每个部分都有陆地和海洋,未来也是如此。布封的理论认为地球处于动态平衡的"稳定状态"中,因此,他描述的地球历史不具有方向性,不具备发展特征,不是真正的历史。有意义的是,他的理论并没有以《创世记》为依据,也没有引用接下来的大洪水故事(在别处,他狡猾地声称,大洪水没有留下任何自然痕迹,因为它是一个奇迹）。如果地球的变化是连续的但没有方向性，那么地球占据的全部历史时段是多长并不重要。但是，如此一来，地球可能会被认为是永恒的。这是布封的论文遭到巴黎的神学家（詹森主义者）批评的原因之一（该论文的其他受批评之处与地球理论无关），尽管其他神学家（耶稣会士）对布封的观点持积极态度。一个世纪之前对付伽利略时，基督教教会（甚至只是天主教会）也无法做到用一个声音说话，而且布封在王室圈子中势力强大，教会因而对他忌惮三分；同时，他确实也发表过一份声明，承认自己的科学思想只不过是一些假设（事实也是如此）。

接下来，布封很快出版了另一篇关于地球起源的论文，打消了人们认为他是隐藏的永恒主义者的疑虑，因为如果地球有一个起源，那它就不是永恒的。布封推测，在过去的某个时间点，一颗大型彗星在与太阳近距离遭遇时从太阳那儿撞掉了一大团炽热的物质，然后，这些物质凝结成一连串的行星，其中就包括地球。和惠斯顿一样，布封也借鉴了牛顿广受崇拜的自然哲学理论，这有助于他的理论具备受人尊重的科学性。（布封将牛顿的一些著作翻译成了法语，那时法语逐渐取代拉丁语成为科学家的通用国际语言。）

布封提出了关于地球的两种截然不同的理论，一种是基于地球现有的发展进程的稳态理论，另一种则聚焦于地球是如何突然形成的。多年以后，他将这两种理论合并在同一篇论文——《自然的时代》（*Des Époques de la Nature*，1778）中。他在自己的大部头著作的最后几卷中发表了这篇论文。同时期的一系列新发现让这种新理论看起来非常可信。人们发现，地球的温度随着矿井深度的增加而升高（用现代术语来说，这是"地温梯度"），这证实了地球内部是热的。布封认为这可以完美地解释地球起源时剩余的热量去了何处。他和其他学者此前都主张过这种观点。科学考察团在北极圈附近的拉普兰地区和秘鲁进行的精确测量证明了地球的整体形状是一个扁球体。就像牛顿定律预测的那样，地球曾经是一个旋转的流体。欧洲范围内的野外考察证实了斯坦诺的推理，沉积在地层最底部的岩石中没有化石，因此它们可能来自生命出现之前的年代。覆盖在它们上面的岩石明显年代更靠后，里面含有很多奇怪的化石，例如体形巨大的菊石，它们看起来很显然是热带生物。在上覆坚硬岩石的疏松沉积层中是大象和犀牛的遗骨，很多甚至是在西伯利亚北部发现的。不过，在任何地方都没有发现人类化石的遗迹（佘赫泽所谓的可疑的"大洪水的见证人"并不是人类化石）。

尽管布封本人并没有直接进行任何此类研究，但是他对这类结论非常了解。因为他不仅在法国科学院听过相关报告、讨论过这些问题，还在自己管理的博物馆中见过馆藏的相关化石。这些报告和化石表明，地球的温度可能从起源时的极热状态逐渐下降，这符合他之前的推测，而且接下来逐渐降温的阶段可以被重建。重要的是，他从编年史学家那里借用了一个关键词用在自己论文的题目中。编年史学家将人类历史中的重要转折点定义为"时代"，布封着手重建了一系列的自然的"时代"。就像一个世纪前的胡克那样，他也从古文物研究者那里借用了其他关键词。例如，化石是自然的"历史遗迹"，是过去幸存下来的"遗物"，化石的功能同钱币、铭文、文献和档案是一样的。布封声称要根据化石证据重建地球自身的历史。

布封概述了他设想中的地球历史，并将其分为六个时代，从地球起源时作为旋转的流体状态（称为火球地球）一直到高纬度地区也出现大型热带陆生动物的时代。（新形态生命的起源问题并没有对布封和他同时代的人造成大的困扰，他们将新生命的起源归结为某种"自发产生"的自然进程，认为新生命不是从其他形态的生命

> 在研究社会历史时,为了确定人类变革的时代、人类重大事件的日期,学者会查阅房契和地契,探究钱币,解析古代铭文。同理,在研究自然历史时,也有必要发掘世界的"档案",挖掘来自地球"内脏"的古代遗迹,收集它们的遗骸,将所有能够体现自然变化的痕迹汇聚起来,让这些证据引领我们回到自然历史进程的不同时代。这是为无限漫长的时间确定刻度的唯一方法,相当于在永恒的时间之路上安放了一定数量的里程标。

图3.3 布封的《自然的时代》开篇语。他提出通过效仿历史学家研究人类世界的方法来重建地球历史。传统的"自然史"描述被转换为现代意义上的自然本身的动态"历史"。他提到"在永恒的时间之路上安放了一定数量的里程标",但这并不意味着他认为它们是等距离的。永恒的只是时间的抽象维度,而不是概述真实历史事件的年表

进化而来,也不是直接由神创造的。)我们不能忽略这六个阶段同《创世记》六"天"的相似之处,尽管这可能只是布封对《创世记》的狡黠模仿,而不是恭敬地对它进行重新解释。但是,无论如何,这凸显了他认为历史发展是具有方向性的,相对于他早期的稳态理论,这是一个重要的转变。他曾经打算将人类首次出现设定在第六个时代(就像《创世记》中的第六"天"),但是这会造成人类和已成为化石的大型哺乳动物(他怀疑它们中至少有一种已经灭绝)生活在同一时代的局面。因此,当他的著作即将出版时,他为人类出场添加了第七个时代,这是将人类出现这一重大事件安全地放置在传统位置,即整个故事的最后(这是将人类放置在《创世记》中至高无上的位置,而这一位置原本是由神圣的安息日占据)。更加重要的是,布封最后一刻的转变公开表达了其他学者已经公认的事

情：几乎全部的地球（和生命）历史都是没有人类存在的。人类可能是这个故事的高潮，但是人类产生之前的序曲现在被极大地拉长了。换句话说，人类历史被压缩成一出加长版戏剧的最后一幕。

这出戏剧有多长则是布封公开挑明的另外一个问题，而其他学者已经心照不宣地默认衡量地球的时间尺度要远远大于传统上认为的几千年。但是，与其他人不同，布封试图将这一时间尺度进行精确量化。在他的乡村庄园中，他使用锻铁炉测算了各种材质、尺寸不一的小球由炽热状态降到室温的速率，然后根据所得的结果推算地球的情况。通过测算，他认为地球的年龄大概为7.5万年，尽管他怀疑这严重低估了地球的真实年龄，因为他私下推测的数值高达1000万年。即使是他在著作中公开的较小的数值也已经远超编年史学家估计的数值，他没有公布自己估算的较高数值并不是因为担心教会的批评，而是因为他认为较低的数值能够通过实验加以证明，而更高的数值则是来源于他的直觉。他真正担心的是其他学者批评他的结论纯属假想。他所有的数值都是通过将来自小型模型的数值同比例放大到真正的地球得到的，这些数值的可信性依赖于他的地球变凉理论正确与否。布封的担心是有道理的。

布封将自己推算的有关地球年龄的数值嵌入一个背景中，而这个背景揭示了他的理论中的更重要之处。他设想的一连串事件是建立在最初炽热的球体冷却的速率上，因此，这一理论适用于太阳系中所有的天体，既包括行星也包括卫星。冷却的具体速率主要依赖于每个天体的大小，同时也跟它们与太阳的距离有关。实际上，布封的理论借鉴了笛卡尔早期的理论，即地球最初的炽热状态以及主导天体冷却的自然法则这两大因素预先严格确定了重大事件的发生顺序。这不仅适用于每个天体的过去，而且也适用于它们的未来。就地球来说，布封预测所有的生命都会灭绝，他甚至推算出了具体

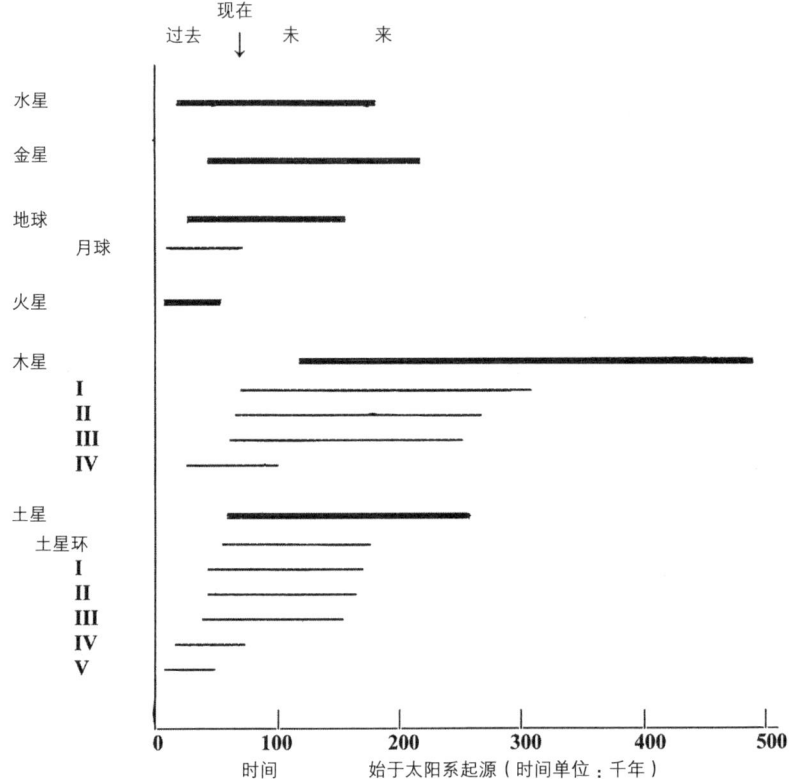

图 3.4 从太阳系具备最初形态开始的几千年中，布封计算出的每个行星和它们的卫星上生命的持续时间。这个以现代方式绘制的图表，横轴从左到右表示时间向前流逝，数据来自布封的测算（1775 年），他通过实验计算出小的球体模型从炽热状态开始的冷却速率，然后将这一速率同比例放大到每一个天体，从而计算出时间。他认为生命在每个天体上都是自发产生的，不过要等到这些天体表面的温度冷却到可以"触摸"时；而当天体的表面温度达到水的冰点时生命将会终止。（他还认为这些天体都是坚硬的，自然条件同地球相似。）他没有对过去和未来做明显的区分，目前所处的位置只能从有关地球的一个数值——位于 74832 年——中推断出来，而这一数值位于其他数值组成的稠密矩阵的中间。不同寻常的是，他对于未来的预测远比过去要长久。布封总结说，他所有的计算都是出于"假设"。但是，它们确实说明了他的观点：根据天体冷却的一般物理规律，这些天体尤其是地球的发展过程是预先被决定的，而且是可以预测的

的日期，因为随着地球持续冷却，北极圈的冰层将蔓延到全球其他地区，将其转变为"雪球地球"（此处借用了一个更晚期才出现的术语）。这表明，布封的地球理论是在一个很有限的意义上具备历史学特征的，尽管他运用了很多比喻，比如自然的"硬币"和"铭文"，自然的"时代"和"纪念碑"等。它重现了随着时间流逝地球自身变化的可预测性，他设想了地球的过去和未来——在自然规律的持续作用下，它将从火球变为雪球。但是，布封的理论缺少对人类历史中混乱而不可预测的意外事件的关注。他实际上是从世俗化的视角来讲述《创世记》中的创造活动的，采纳了《创世记》中对于变化具备方向性这一说法，摒弃了《创世记》中根植于神的主动性的深层的偶然性。

布封提出的新地球理论毁誉参半。巴黎的神学家虽然对他的观点有些不同意见，但是他们比以前更加沉默。在启蒙运动的这座文化首都，这类不同意见实际上被漠视为无关紧要的学说。虽然大部分学者一般都认为布封的理论只是"小说"，因为它基本上是通过猜测得来的，但《自然的时代》却被广大读者所接受。布封理论来源于很多项具体的观察结果，但这些结果大部分都出自其他人之手，而不是布封本人（除了冷却实验）。他基本上没有做过野外调查，而这一工作方法现在被推崇为严肃研究的基础。他的解释体系有助于读者想象地球可能具有一个内容丰富而又变化万千的过去，甚至可以追溯到远超人类产生之前的时代。但是很多人依然认为，这种深邃而令人印象深刻的概述只不过是科幻小说中的虚幻片段。

一架循环的世界机器？

仅仅几年后，另外一个完全不同的地球理论问世了。其创始人是苏格兰学者詹姆斯·赫顿（James Hutton），他是爱丁堡的知识分子圈子中的一员，这个圈子中的名人包括启蒙运动大家大卫·休谟（David Hume）和亚当·斯密（Adam Smith）。跟他们一样，赫顿也认为自己主要是一名哲学家。他以认识论为主题的《知识原则的研究》（*An Investigation of the Principles of Knowledge*，1794），内容很广泛。他的《地球理论》（*Theory of the Earth*，1788年出版了简本，1795年出版了全本）只是他雄心勃勃的学术研究项目中的一个小分支。跟布封一样，赫顿在思考地球时想当然地认为地球历史是无限漫长的，大自然中发生的各种变化不会受到时间的限制，换句话说，理论家在解释他们观察到的事物和现象时，可以不受时间的限制。而且和布封所见略同的是，赫顿也理所当然地认为这类解释应该依据总体上缓慢的自然进程（例如侵蚀和沉积）来进行，这也是他在周围世界中可以观察到的活动。这些原则被18世纪晚期的学者广泛采纳。赫顿并不是第一个将它们进行创造性使用的学者。（有种错误的观念认为，他是英语至上主义者，甚至还认为他是狂热的苏格兰语至上主义者。这些人认为，他不配享有地质学重要创始人这一现代声誉。）赫顿没有提到布封的著作，但他对此一定有所了解，因为布封是国际科学舞台上的杰出人物，赫顿和同时代受过教育的其他英国人一样可以轻松读懂法语。

赫顿在荷兰著名学府莱顿大学获得过医学学位，他的论文（用拉丁语写的）主题是人体的血液循环。后来，回到苏格兰，他致力于讨论现在被称为水循环的课题：雨水从天而降，进入河流，然后入海；而蒸发又形成了云，云层积聚变成降雨，完成了一个循环。作为理解自然世界和人类世界中事物的方式，这种循环或稳态系统在启蒙运动学者中非常流行。就像早年间的布封一样，赫顿阐述了另外一种地球的稳态循环系统。

赫顿认为，人类生活离不开动植物，而动植物的存活依赖于土壤（他在爱丁堡附近拥有农场，对农业问题有着长期而认真的思考）。土壤是由底层的基岩碎裂后形成的，但是会在河流持续冲刷之下流入大海。赫顿主张，随着海水不断侵蚀，陆地最终会消失，人类生活也会随之失去支撑。但是，还有一些其他自然进程能够制造出新土壤来代替那些流失的土壤。从陆地上冲刷进海洋中的物质最终一定会沉积在海底。这些物质在海底凝固形成新的岩石，然后地壳缓慢抬升，从海平面隆起，新的土壤形成，这个循环会一直重复出现。赫顿声称，这个基本的"更新"进程一定是由巨大的扩张性力量主导的，这个力量就是来自地球内部深层的热量。正是由于这个进程，地球表面出现了变化的景象。

1785年，赫顿在爱丁堡的新皇家学会宣读一篇论文初稿时，公开称这个稳定的动态系统为"适宜居住的地球系统"。他认为，这一系统的最终目的是确保地球适宜人类居住。他的理论基础是自然神学，具体来说，是他的自然神论信仰：造物主创造地球是为了支撑某种生物的生活，而这些生物则能欣赏造物主对地球的智能设计和在设计中体现出的仁慈（"智能设计论"这一现代创世论的支持者只是在重温古代的观念）。赫顿指出："在这个系统中，智慧和仁慈主导了不断变化的世界中的无数秩序。"他还说："让人们感到欣慰的是，这一系统是为地球上唯一能够理解它的生物设计的。"这类语言不过是为了掩盖无神论而做的精明的政治宣言。在赫顿的自然神论信仰框架内，这是他发自内心的真诚表达，此外没有任何意义。

在公开或者说至少面向爱丁堡的其他学者陈述了地球的稳态理论后，赫顿在苏格兰周边开始进行大规模的野外调查，他希望能够找到证明自己理论的相关证据（他使用的科学方法如今被称为

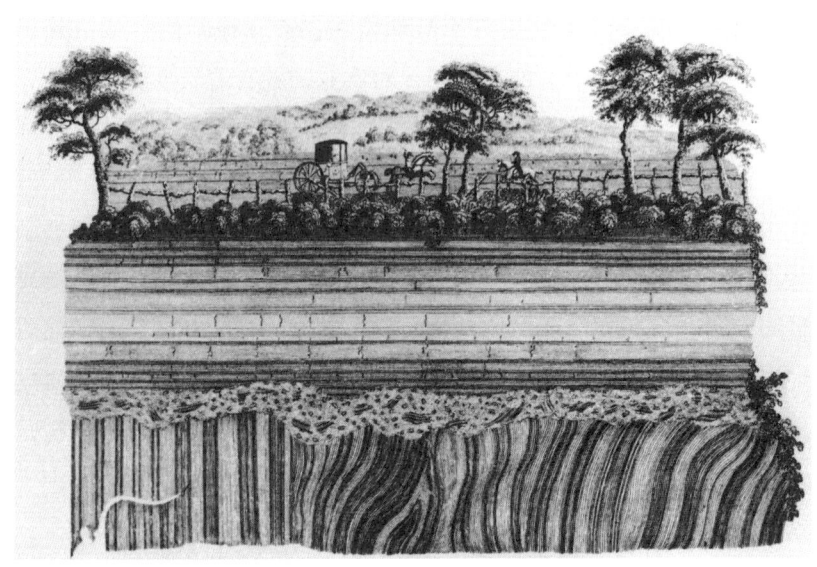

图 3.5 赫顿出版的版画（1795 年）表现了两组岩层之间的角形"结合"（用现代术语来说是一处大的不整合面）。这是他 1787 年在苏格兰南部杰德堡的一处河谷发现的。下面一组相对古老的岩层最初也是水平沉积的，后来隆起呈纵向沉积，继而被侵蚀和被截取顶端（顶端还有一些碎块）；然后被上层较年轻的岩层覆盖，这组年轻的岩层被抬升形成如今干硬的陆地，上面生活着植物、动物和人类。在赫顿看来，这些岩层代表了海洋中两个连续的沉积循环，先是海床隆起形成陆地，然后又被侵蚀，它们是两个连续的适合居住的"世界"的遗存

"假说 – 演绎"法）。他发现花岗岩这种独特的岩石通常沉积在最底层，它们不可能是最古老的，因为它们看起来像集中喷射到上层岩石缝隙中的炎热流体，然后冷却成为结晶的固态物体。他认为这可以证明地壳下方的地球内部充满了滚烫的流体，而这些流体为地壳隆起形成新陆地提供了动力。他声称这种形式的地壳隆起一直不断发生。他将地球称为一台"机器"，暗指英国工业革命早期一大显著标志——蒸汽机，因为蒸汽机已经展示了热力可以产生的巨大动力。而在地球发展的某个阶段中，地球内部热力推动的地壳隆起形

> 我们的推理现在就要结束了,虽然我们并没有进一步的数据可以马上推导出事实到底是什么,但是我们所掌握的数据也已经非常充分了。我们欣慰地发现,在大自然中存在智慧、系统和连贯性。在地球的自然历史中,连续存在过一系列的世界,我们由此能够得出结论,大自然存在一个系统,正如我们可以从行星运转推导出行星存在一个系统一样。但是,如果一系列连续的世界是建立在自然系统中,那么在地球的起源中寻找更高等的东西就是徒劳的。因此,我们目前探寻到的结果是,我们没有发现有关地球开端的丝毫痕迹,也没有发现它终结的任何线索。

图 3.6 这是赫顿的《地球理论》(1795 年)的最后一段,里面包含该书著名的结语,声称地球系统表明地球没有开端或终结的迹象。赫顿的稳态理论认为,"连续的世界"(明显同行星围绕太阳持续沿轨道运转类似)没有起源,而且从过去到未来是无限延伸的。书中的"智慧"和"意图"以及"系统"等词语表明了赫顿的自然神论神学:地球机器的智能设计确保了它永远都能为人类提供适合居住的陆地。(书中的字母 s 很像字母 f,这在当时的印刷品中很常见。)

成了无限的循环。赫顿指出,正是这种循环特征使得地球成为一架类似于蒸汽机的自然机器。

赫顿还找到了这架自然机器循环运作的进一步证据,他寻找的是有岩石存在的地方,而这些岩石是通过连续的循环形成的。如果有岩层很久以前就水平沉积在海床上,它会随时间流逝隆起成为干硬的陆地,然后被雨水和河流侵蚀到海平面,继而被后来沉积形成的海床上的第二层岩层所覆盖,并再次隆起成为陆地,这可以作为至少两个连续的"宜居世界"的证据。赫顿认为,没有理由怀疑在它们之前还有其他的世界,在未来依然会有其他的世界,地球的

"系统"只是在不断反复,就像太阳系中的行星环绕轨道运行一样。他不认为化石揭示了其他的可能性,植物化石和动物化石证明了陆地和海洋在之前的"世界"就已经存在。赫顿承认在有记载的人类历史之前不存在人类生活的化石证据,但是他将动植物化石视为缺失证据的替代品。在他的智能设计论中,任何生活着大量非人类生命的"世界"都是无意义的,除非像现实中一样人类也在场,这才是"世界"存在的终极目的。

因此,赫顿认为地球过去的面貌同现在没有重大的不同。尽管陆地持续被侵蚀并消失在海底,但是在别处又会出现新陆地取代失去的那些。总之,一定会有干燥的陆地供人类居住。因此,赫顿提出的稳态地球是经过智能设计的系统,它可以永远支持人类的生活。不过,比起布封的发展中的地球,赫顿理论中的地球更加不具备历史特性。他的连续的"世界"在时间长河中形成了一系列无穷尽的续发事件,但这并不是真正的地球历史,一如行星不停围绕轨道运行也无法构成太阳系的真正历史。

赫顿的理论不仅在本国而且在整个欧洲都引发了学者的广泛关注。它描述的永恒的地球在同时代人看来清楚易懂,不论是支持者还是批评者都承认这一点。例如,伊拉斯穆斯·达尔文(查尔斯·达尔文的祖父)赞许地指出,根据赫顿的理论,"由水陆组成的地球曾经是而且将来也是永恒的"。另外一名学者在自己名为《论宇宙的永恒》(*The Eternity of the Universe*)的著作中引用了赫顿的观点来支持自己。另一方面,一个评论家嘲弄地提及,赫顿声称"从古至今直到未来,存在一连串循环往复的地球,而且这种循环会永远重复"。一个对岩石颇有研究的矿物勘探员抱怨说,赫顿"为了证明一个无法解释的系统,也就是世界的永恒性,不惜歪曲一切"。这种批评部分针对的是他所提理论的科学特征。例如,他声称所有软的沉淀物在剧烈受热或者融化到海床上之后一定会转变为坚硬的岩石。

赫顿的系统没有被忽视。生活在启蒙运动文化中心之一的爱丁堡，赫顿当然不会因为自己的观点而遭到迫害。但是到了18世纪末，"地球理论"这一流派被学者普遍视为已经过时。赫顿的理论和布封的理论一样都被认为过于依赖猜测而不是基于实证，不是严肃的理论。虽然他的一些详细的观察被认为是有价值的，但是，同18世纪这个领域里的其他作品的命运一样，他的理论很有可能被人遗忘。幸好，赫顿去世后，他的理论被重新包装，得以迎合新世界的科学喜好，这给它带来了转机。

既古老又现代的世界？

让－安德烈·德吕克（Jean-André Deluc）是赫顿最有洞察力的批评者之一，他的著作预示着"地球理论"这一学术流派的转变和消亡。德吕克是一位日内瓦公民，他作为气象学家和科学仪器制造者而享有盛名。他在30多岁时移民到英格兰，并加入了皇家学会，被任命为国王乔治三世之妻、出生在德国的夏洛特王后的科学导师。在余下的漫长生命中，他在西欧四处旅行，并用母语法语出版了自己的大部分著作。德吕克自视为启蒙运动的哲学家，但跟布封和赫顿不同的是，他并不是自然神论者，更不是一神论者。他自称"基督教哲学家"或一神论者。他并非宗教原教旨主义者，但是他确实相信《圣经》是值得信赖的人生指南，而且包含了神主动行事的可信记录。他将《圣经》视为严肃的历史文献。就像之前的很多人一样，他特别着意展示《圣经》对《创世记》和大洪水叙述的可靠性，并将这些事情视为历史。（这令他像厄谢尔一样在当代声名狼藉，但是比起厄谢尔，他更不应该背负这种恶名。）

德吕克关于这个主题的早期作品，紧随布封的《时代》出版，比赫顿的《理论》要早几年。但是他对于地球的解释与他们二者有根本上的不同。他的六卷本的《论地球和人类历史的信件》（*Lettres sur l'Histoire de la Terre et de l'Homme*，1778—1779）是写给他的王室资助人的。她是一位非常聪慧的女性，他认为她可能会非常认真地阅读它。就像"宇宙学"是关于整个宇宙的学说一样，起初他尝试性地建议这种类型的地球理论应该被称为"地质学"。晚年，他在用法文、德文和英文出版的长篇论文中详细解释了自己的理念。当时，欧洲大部分国家都创办了科学期刊，他的这些论文就发表在其中的一些期刊上。他的著作当然在其他学者中也广泛传播。在对西欧进行大量野外调查（比赫顿在苏格兰所做的工作要广泛得多）的基础上，德吕克描述了他声称掌握的物理证据，这些证据能够证明地球近代历史中一件重大事件的真实性，他认为这一事件就是《圣经》中记载的大洪水。

同布封和赫顿一样，德吕克的观点是建立在研究当时非常活跃的自然进程的基础上的，比如，侵蚀和沉积，他将这些自然进程称为"现有的原因"（causes actuelles）。他相信现在是理解过去的钥匙。但是，和布封不同的是，他是在野外研究第一手的"现有的原因"的；和赫顿不同的是，他认为自己在各处发现的这些"现有的原因"并非一直从过去无限期地活跃到现在。他认为野外的实地证据表明，它们只是在相对晚近的过去，在一个有限的时期内，开始在目前的陆地上活动。例如，主要的河流，像莱茵河和罗讷河，承载着从上游流下来的由陆地侵蚀而成的沉积物，在河口形成了三角洲，它们的增长速率可以根据历史记录推算出来。德吕克用沙漏（这种装置在他生活的时代比如今要常见）做了类比：有限的沙子漏完的那一刻表明从沙漏上次被倒置起的时刻算起在有限的时间已流逝完毕。三角洲的规模有限，因此同样也是在过去的有限的时间内形成的。德吕克后来将这类特征称为"精密的自然计时钟"，这个名字借鉴了约翰·哈里森（John Harrison）发明的极为精确的航海钟（18世纪最伟大的技术成就，最终解决了航海中的经度问题）。德吕克的"精密计时钟"远不够精确，但是这一类比确实有助于他论证自己的观点——所谓的"现在的世界"的开端仅仅在几千年前。（如今，人们认为，他分析的很多特征代表了处于北欧冰期末期的冰缘气候结束以来的几千年。）

德吕克认为，这种大概的数值就足以驳斥赫顿的"永恒主义"了（源自他写给苏格兰学者的一系列信件中的一封，这些信件已被结集出版），而且也匹配编年史学家对大洪水日期估算的正确数量级。因此，这类数值也支持他的这一主张："现在的世界"起源于一个等同于《圣经》记载的重大自然事件的事件。但是，德吕克并没有拘泥于《圣经》的字面意思，他推测当时发生的事情是大陆和海洋突然互相易位：大洪水暴发前的陆地坍塌到海平面以下，而之前的海床被抬升，变干后成为大洪水退去后的陆地。这与《圣经》描绘的海水短暂淹没陆地并随后退去的图景相去甚远。但是它确实解释了人类化石的缺失，因为按照这个理论，这个事件之前的人类世界的任何痕迹都葬身海底了。同时，它还解释了在陆地上发现的海洋生物化石。在德吕克看来，它们是他所谓的"先前的世界"的遗迹。

因此，德吕克重建了地球的全部历史，他的依据是两个对比鲜明的"世界"被一个独特而重大的自然"革命事件"分离。就像他最初的信件题目所明确显示的，他的目标是历史，他聚焦于确立《创世记》中提到的大洪水的历史真实性。他认为大洪水暴发的原因是另外一个单独的问题。他想当然地认为这个原因不足为奇，只提供了简短的建议。他认为可能只是某种形式的地壳坍塌（笛卡尔的模型给他提供了灵感，尽管只是间接的）导致的。他坚持不懈地努力为"现在的世界"设定尽可能精确的起始时间，但他对于"先前的世界"的时间尺度的设定是模糊的，也没有进行定量分析。他并非从字面意思上解读"年轻地球"，他强调，这一时间尺度以任何人类的标准来看都必定是非常巨大的。同样，考虑到同时代的《圣经》研究得出的结论，他对于大洪水故事的分析也远非拘泥于《圣经》记载的字面意思。他声称自己的研究有助于阐明这一事件的宗教意义，而不是削弱它的真实性。

在后来的作品中，德吕克将其他学者当时发现的巨大而形式多样的地层堆（将在下一章具体讨论）纳入考量，他在旅途中也曾目睹了一些相关证据，因此，他修正了自己无差别的"先前世界"，认为地球在大洪水暴发之前经历了一系列的历史阶段。同布封一样，他原来依据《创世记》中传统的"天"来解释这一历史，现在他也将"天"极大地扩展了。对德吕克来说，重要的是，自然界的新发现不仅证实了这两种叙述的宗教意义，而且还将其进一步深化。同布封相比，德吕克提出的事件次序并非被动的、预先设定好的，他也没有标榜能够预测未来。同赫顿相比，德吕克没有提到自然的智能设计，也不宣称永恒主义。引发自然事件的原因被认为自始至终都与人类无关，尽管那些自然原因被设定在支配一切的"天意"的背景中。总之，德吕克的理论认为地球自身的历史是依条件而定的，因此，通过回顾过去也是无法预测未来的，而"现在的世界"的人类历史是地球历史发展的顶点。

所有这些导致德吕克的地球理论同大部分其他的地球理论（例如布封和赫顿提出的理论）分道扬镳。德吕克的理论依然雄心勃勃地描绘了一幅宏大的图景，但是他拒绝了最早期模型的一个关键特征，他的理论是对过去和现在的设想，不涉及未来。他拒绝了非历史性的假定——地球的未来原则上是可以预测的，因为它完全是被自然规律所决定的，而且也是预先被设定好的。德吕克理论中的地球从根本上看具有历史特性，完全不受宿命论左右，而且还强调了重大事件背后的自然特征。这一清楚明白的现代视角的灵感来源非常清晰，它来自德吕克观点鲜明甚至是强烈的基督教一神论。

同布封和赫顿不同，长寿的德吕克活到了19世纪，但是他的地球理论被认为是过时的。人们认为，宏大图景这种理论类型已经缺乏解释效力。尽管如此，来自这三个宏伟理论的特定元素却继续存在，甚至再次复兴。后来的学者富有成效地使用了这些元素，极大地扩展了对以描绘新世纪"地质学"为特征的地球历史的探索。不过，下一章将会重点关注18世纪末期，以便追踪潜藏在本章之内的两个相关主题。首先，就地球历史上发生重大事件的时间尺度而言，它有了一个引人注目的扩展。其次，跟德吕克的方法相似，具备历史特性的阐释地球的方式开始被发展和运用。但是，比起任何其他提供全面性解释的宏大图景、地球理论或关于过去和未来的设想，这些确实更接近事实。

第四章
扩展时间和历史

化石：大自然的"钱币"

只有极少数17世纪的学者认为有充分的理由怀疑衡量世界历史的传统时间尺度的数量级有问题，因为这一时间尺度被多位编年史学家的著作所强化。伍德沃德和佘赫泽在18世纪初期依然活跃，他们都没见过能够表明自然历史的时段必须极大扩展的自然遗迹——尤其是化石，因此被广大学者视为理所当然的几千年的时间尺度在他们眼中依然是合理的。但是在18世纪下半叶，能够表明地球的时间尺度长得多的证据开始迅速增加。不过，以何种方式对这种扩展的时间进行历史性阐释更为重要。事实证明，沿着时间路径追溯地球何时、以何种方式发生了什么变化，比只是计算地球历史涉及的总时长意义重大得多。尽管时间和历史同时得以扩展，但事实证明，深史比深时要重要得多。

启蒙运动营造的浓厚文化氛围催生了很多结果，其中之一是培养了人们对地球及其产物日益增长的巨大的好奇心。人们兴趣广泛，大至诸如火山和山脉等庞大的地物，小至可以收藏并能集中在博物馆展示的"标本"，都是人们感兴趣的对象。相比17世纪，18

世纪更是一个收集标本的伟大时代,尤其是与描述"自然历史"相关的物品。除了与动物学和植物学相关的动植物标本,还有属于自然世界的第三个重要"王国",即"矿物学"的研究对象,主要包括岩石、化石和现代狭义的矿物。在上述所有标本中,化石引起了人们特别的关注,这主要是因为它们当时通常被视为自然历史的遗迹。胡克将它们称为自然的"钱币",这在当时已经成了司空见惯的比喻。经过化石收集者的不懈努力,自然的"钱币"的范围和式样得以极大扩展,它们作为地球历史证据的潜在价值当然也水涨船高。17世纪,人们认为很多种类的化石有严重问题,而且认为它们可能根本不是有机物,到了18世纪,它们开始被接受,并被视为曾经在地球上真实存活过的生物的遗迹。在大部分情况下,这是由于收集者发现的标本比之前寻获的保存完好。独特而又漂亮的菊石化石就是其中一例。此前,它们通常只是在泥土中留下的压痕,或者被压扁在页岩的表面。此时,人们毫无疑问地相信,菊石是盘绕在优雅、平滑的螺旋形壳中的多气室贝类生物。菊石化石有点像如今被高度珍视的鹦鹉螺的壳。另一个惊人的例子是著名的箭石化石,它们是形状像子弹一样的坚硬物体,通常伴随着菊石在同一块岩石中出现。曾经有一个箭石化石,其结晶状矿物结构使其看起来不可能曾经是任何有机体的一部分,但是在18世纪,人们发现了品相好得多的标本,证明了箭石化石本身只是最坚硬(因此也最容易被保存下来)的部分,是另外一种优雅的多气室贝类生物,而不是一种直壳形的鹦鹉螺。箭石因此被认为跟菊石类似,它的化石也被视为自然本身的遗迹。

伍德沃德有很多重要的化石收藏,按照他的遗愿,它们被赠给了剑桥大学。18世纪时,人们,至少是在社会上受尊重的文化人能够在遍布欧洲的多座城市博物馆中接触到此类收藏。后来,随着

图 4.1 一张描绘在石灰岩石板上的龙虾化石的版画,取自 1775 年出版的以自然史为主题的内容丰富的多卷本图册。这一化石发现于巴伐利亚著名的索尔恩霍芬化石库。尽管已经被压平,此类精美化石依旧极好地保存在轻薄的岩层表面。这表明,这类石灰岩和其他地方相似的岩石并非在任何短暂的大洪水中沉积而成,更不用说是在类似的猛烈事件中沉积而成了

以最优良的化石为主题的精确而又丰富的错视画的出版,收藏变得可移动,这些多卷本版画事实上充当了"纸质博物馆"的角色,方便更多人看到化石。学者们在遍布整个欧洲的多个地方发现了保存异常完好的化石。这些发掘地点中就有位于巴伐利亚的索尔恩霍芬、康斯坦茨附近的厄赫宁根、维罗纳附近的博尔卡(用现代术语来讲,它们都是化石库,现在这其中知名度最高的是加拿大不列颠哥伦比亚省的伯吉斯页岩化石群)。这些地方不仅名声大噪,而且

催生了买卖精美标本的国际交易，化石收集者和博物馆馆长都乐于收购这些标本。这些壮观的化石保存了精美雅致的结构，细节近乎完美，通常保存在非常薄的岩石层中。很明显，这些岩层是在平静的水中由颗粒细密的泥沙沉积物缓慢沉积而成。它们削弱了伍德沃德、佘赫泽以及许多其他学者之前的观点：所有化石都是短暂的和猛烈的"洪积"事件造成的。这是开始表明地球的时间尺度可能需要根本性扩展的一系列论据之一。

作为自然档案的地层

这些含有保存完好的化石的独特地层组成了较厚岩石堆的一小部分，这更加明确地表明作为一个整体的岩石可能代表着范围非常广泛的时期。不过，只是在博物馆中闭门研究岩石和化石无法理解这一观点，野外调查必不可少。在启蒙运动时代，人们对于野外调查的欣赏之情日渐增长，至少在博物学家圈子中是这样。野外调查通常较为艰苦，远离舒适的文明生活，通常是在采石场或者海岸边的悬崖，大山高处或者矿区深处。博物学家必须亲自进行野外调查（而且做这项工作的基本上都是男人，跟在室内搜集和整理标本的工作不同，当时的社会习俗严格限制女性从事此类工作），必须亲自辨识野外的岩石或山脉是什么样子的，他们通常要依赖当地掌握相关知识的下层民众（例如：农民、采石工匠和矿工），这些人作为向导会将他们引领到最有意义的地点。

很多博物学家做野外调查主要不是为了满足科学好奇心，而是出于一些现实原因。18世纪末，欧洲多个国家的政府创立了矿业研究机构，为蓬勃发展的煤炭工业培训科研人员（英国是一个例外，将矿业完全留给私人企业），这是那个时代的普遍现象。为了发现

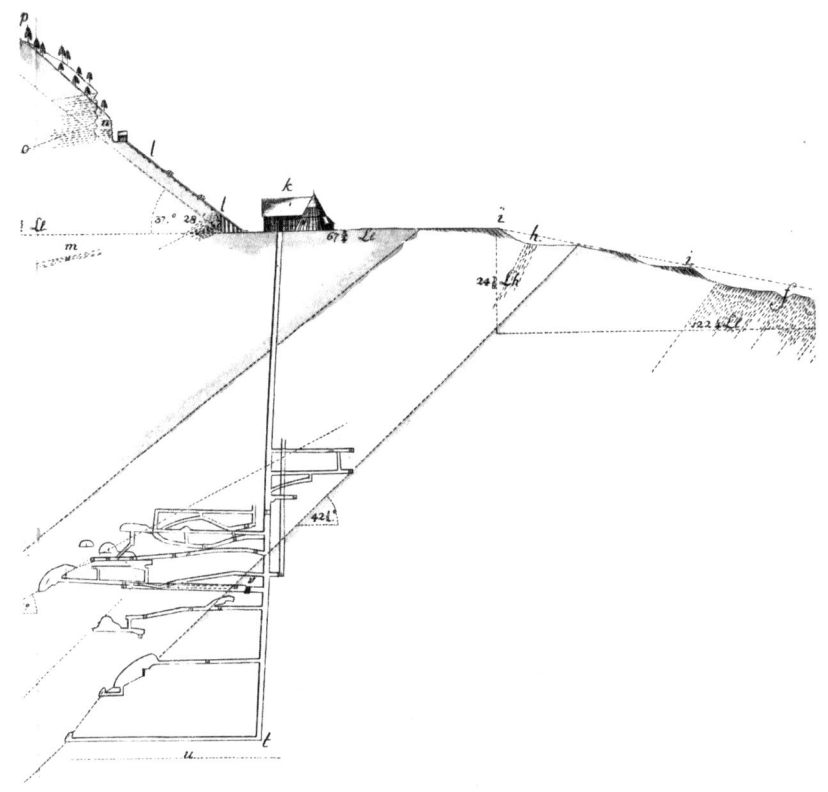

图 4.2 德国北部哈茨地区的一座矿山截面图,展示了一个垂直的"竖井"和多个水平的"平巷",它们通向矿山内部的开阔空间,而矿床正是从这些空间中开采出来的。图中包括地下巷道以及地表明显可见的岩石。作者以三维形式绘制了图中的岩石构造(在这个例子中是以大概 45 度角倾斜的一组岩石)。这是"描述地质学"的首要任务。这个截面图由弗里德里希·冯特雷布拉(Friedrich von Trebra)出版于 1785 年。冯特雷布拉是一位描述地质学家,他是位于弗赖贝格的著名的萨克森矿业学院的首批毕业生之一

和探索新的煤炭资源,专家必须弄清并描绘出这些岩石的地下结构,以便指导新采石场的开采和新煤矿的竖井铺设工作。此类详细而立体的调查催生了矿物学的一个新分支,即"描述地质学",其

主要工作是描述地壳的成分和结构，而不是为自己的发现寻找因果性解释，更不用说是重建地球过去的历史了。他们通常将自己严肃的事实性调查与德吕克建议称为"地质学"的这类理论相对比，并倾向于将他们的"地质学"理论视为想象性的推测。

然而，从形成原因和历史角度来解释岩石及其结构的一些基本方法似乎是可靠的。包括最精明务实的描述地质学家在内，几乎所有学者都会采用这些方法。他们发现，在许多地区岩石可以分为两大类，这令人想起斯坦诺一个世纪前在托斯卡纳辨认出的那些岩石。位置最低的岩石，如花岗岩、片岩和板岩，显然是最古老的岩石，它们被称为"第一纪岩石"，它们的形成通常被归因于地球历史的最早阶段。由于没有在这些岩石中发现化石，因此人们通常认为它们是在生命起源之前形成的。覆盖在它们之上的各种岩石，如砂岩、页岩和石灰岩，显然更年轻，其中一些似乎是由第一纪岩石的碎片形成的，所以它们被称为"第二纪岩石"。许多岩石中都含有化石，有时含量还非常丰富。无论是第一纪岩石还是第二纪岩石，它们大多都呈层状，这意味着它们是逐渐逐层累积起来的。（一些岩石，如花岗岩，体量巨大，"并未呈现层状"，赫顿声称它们起源于一种非常不同的方式。）各种岩石也可以分为独特的单元，这些单元被称为"岩层"，其露出地面的部分可以在全国范围内进行追踪，并可以在地图上加以描绘。在第二纪岩石中，一个显著的例子是在欧洲西北部广泛分布的白垩纪岩层。它们中最著名的位于将英国和法国分开的多佛海峡，这道狭窄海峡两岸的白色悬崖上可以看到醒目的白色石灰岩。另一个著名的第二纪岩层是煤层，其中包括许多位于砂岩和页岩之间的岩层，这些薄而有价值的煤层正在推动新生的工业革命，尤其是在英国。

描述地质学家试图对所有这些不同种类的岩层进行分类，就像植物学家对植物进行分类，动物学家对动物进行分类一样。例如，在弗赖贝格的萨克森矿业学院任教的著名描述地质学家亚伯拉罕·维尔纳（Abraham Werner）出版了《简明矿物分类和描述》（*Kurze Klassifikation und Beschreibung der verschiedenen Gebirgsarten*，1787），这是他为了给自己以及他知道的其他人在广泛的实地考察中看到的事物设立某种秩序的尝试。（正如一个世纪前的斯坦诺的例子，维尔纳的小册子被视为前所未有的一部宏大著作的预告片。）它并非主要根据矿物形成的因果进程对地层进行解释，更不是根据地球历史进行解释。维尔纳并未表明每个类别中列出的"矿物"累积形成时的恒定顺序。

然而，从更广泛的意义上看，像斯坦诺这样的描述地质学家确实区分了第一纪岩石和第二纪岩石，这种区分反映了地球具备方向性的历史轮廓：从生命出现之前的时期发展到随后生命大量出现的时期。维尔纳后来描述了一种"过渡"岩层，它们不仅在岩层堆中处于中间位置，而且它们内部也含有一些相当模糊的化石。他和其他描述地质学家还辨认出一种由松散的沙子和砾石组成的"冲积"层。这类冲积层处于岩层上方，因此显然比任何固体岩石的年代更晚近。它们明显由那些较老岩石的碎片组成，例如与其他地方的基岩相匹配的鹅卵石或圆形巨石——成分是有特色的花岗岩和石灰岩。

在欧洲的几个地区，描述地质学家细致的田野调查揭开了成堆的第一纪岩层和第二纪岩层（以及覆盖其上的冲积层）的面纱。它们通常在土壤和植被的掩护下，或多或少有些隐蔽，但人们可以在各处的悬崖、河床、采石场和矿井中发现它们。出人意料的是，人们发现它们厚度惊人，多样性十足。它们意义重大，对于理解地球历史来说几乎是不容忽视的。假设所有第二纪岩层都是在一次短暂的洪水暴发中形成的，这样的说法令人难以置信。无论是说它们是在短暂的全球海平面平静起伏中形成的还是在短暂而又狂暴的巨型海啸中形成的，都不具有说服力。18世纪中叶之后，很少有人主张第二纪岩层与《圣经》中记载的大洪水之间有关系。实际上，由伍德沃德和佘赫泽提出的以全球大洪水为特征的洪积论在学者争论中消失了（不过，它在知识并不渊博的公众中依然有市场）。洪水本身远未从他们的讨论中消失，但那些主张大洪水具有历史现实性的人不再声称它是所有第二纪岩层产生及其内含化石的原因。从这个时候开始，第二纪岩层的产生被归因于地球暴发大洪水之前的历史。相比之下，随后大洪水的可能痕迹被限定在冲积层：尽管厚度不太高，但它们的广泛分布程度足以表明它们是某种所谓全球性事件的合理遗迹。对形成地壳的地层之结构和次序的这种地质学新认识，清楚地表明，大洪水——如果实际上曾经发生过这样的事件——在地球历史中必定是相对较为晚近的，尽管它在人类历史上是非常遥远的事件。这再次表明，地球的全部历史可能远远长于几千年。

此外，即使是最全面的化石集合也缺乏人类骨骼的化石标本或人工制品，学者也没有发现不存在可疑之处或毫无争议性的与人类相关的化石。我们之前提到过，佘赫泽早先声称辨认出了"大洪水的见证人"，在18世纪后期也有一些类似的主张。一位博物学家报告说，在巴黎郊外一个采石场的第二纪岩石中发现了一把铁钥匙，但钥匙本身并没有保存下来，只有一个采石工说见到了它。另一个博物学家描述了在布鲁塞尔以外的一个采石场中发现了一块抛光过的精美石斧，但它的重要意义也取决于采石场工人证言的可靠性。他声称自己在坚固的第二纪岩石中发现了它，而且岩石表面坚硬，并不疏松。另一位博物学家报告说，在德国一处洞穴内的沉积物中

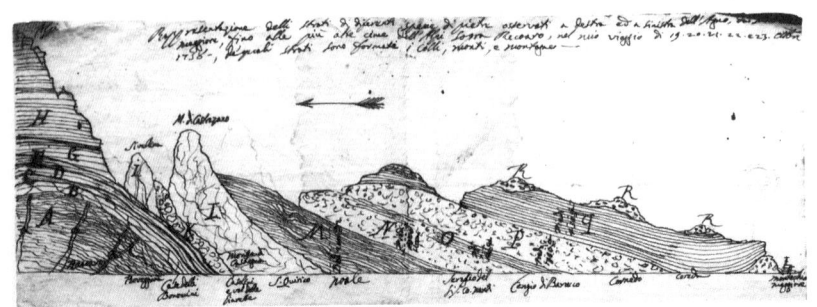

图 4.3 1758 年威尼斯描述地质学家乔瓦尼·阿尔杜伊诺（Giovanni Arduino）绘制的穿过地壳的剖面图，也叫分层图，显示了从意大利北部平原一直延伸到阿尔卑斯山山谷两侧的大量不同岩石（箭头指向北方）。位置较低因此较为古老的岩石（左）是"第一纪岩石"，位于上方、年代较为晚近的岩石（右）是"第二纪岩石"。标记为 M 至 Q 的那些岩石总厚度为数千英尺（在现代术语中，它们的年龄范围从二叠纪一直到渐新世；1 英尺 ≈ 0.3 米）。如此厚厚的一堆岩石表明，地层似乎相应地代表了相当大的时间跨度，远远超过几千年的传统时间尺度。虽然这幅画从未公开出版，但几乎可以肯定的是，在接待远道而来访问自己的博物学家时，阿尔杜伊诺向他们展示过这幅画，甚至可能是在画中所描绘的山谷中展示的。该截面的长度约为 30 千米，为了使结构看起来清晰，垂直比例尺被严重夸大了

发现了大量的动物骨骼化石，这其中包括几块人骨，但它们可能来自一些日期相对较晚的埋在洞穴底部的墓葬。这些说法有的不太确定，有的过于依赖社会底层人士的言辞，而且这些底层人士可能知道，如果向博物学家报告发现此类东西会获得奖励。所有这些当然都是不可靠的证据，但是在第二纪岩层甚至冲积层的丰富化石中仍未能发现任何明确的人类生命的痕迹，这确实表明这些沉积物必定是在人类出现之前的长久时期中积累而成的。因此，人类必定是地球上很晚近才出现的新物种。（这是布封的直觉，他明确表明了这一点，并得到广泛流传。）

作为自然纪念碑的火山

作为大自然地貌的纪念碑，火山召唤着人们去实地考察，它最能激发在18世纪受过教育的人的想象力。从意大利南部的重要城市那不勒斯可以看到巍然耸立的维苏威火山，对于欧洲的学者（以及贵族游客）来说，这座活火山是他们在环欧旅行中探访古典世界遗址和名胜中不可错过的一个。探访维苏威火山——如果它处于平静期，人们甚至会爬到山顶的火山口——被认为几乎和考察赫库兰尼姆古城和庞贝古城遗址一样重要。这两座罗马古城都被埋葬在维苏威火山脚下，在18世纪早期被发现，并在发掘过程中引发轰动。维苏威火山在79年大爆发，古罗马人对此记录详尽，正是这次爆发淹没了这两座古城，它们的遗址则代表了人类历史与自然历史的惊人结合。英国驻那不勒斯大使威廉·汉密尔顿爵士（Sir William Hamilton，他后来成为魅力四射的艾玛的丈夫，而艾玛是海军上将尼尔森勋爵的情人，这是一场著名的三角恋）通过潜心钻研成为火山和古迹研究方面的重要专家。访问那不勒斯的游客可以带走诸如古代"伊特鲁里亚"花瓶之类的文物。作为文物研究者的汉密尔顿展示过的这些东西其实是古希腊文物。此外，游客还可以带走火山岩和矿物质，作为博物学家的汉密尔顿也将此类样本送到伦敦皇家学会用来解释他关于火山爆发的报告。汉密尔顿认识到，尽管自79年以来人们留下了关于维苏威火山爆发的许多历史记录（西西里岛上规模大得多的埃特纳火山爆发也有更为清晰的记录），但是在这些记录之前必然会有一系列类似的火山喷发，这可以一直追溯到古希腊人到来之前那没有文字记录的时代。而这些由火山灰和熔岩流形成的巨大火山锥底下显然是更为古老的岩石。所有这一切至

图 4.4 1767 年维苏威火山爆发,熔岩流正向山脚下的那不勒斯市逼近。这幅蚀刻版画是威廉·汉密尔顿爵士的《坎皮弗莱格瑞火山》(*Campi Phlegraei*,1776 年;这本著作是用法语和英语写成的)一书的插图。汉密尔顿爵士在书中运用了大量插图来描述这一火山区域。画中被喷发的岩浆照亮的巨大火山锥就是维苏威火山,随着历史上多次喷发的熔岩流和落下的火山灰不断累积,这个锥体也越来越大。它最近一次可以追溯到的喷发记录是 79 年那次臭名昭著的爆发。左边的黑色山丘是索马山,被描绘成一个更古老火山锥的遗迹,它似乎在更为遥远的过去多次喷发。作者使用了当时典型的风景画艺术来描绘这个场景,风格十分引人注目,适合描绘具有科学重要性的自然事件

少表明,那些未被记录下来的时期可能比之前所怀疑的要漫长得多。

  遍布丘陵的法国中央高原距离任何活火山都有数百英里(1 英里≈1.6 千米),人们在这一高原发现了多座死火山,这一轰动性的发现强化了这种推理。有报道说,有人在这个偏远地区见到了火山岩,博物学家尼古拉斯·德马雷(Nicolas Desmarest)对此进行了查证,他前往那里主要是为了向法国政府报告当地的工业状况。德马雷早些时候陪同一位年轻贵族巡游欧洲的时候就访问过那不勒斯和维苏威火山,所以他对于识别火山特征胸有成竹,即使这些火山

图 4.5 位于法国偏远多山的中央高原的一座死火山,一条狭窄的熔岩流(表现形式有些简略)从火山口流下。在靠近火山的河岸边,熔岩遭受侵蚀后揭示了它是由玄武岩组成的。这些熔岩还形成了独特的垂直柱体。这幅版画出版于 1778 年,描述了位于维瓦赖省(位于奥弗涅省南边)的艾扎克火山,作者为德马雷同时代的年轻学者巴泰勒米·福雅·德圣-丰(Barthélemy Faujas de Saint-Fond),他后来在巴黎成为世界上第一位地质学教授

被植被掩盖也难不倒他。他在奥弗涅省发现了许多明显由松散火山灰覆盖的锥形火山,顶部是火山口,很明显的是,熔岩流从火山口中涌出并向山谷延伸数英里,当然,它们已经凝固。然而,在整个法国都没有任何火山爆发的历史记录,在当地民间传说中,也没有谁曾经见过火山爆发的暗示。德马雷发现了一个小湖泊,而一位古罗马晚期的诗人(也是早期的基督教主教)曾经非常喜爱在此处垂钓。德马雷将这个湖泊的产生归因于一股熔岩流,正是这些熔岩阻塞山谷形成了一座天然大坝才导致了湖泊的出现。这有力地证明,这些火山的爆发都早于古罗马时期,甚至可以追溯到人类有文字记

第四章 扩展时间和历史

录之前。这些法国中部的死火山很快就在科学界广为人知，它们表明火山的活跃期能够追溯到很久远的地球历史时期。

德马雷对奥弗涅的整个火山区域的研究非常深入，他的地图是由一名在七年战争结束时被裁员的军事测量员制作的。他发现山谷底部的熔岩流与覆盖相邻一些山丘的相似岩石能够匹配。如果山丘上的岩石也起源于火山，它们最初一定也是作为熔岩流流到某些山谷中的，只是这些山谷早已经消失。德马雷认为，喷发出这些古老熔岩流的山丘一定是被雨水和河流冲刷所侵蚀，这一缓慢但可观察到的进程也是德吕克所谓的"现实原因"之一。在这一进程的作用下，古老的熔岩最后停留并凝固在新山谷（这个区域相对柔软的基岩比硬质岩浆的受侵蚀速度要快得多）上方的山顶上。实际上，山丘和山谷一定交换过位置。如果侵蚀进程确实像看起来的那么缓慢和稳定，那么产生奥弗涅现有景观所需的时间将大大延长，远远超出人类历史的总体时段，而且这一进程似乎没有被像大洪水这样的事件打断过。

值得注意的是，德马雷从编年史学家那里借鉴了他们关于"时代"的概念，并将其从人类历史研究转移到自然历史研究中。斯坦诺的作品当时在科学界仍然广为流传，他借鉴了斯坦诺的研究方法，从可观察的现在穿越回更加模糊的过去，然后转变方向并重建从过去到现在的真实历史。他的早期报告曾提到最近的一组火山锥和熔岩流是"第一个时代"，因为它们离现在最近；但后来他将其改名为"第三个也是最后一个时代"，反映了它们在该地区历史上所处的位置。（德马雷先于在科学界更有权势的布封很久就使用了"时代"［epochs］这个词，但是布封通过出版《自然的时代》抢了他的风头。）他特别提到了新发掘的赫库兰尼姆古城遗址（保存得比庞贝古城更加完好），将其作为他重建奥弗涅历史的直接类比。

然而，德马雷的结论要成立有一个先决条件，即奥弗涅山顶上被称为"玄武岩"的岩石必须是古老的熔岩。事实上，这种深色细粒岩石的起源备受争议。（陶艺家乔西亚·韦奇伍德［Josiah Wedgwood］制作的著名"黑色玄武岩"陶器非常准确地模仿了这种岩石的外观。）玄武岩经常被连接成惊人的规则六角柱体，18世纪，北爱尔兰海岸的"巨人堤"在整个欧洲都非常有名，苏格兰西海岸的斯塔法岛上的"芬格尔洞"亦然，它们都是由玄武岩构成的。在成堆的第二纪岩石（如砂岩、页岩和石灰岩）中间经常可以发现厚厚的玄武岩层，所有这些岩石显然都是在现在已经消失的海洋中沉积而成的。一个著名的例子是，在赫顿位于爱丁堡的家中可以看到高高耸立的索尔兹伯里峭壁，而很多垂直柱体就伴随峭壁而生。

德马雷声称玄武岩绝对是熔岩。他发现，在奥弗涅的一些相对晚近、确定无疑的火山熔岩中也可以看到六角柱体。这样的野外证据最终说服了大部分相关博物学家，不过仍有少部分有影响力的学者认为玄武岩是某种硬化的沉积物（研究细粒岩石微观结构的技术有助于解开这一困惑，但这种技术直到19世纪中期才出现）。维尔纳就是这些持反对意见的学者之一。由于所有博物学家都熟知古典知识，这场争论被打趣地描述为火神论者（Vulcanists）同海神论者（Neptunists）之间的竞争，因为两派学者的争论正如两个古老神灵的虔诚信徒之间的竞争。最终，大多数博物学家同意玄武岩属于火神的王国，而海神继续统治大多数其他岩石组成的王国。一位杰出的博物学家认为，关于玄武岩的这一争议只不过是小题大做。这种看法不无道理，因为这场争论只涉及一种岩石的分类问题，如果它没有对地球自身历史产生重要的影响，那它就只是一次相对不太重要的科学争论。认定玄武岩是火山岩表明火山活动的时期可以从"现

第四章 扩展时间和历史

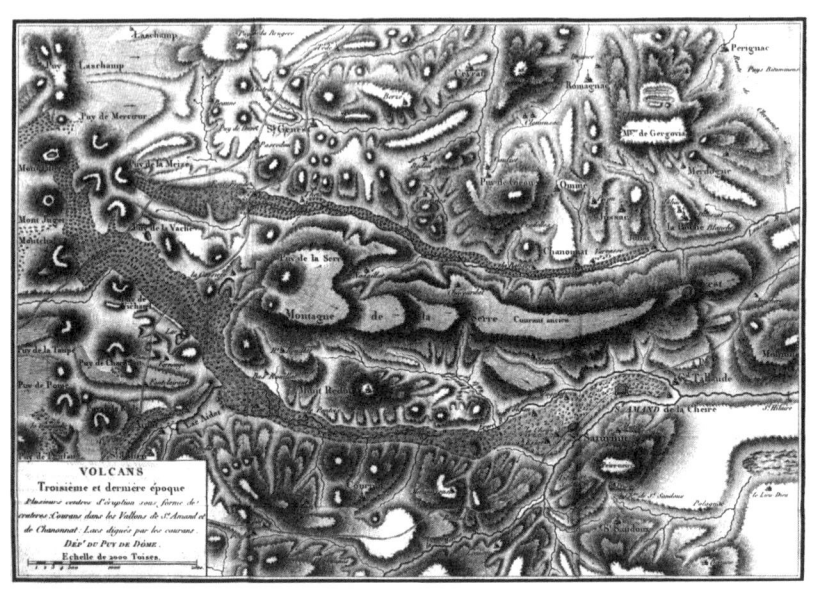

图 4.6 德马雷的这幅地图详细描绘了奥弗涅的一小部分区域,显示了两个熔岩流(点状)从西边的小火山锥(左)喷出并向东流向两个平行山谷。在它们之间是一个狭长的高原,也向东倾斜,并被坚硬的玄武岩覆盖。德马雷将其解释为曾经在同一个山谷中流淌的更为古老的熔岩。附近被玄武岩覆盖的其他一些山丘也被他解释为其他古代熔岩的遗物,有些受到更严重的侵蚀。德马雷将所有这些熔岩确认为该地区的两个不同"时代"的火山活动的产物(在下面的基岩中发现的玄武岩砾石表明了更古老的第三个时代)。最近一次火山喷发的熔岩流凝固后拦截流水形成了一个小湖(艾达湖,见左下)。这个湖在古罗马时代就已经存在;所以,这个"第三个也是最后一个时代"也处于有文字记录的人类历史之前。这幅地图虽然直到1806年才出版,但它的创作基础是德马雷1775年在法国科学院展出的一张地图,它描绘了一个大约方圆12英里的区域

在的世界"扩展到"先前的世界",而在"先前的世界",各种各样的、巨大的第二纪岩石堆正在积聚。火山显然是当时地球系统不可或缺的组成部分,而不是现在状态下的一种表层地貌(有人提出,可能是位于地下的第二纪岩层中的煤层燃烧给火山提供了能量)。

描述性"自然史"和现代"自然史"

德马雷将古文物收藏者对赫库兰尼姆的挖掘与他对奥弗涅死火山所做的工作进行了对比。这个是有说服力的。后来，一个更年轻的博物学家模仿德马雷的方法在位于法国中央高原的维瓦赖省开展了很多工作。年轻的让－路易斯·吉罗－绍拉维（Jean-Louis Giraud-Soulavie）在一个村庄担任教区神父，碰巧在村子里可以看到其中一座死火山的全貌，因此他对有关火山的新奇问题具有直观的了解。在前往巴黎开启作为学者的职业生涯之后，他出版了七卷本的《南法的自然史》（*Histoire Naturelle de la France Méridionale*，1780—1784）。他在书中描述了自己广泛的野外调查并陈述了自己对一些问题的见解。事实上，这远不只是一本传统的描述性的"自然史"，而是在重建自然自身的历史（这是从现代意义上来说）。绍拉维认为重建自然史这一观点依然新奇，有待发展。他称自己为"大自然的档案保管员"，并声称通过制定火山的"自然年表"来编纂"自然世界的编年史"。各种岩层，包括被他解释为古代熔岩的玄武岩，都是大自然的"纪念碑"和"铭文"，记录了该地区的自然界经历的一系列的"时代"。

像斯坦诺和胡克很久以前所做的那样，德马雷和绍拉维慎重地将编年史学家和文物研究者使用的方法和概念从人类社会转换并应用到自然世界，但他们的做法比前辈更加彻底，时间尺度也随之拉得更长——从人类历史短暂的时间跨度进入深度几乎不可想象的地球自身历史。当时，不仅考古学界有令人振奋的新发现，在人类历史书写领域也出现了卓越的学术成果，例如爱德华·吉本（Edward Gibbon）写出了《罗马帝国衰亡史》（1776—1788）。这两方面的进步同时出现并非巧合。绍拉维后来转向了吉本的那种历史研究，他对旧制度下的法国政治进行了详细研究，并出版了相关著作。这点不足为奇。他和德马雷对于如何以细致和可靠的方式使用证据（它们都是精心观察得来并经过认真核实）来重建自然历史进行了有说服力的展示，但其他博物学家并没有迅速模仿他们的方法。就像绍拉维指出的，这种推理依然是新奇的，陌生的。但从长远来看，借鉴人类历史研究方法成为重建地球历史的决定性战略。

除了维瓦赖的所有火山岩，绍拉维还描述了包括三个第二纪岩层的岩石堆。他发现可以通过独特的化石组合来识别整个地区的每一个岩层（用现代术语来说，这些岩层分别属于侏罗纪、白垩纪和第三纪中新世）。在欧洲其他地区研究过第二纪岩石的博物学家也注意到了岩层与化石之间的这种关系。虽然人们对此并没有仔细研究，但是这种关系表现得很明显。例如，位置较低、较老的第二纪岩层（用现代术语来说，大多数属于中生代）经常包含菊石和箭石化石，而上层年代晚近的岩层（属于新生代）则从来没有发现这些化石；相反，较年轻岩层中的贝壳化石更像是生活在如今海域中的贝类生物，而不像生活在远古海洋中的贝类。但是，如何解释这一切还远未明确。绍拉维声称，他的岩层中的化石次序记录了真实的生命历史。但是其他博物学家认为，化石的差异可能只是反映了动物生活和沉积物积累的环境条件（用现代术语来说，即"相"[facies]）的变化，较古老的岩层可能沉积在非常深的水中，所以保留了生活在该环境中的贝类残骸。

这并非难以置信的事。正如胡克早就意识到的那样，人们对世界上的动植物知之甚少。每次长途航行或远征，人们都会带回在欧洲不为人知的植物和动物标本。人们对海洋深处的认识更加模糊，例如，菊石似乎很可能仍然在那里繁衍生息。现在被称为"活

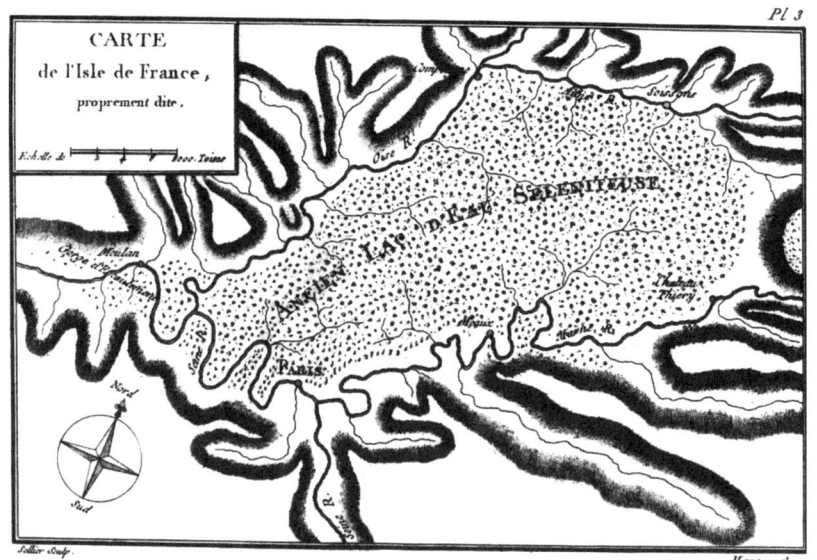

图 4.7　巴黎北部一个早先的大湖（点状），根据该地区内含第二纪岩石堆的一个小范围的石膏矿床重建而成。这张地图（现代术语为"古地理学地图"）于 1782 年由法国博物学家罗伯特·德拉马农（Robert de Lamanon）出版；他将石膏或透石膏（用现代术语来说）解释为来自"满是透石膏水的早先的大湖"蒸发后形成的沉积矿床。地图显示它长约 75 英里。这是一个在 18 世纪晚期仍然非常罕见的例子，学者对岩石和矿物进行结构调查后总结出了相关特征，并对此提供了明确的历史解释

化石"的物种的发现似乎是非常好的间接证据。其中最引人注目的例子是依然存活的海百合（sea-lily，现代术语称之为"海百合纲动物"[crinoid]），一条长长的垂线碰巧将它从加勒比海的深水中牵出。这一标本显然与一些第二纪岩层中已知的海百合化石相似，但并不完全相同。生活在海洋深处的"活化石"海百合被发现，让人们认为活的菊石也很可能在适当的时候被发现。（现代人发现了一种"活化石"鱼类——腔棘鱼。它在印度洋科摩罗岛附近的深水中很常见。这提醒人们为何这种观点现在依然还有人相信。）

第四章　扩展时间和历史

103

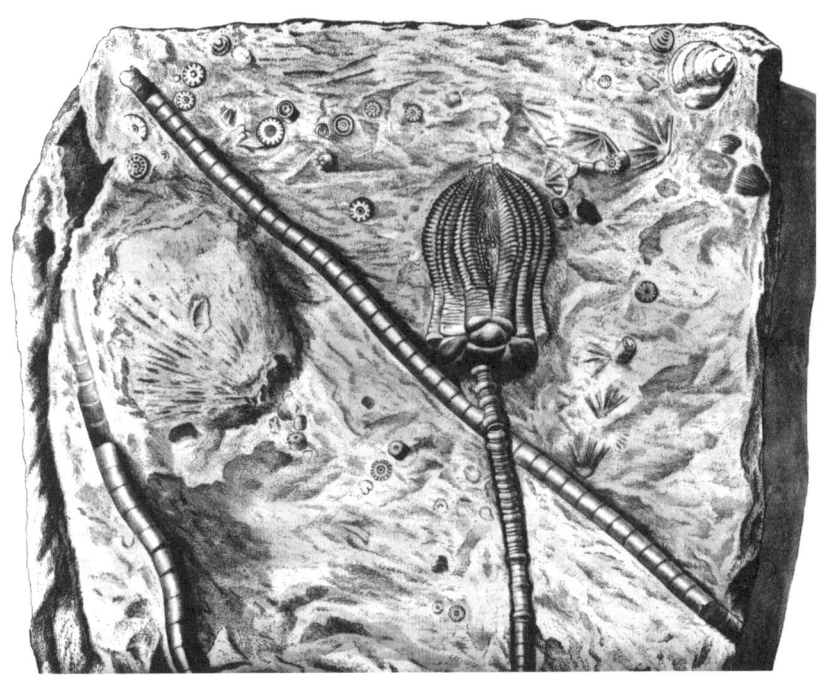

图 4.8 第二纪石灰岩石板上的海百合化石,这是出版于 1755 年的一部自然史著作中的版画。这些被化石收藏家高度珍视的化石被认为可能属于已经灭绝的生物。跟化石相似的海百合被人们从深水中捕捞出来,这件事也于 1755 年首次在出版物中被描述(巧合的是,在同一年)。此类"活化石"的出现令"灭绝"这一概念变得高度不确定。任何生命历史的重建都同样存在这个问题。人们曾认为这块石板上的小型圆形物是许多早就被怀疑起源于有机物的化石中的一种,但保存良好的标本(就像这件)表明它们其实是海百合灵活的茎的一部分,只不过是从茎上脱落而已。虽然表面上看起来像植物,海百合很快被认为基本上类似于海星、海蛇尾和海胆,后来它们都被归类为"棘皮动物门海洋生物"(现在依然如此)

由于许多甚至可以说所有最常见的化石所呈现的物种现在可能仍然作为"活化石"在某些地方繁衍生息,所以人们无法根据维瓦赖或其他地方的地层推论出确定的全球生命史,尽管这些地层显然是地球自然状态的一系列局部变化的记录。地球可能在其发展历程中为十分相似的动植物物种的生存提供了环境条件和物质基础。尽管这些生物的地理分布随着时代变迁发生了变化。这意味着赫顿提出的具有推测性的地球稳态"系统"（布封早先在采用冷却地球模型之前，也坚持这一观点）可能比德吕克具有定向性而又变动强烈的历史系统更加符合现实。只有可以证明德吕克提出的"先前的世界"与"现在的世界"截然不同（这些不同包括生活在地球任何地方的动植物，以及地球的自然特征）时，德吕克关于一系列独特时期的概念（受到《创世记》叙事的启发，尽管没有严格遵从它）才能看上去比稳态系统更加合理。当时（现在仍然是）最常见的化石是贝类和其他海洋动物的遗骸，它们很难充当对比的参照物，因为它们中的许多甚或全部仍然作为"活化石"存活的可能性很大。但是活着的陆地动物（至少是大型哺乳动物等非常显眼的动物）更为人所知，因此，它们可以更好地作为与"先前的世界"的类似动物进行比较的基准。

18世纪后期，在冲积物中经常发现的巨大骨骼和牙齿的化石成为博物学家关注的焦点。未受过教育的欧洲人通常认为那是远古时代的巨人化石，但早期的解剖学家已经证明它们肯定不是人类的遗存。许多人认为那些化石是大象的遗骸，而且是迦太基名将汉尼拔从北非带到欧洲用于跟罗马人打仗的那些大象。然而，新发现的许多类似骨骼遍布整个欧洲，而且向东最远在西伯利亚也有发现，当地人称之为"猛犸象"，而向西，最远可到达北美。这么广泛的分布区域引发人们转而关注这些化石出现的自然原因。有人提出原因是洪水，如果它实际上是一场巨大的海啸，可能会将大象的尸体从非洲和亚洲的热带栖息地席卷到更偏北的地区，但这种理论无法很好地解释北美的例子。

有证据表明这些骨头和牙齿中的一些属于一种动物，而它不同

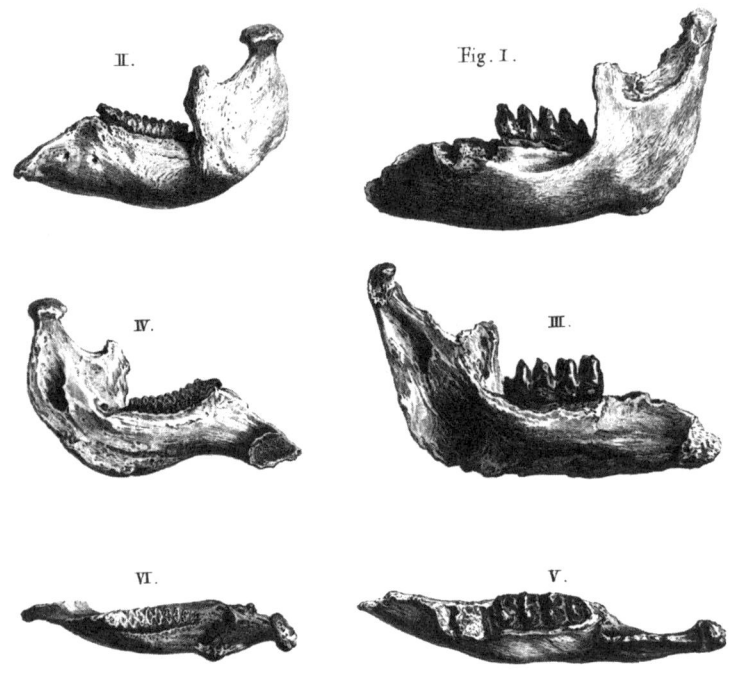

图 4.9 图右是"俄亥俄动物"的下颚化石,这种动物后来被命名为"乳齿象",这是它与当今大象下颚(左)的对比图,图片显示的是它们下颚的外部、内部和背部视图。外科医生兼解剖学家威廉·亨特(William Hunter)1768年在伦敦皇家学会阅读论文时展示了这些版画。他认为这个"未知的美国动物"是不为人知的独特物种,可能是一个真正的灭绝案例。然而,其他博物学家认为,在世界上一些未开发的地区,这种动物更有可能作为"活化石"而存活

于任何一种已知的、活着的物种,大象般的獠牙和河马般的牙齿似乎属于同一种哺乳动物。它被称为"俄亥俄动物"(这个名字来自英国在北美殖民地的荒蛮西部)。这种动物显然曾经在旧世界和新世界的北纬地区广泛分布。一些博物学家将其作为"灭绝是事实"的决定性证据。布封认为它可能已经适应了比现在的热带更炎热的

条件，然后随着地球的降温而灭亡。但其他人，例如托马斯·杰斐逊（Thomas Jefferson），后来怀疑它仍然存在，并且很好地生活在当时已经成为独立国家的美国内部不为人知的腹地，这可能是出于民族自豪感，也可能是出于一种希望。作为美国总统，他指示刘易斯和克拉克在他们著名的从内陆向西海岸探险的过程中寻找它。鉴于这种不确定性，要确立物种灭绝是自然界的常规特征，需要拿出更令人信服的案例才行，因为当时很多博物学家难以接受这种可能。因此，虽然从一系列岩层中以及更晚近的冲积层中发现了很多化石，但很难根据它们确定真正的生命历史。

猜测地球历史的时间尺度

正如前文指出的那样，仅仅通过研究博物馆中的化石或岩石标本，人们无法完全理解关于地球时间尺度巨大的大多数线索或建议，更不用说仅仅通过在图书馆阅读书籍了。最容易相信地球历史可以被大规模扩展的（几乎所有被扩展的都是前人类的历史）是那些在野外亲眼看到大规模岩层堆和著名的大体量火山的博物学家。他们越来越相信地球历史的跨度非常巨大，但是他们的这种确信一般都是含蓄的，而且也没有对涉及的时间加以量化。这不是因为他们害怕受到教会的批评，而是因为他们没有可靠的方法来测算所涉及的时间，而且他们并不希望人们认为他们只是在做推测。然而，他们未发表的非正式言论（有些在历史记录中幸存下来）表明，到18世纪后期，他们中的许多人经常近乎公开地谈及要积累成巨大的古老地层堆以及更晚近的火山至少需要数十万年，甚至数百万年的时间。例如，据说维尔纳谈论了他熟悉的巨大岩石堆可能有一百万年的历史，其他人也做了类似的猜测。对于现代地质学家而言，这个时间可能少得可怜，但它确实表明他们的前辈在18世纪后期已经采取了关键的、富有想象力的步骤来思考地球的历史，并明确提出它远远超过传统认为的几千年。当时，想象出数十万年所带来的影响与想象出数十亿年的影响一样大。即使是较低的数量级也足以使整个已知的人类历史相形见绌。从字面意义上讲，数十万年也是一个几乎漫长到不可思议的时间跨度。

到了18世纪后期，野外的现场证据越来越多，足以说服许多博物学家在推理地球历史的过程中采纳极为巨大的时间尺度。布封明确提出并公布了一个此类的时间尺度。他遭到批评并不是因为计算出的数量级太大（相反，按照他同时代人的标准来看，他设定的数量级偏低），而是因为他的时间尺度具有惊人的精确性，但是支撑这种精确性的只是一些可疑的猜想。赫顿理所当然地认为地球的时间尺度是没有限制的，他遭到批评并不是因为其数量级不明确，而是因为那几乎丝毫不加掩饰的永恒特性。德吕克更为典型，除"最近"（"现在的世界"）之外的任何时期，他都拒绝给出明确的数值，并且认为其余时期（"先前的世界"）的时间尺度巨大但无法量化。在地球科学的后续历史中，具有野外调查经验的人都已经相信地球的时间尺度之大足以使全部有记录的人类历史相形见绌。相比之下，缺乏这种第一手知识的普通公众的观点往往与学者差异很大。到了18世纪后期，学者们认为地球的年龄古老得不可思议，而且这种古老是理所当然的。从现在开始，任何提出或推断出地球时间尺度很大的学者，或者把地球极其古老视为理所当然的专家，都在推开一扇门。（现代人认为这种观点的关键性变化是在19世纪早期的地质学家的推动下出现的，甚至是19世纪更晚些时候的达尔文的进化论催生的，这是一种误解。）

对于地球历史时间尺度的大规模扩展，许多自认为是基督教信徒的学者并没有比没有宗教信仰的同代人更不安。正如之前所说，对于《创世记》叙事中的关键词"天"的含义，来自自然世界的证据逐步令人怀疑对它的传统上的和常识性的设定（表示由24小时组成的普通一天）是不准确的。在此之前，《圣经》学者就已经认识到"天"的含义模糊不清。如果"天"也可以指未来的"主的日子"或者神圣的《创世记》中的重要转折点，那么即使世界历史可能比几千年要长得多，也不会影响到《圣经》文本，更重要的是，不会影响其宗教意义。因此，那些在18世纪晚期开始理所当然地认为地球时间尺度很长的人并没有被教会批评。仅仅在一些特定地区和个别情况下出现了零星的批评，这与现代普遍认为的当时出现了普遍性的冲突、镇压和迫害正相反。从宗教的角度看，更为重要的是与那些声称宇宙是永恒的，因此不是被创造出来的人做斗争。这当然是一个哲学和神学问题，无法通过科学观察来解决。在这样一个根本问题上，宗教人士常常觉得自己四面楚歌。德吕克自认为是在捍卫基督教一神论，他反对的是文化上更为人多势众的启蒙运动自然神论者和无神论者，即"有文化的宗教蔑视者"（这是弗里德里希·施莱伊尔马赫［Friedrich Schleiermacher］对他们的著名称呼）。

像德吕克这样的基督教学者很容易吸纳并认可以前难以想象的地球历史的时间尺度。在这个时候，文本解释这种历史学方法已经在古典文学中广泛使用并开始持续应用于分析《圣经》文本。（另一种现代误解是，《圣经》批评直到19世纪才开始出现。）18世纪时《圣经》批评的惊人发展已远远超过了厄谢尔的时代。它是一把双刃剑（当然，正如之前讲过的那样，它与文学、音乐或艺术批评中的"批评"意义相同），通常它确实是为了破坏或毁灭传统的宗教信仰，服务于世俗的政治目标，但《圣经》批评的驱动力同样来自渴望更深入地理解经文的意思（作者最初面向他们的读者创作时的意思）。与早期的人们不一样，熟悉新科学证据的人不再从经文的字面意思来解释《创世记》，不过，在这之后很久，《创世记》的叙事仍然是一个富有成效的灵感来源，因为它将地球作为一个整体来思考。

最后，比地球时间尺度大幅度扩展更为重要的是，在大幅扩展的时间尺度内重建的地球历史具备什么特征。正如之前所说，深史远比深时重要。具体来说，《圣经》中的《创世记》叙事让学者对岩石、化石、山脉、火山有所了解，也由此他们相对容易且乐于将它们作为地球历史的证据。当然，那些积极反对宗教信仰的学者除外。《创世记》的故事很容易理解，包含具有偶然性且不可重复的一系列事件，通过这些事件，地球及其生物被带入现状。这个故事可以很容易地从理论上的"一个星期"扩展到一个长度无法估量的时段。人类出现在地球历史舞台之前，即《创世记》中记载的前五"天"，不再仅仅是设定场景的前奏，学者可以很容易地将其扩大为整个戏剧中最长的一部分。这就是18世纪后期所发生的事情，至少在学者圈子中是这样。

然而在18世纪末，这出戏剧的细节仍然相当模糊。人们无法确定，地球在遥远的过去是否或在多大程度上与其现状存在不同。特别是，生命是否具有真实的历史，或者人类周围是否一直存在大致属于相同种类的植物和动物，这些都远未确定。很明显的是，与整个人类历史相比，地球历史几乎是难以想象的漫长。但目前尚不清楚，人类是否有信心详细了解在人类产生之前的长久时段中地球发生了什么，这是19世纪初仍有待解决的根本问题，也是下一章的主题。

第五章
突破时间限制

灭绝的事实性

到了18世纪末,对相关证据具有第一手经验的博物学家已经达成了一种共识,即地球历史的全部时间尺度必须大大超过几千年。然而,在这个新扩展的深时内究竟发生了什么仍然无法确定。学者们在欧洲多处探索和描述的岩层堆表明,在没有生命存在的初始阶段(以第一纪岩石为代表)之后是海洋充满生命的阶段(第二纪岩石中通常含有丰富的化石),人类只是在最后一刻才出场(显然没有任何代表性的化石)。然而,即使是地球深史的这个基本轮廓也是不确定的和有争议的。例如,布封将这一轮廓扩展为《创世记》中上帝创世叙事的世俗版本,但他的叙述只是基于很薄弱的证据,很容易被视为猜测性的科幻小说。从更为广泛的证据来看,德吕克认为在相对晚近的过去曾发生过一场独特的破坏性"革命",但是在他将这场"革命"认定为《圣经》中记载的大洪水之后,赫顿等人就强烈否认了这一点。他们反对将宗教文献中的叙述作为证据,也不认为正常的自然进程中有任何例外性的偏离。实际上,赫顿不仅不认同布封提出的一系列独特的"时代",也反对德吕克所说的剧烈的"革命"性事件；相反地，他声称地球是一个平稳运行的自然"机器"，不停重复循环相似的"世界"，从永恒到永恒。

如果说，上述这些宏大图景都因过于野心勃勃和不成熟而被抛诸脑后，那其他博物学家的观点呢？他们的研究规模更小，往往更加注重基础性的野外调查，因此他们也仅取得了有限的成就。特别是，除了人类很晚才登上历史舞台外，生命本身是否具有真实的历史仍然具有高度不确定性。在海洋深处发现的"活化石"表明，在早期生命史中出现的任何明显的系列性事件都可能是由于对当今世界认识不足而出现的假象。例如，学者在位置较低和年代较为古老的第二纪岩石中发现了大量菊石和箭石的化石，但没有在较年轻的岩层中发现它们的痕迹，这可能仅仅是由于它们当时和现在都栖息于深海，它们可能根本就没有灭绝。化石不能被视为大自然的可靠的"硬币"或"纪念碑"，也无法作为有关地球深史早期阶段的可靠证据，除非可以证明灭绝实际上是自然界的常规特征。但这完全无法确定：仅有的记录良好的灭绝案例也是由于最近的人类活动所致。例如生活在印度洋毛里求斯岛的渡渡鸟，这种著名的不会飞的鸟类惨遭灭绝。不论是犹太教和基督教一神论中护佑众生的上帝，还是启蒙运动自然神论中几乎没有人情味的至高无上的上帝，都不会也不愿允许任何被创造的物种灭绝，只有一种例外，那就是由有罪或粗心的人所导致的灭绝。

因此，灭绝问题对理解地球深史至关重要。这就是为什么骨骼化石在1800年左右成为博物学家关注的焦点。"俄亥俄动物"化石并不能确定无疑地证明灭绝问题，即使它真的与任何已知的现存哺乳动物截然不同，因为它可能仍然作为"活化石"生活在北美或中亚等未经探索的内陆地区。但是，如果能够证明其他骨骼化石与任何活着的物种骨骼完全不同，那么灭绝是确定的事实就会更有说

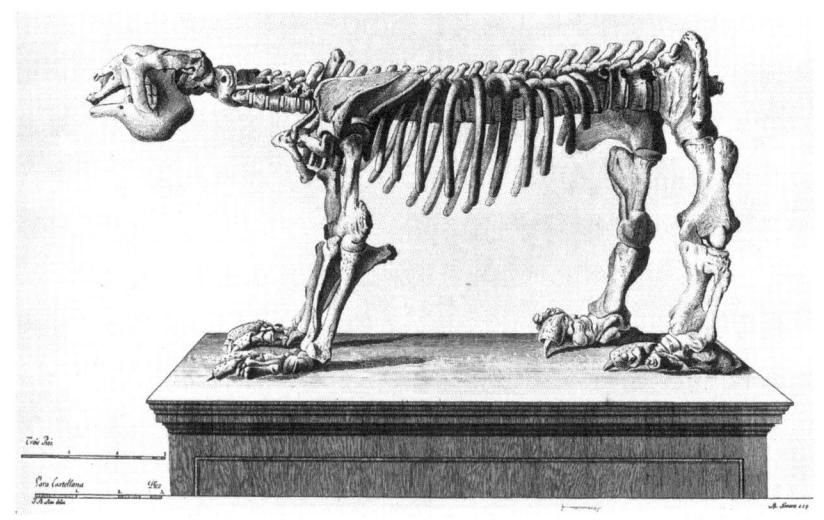

图 5.1 巨大的骨架化石将近 4 米长、2 米高,由西班牙博物学家胡安－鲍蒂斯塔·布鲁·德拉蒙（Juan-Bautista Bru de Ramón）在马德里皇家博物馆组装。这组化石发现于布宜诺斯艾利斯附近的冲积层。1796 年,尚未发表的描绘这副骨架的版画副本被送到巴黎的法兰西学会,年轻的居维叶认为这种动物是巨型树懒,并将它命名为"大地懒",居维叶还认为它可能已经灭绝。(现代研究认为,它可以靠后肢站立呈两足行走的姿势。)

力。因此,解决这种不确定性的最大希望就是将骨骼化石与更广泛的活体物种的骨骼进行更详细的比较。

有一位博物学家在正确的时间、恰当的地点做到了这一点,而且他恰好拥有所需要的非凡技能。法国大革命最血腥的恐怖阶段结束后不久,年轻的乔治·居维叶获得了法国国家自然历史博物馆的低级职位。该机构刚刚从旧制度下得以"民主化",布封曾在王室统治的旧制度下在该机构中独揽大权。在法国国家自然历史博物馆中,居维叶能够接触到世界上最精美的动物标本。这一博物馆可以说是用来比较化石与现存生物物种的最佳资料库。在居维叶抵达巴黎后不久，法兰西学会（取代了古老的附属于王室的法国科学院）收到了一份描绘最近在马德里组装的巨大骨架的版画，这些骨骼化石是在西班牙位于美洲的殖民地发现的。居维叶将这些骨骼与来自世界各地的活体哺乳动物的骨骼进行了比较。他耸人听闻地声称这种动物最接近活着的树懒和食蚁兽，这些小型哺乳动物后来被他归类为"贫齿类动物"。这意味着被他命名为"大地懒"的这种巨型动物可能已经灭绝了，如果它还活着的话，在南美洲生活或工作的欧洲人肯定会接触到如此巨大的动物。就像"俄亥俄动物"一样，它是自然历史研究在材料来源方面变得更全球化的一个突出的例子，尽管欧洲仍然几乎垄断着对材料的科学解释权。

几乎在同时，居维叶详细分析了猛犸象的骨骼和牙齿化石，并将它们与活着的大象进行比较，借此强化了自己的观点。对他来说，幸运的是，法国国家自然历史博物馆在恰当的时刻获得了相关的新标本，它们是来自荷兰的文化战利品（法国在大革命期间的战争中打败了荷兰）。居维叶证实，印度象和非洲象是不同的物种。更重要的是，他还声称猛犸象与两者都不同。他认为，它们之间的差异与山羊和绵羊之间的差异一样大，而且一直如此。这些差别不能仅仅归因于年龄、性别或环境的影响。这让布封的观点不攻自破。布封认为，在西伯利亚发现热带哺乳动物的遗骸是全球逐渐降温的证据。居维叶的论证还削弱了另一种观点，即这些遗骸是从热带地区被大海啸形成的洪水席卷而来的。他认为猛犸象实际上是一个完全不同的物种，它可能就生活在其骨骼被发现的地方，而且非常适应那里仍然盛行的极为寒冷的气候。不久后的新发现证实了这一点。人们发现了埋藏在西伯利亚冰冻地带的猛犸象骨骼，还有保存完好的羊毛般的厚厚的皮毛。居维叶总结说，比较解剖学的事实"在我看来证明了在我们之前，确实存在另一个世界，而且它被某

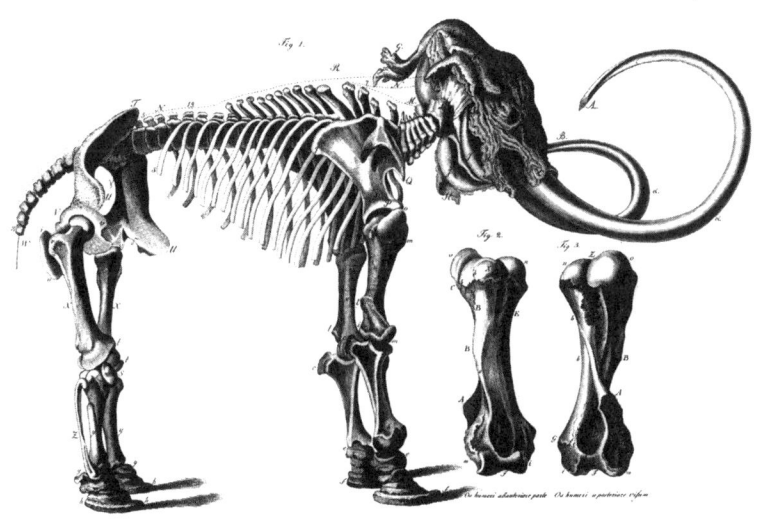

图 5.2 1799 年在西伯利亚的冰冻地带发现的猛犸象的完整骨架（还包括大约 1 米长的巨大股骨的两个不同视角的放大图。当时印刷时使用了昂贵的铜版，这是印刷此类精美版画的保证），它后来被带到圣彼得堡。该作品于 1815 年出版于此地。头骨上可以看到残留着的稀疏的厚皮毛，这些皮毛在它活着时覆盖了全身。正如居维叶所说，这表明这个物种已经很好地适应了西伯利亚北部的气候，而不是印度象和非洲象现在生活的热带气候。猛犸象再也不能用作地球逐渐冷却或发生过猛烈的洪水或大海啸的证据

种灾难所摧毁"。到巴黎之前，居维叶一直在阅读德吕克的作品。他认为这位前辈学者提出的"先前的世界"这一概念是不容置疑的，他也赞同某种激烈的自然"革命"分离了"先前的世界"与"现在的世界"。

居维叶又研究了"俄亥俄动物"，并总结说，它其实与大象或猛犸象有很大的区别，需要将它列为一个新的"属"。他将其命名为"乳齿象"（暗指其巨大的牙齿上面有乳房状突起）。他还认为，

混杂在西伯利亚的猛犸象化石中的犀牛骨头的化石、在巴伐利亚的那些洞穴中发现的熊的大型化石、来自世界各地冲积层的许多其他哺乳动物的化石，都和跟它们相似的现存物种有很大不同。（从现代角度来看，他研究的是更新世的巨型动物。）法兰西学会认识到这项研究的重要性，向博物学家和化石收藏家发出呼吁，号召他们向居维叶发送更多的标本，或至少发送准确绘制化石的图片。各国相关人士对此积极响应，居维叶得以极大地扩充了相关标本的数据库，并借此源源不断地发表了相关的科学论文，分析了一个接一个的哺乳动物化石，将它们与最相似的现存物种做了比较。

凭借精明的科学策略，居维叶将他的研究重点放在大型陆地动物的遗骸上，因为如果这些动物还有作为"活化石"的后代生活在世界上，它们将是最难被人忽略的。即使生活在未被深入探索的大陆的偏远地区，这些大型动物也不太可能逃脱人们的视线。即使它们还没有被博物学家发现，也会被猎人看到或被陷阱捕获，并因此出现在媒体的报道中。另外，当地土著居民讲述的故事中也会有它们的身影。居维叶承认，他所说的灭绝的真实性的案例只能基于概率。他可以展示的与现存相似物种存在重大差异的化石种类越多，它们真正灭绝的可能性就越大。事实也是如此。随着居维叶的案例的不断累积，他发表了越来越多关于各种骨骼化石的详细分析。

法国国家自然历史博物馆的一位同事赞赏说，居维叶在科学舞台上迅速名声大噪。尽管他很年轻，但他很快就成为巴黎最杰出的学者之一。尽管经历了多年的战争，巴黎仍无疑是科学界当之无愧的中心。居维叶在比较解剖学方面丰富的知识使他能够重建哺乳动物化石的骨架，即使可用的只是许多零散的骨骼化石。（与后来的传说相反，他并没有声称能够利用一块骨头重建整个动物，他只是能够在有利的情况下识别它属于哪种动物。）他对动物体功能和结

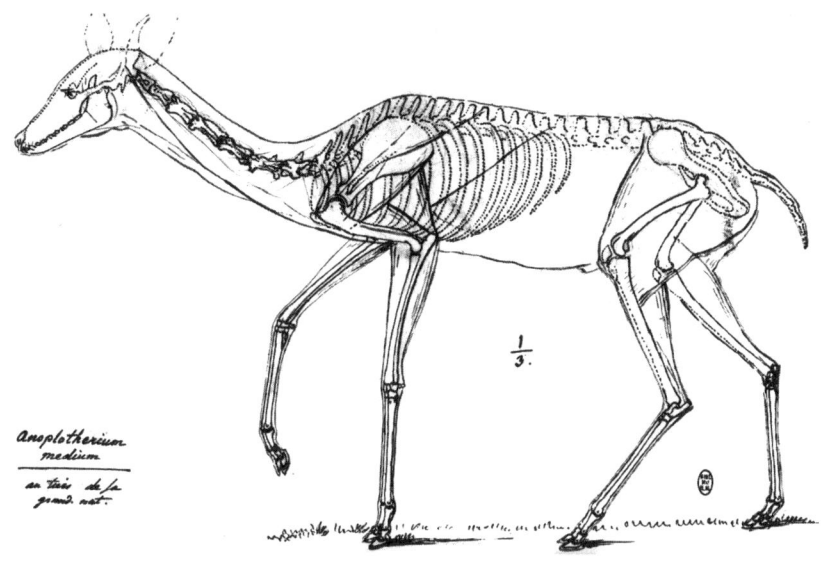

图 5.3 居维叶将从蒙马特（当时位于巴黎郊外）的石膏层中发现的一种已灭绝的哺乳动物（体形中等的无防兽）"复活"。居维叶具备丰富的比较解剖学知识，对各种活体哺乳动物都了然于胸，凭借这一优势，他不仅将许多零散的骨骼化石组装成了整副骨架，而且还重建了它们身体的轮廓及可能的姿势，甚至给它们添加了眼睛和耳朵。然而，他从未公布过这幅画以及其他类似的画，也许是因为担心科学界的同事会认为它们是难以接受的推测

构之间的关系理解深刻，由此他能够自信地推断出这些哺乳动物化石生前是如何生活和运动的，以及它们的天性如何。居维叶声称自己给骨骼化石带来了生命，至少他在脑海中可以想象这种情景。正如他讽刺地指出的那样，这不需要神的号角声来唤醒。他正在"复活"动物。实际上，通过快速壮大由以前不为人知的哺乳动物组成的"动物园"，居维叶充实了德吕克的"先前的世界"。这些动物可能都已经灭绝，而且有些体形特别巨大。即使有更多的"活化石"出现（确实出现过，尽管很少），用它们来解释化石和现存物种之间的差别也变得越来越不可信。现在必须将灭绝作为自然界的一个

真正特征加以考虑了。因此，化石物种可以被视为过去与现在明显不同的可靠证据。遥远的过去确实是一个异域世界。

最后的地球革命

居维叶后来在四卷本的《骨骼化石研究》（*Recherches sur les Ossemens Fossiles*，1812）中重印了自己的一些论文。在其冗长的介绍性文章（基础是早期为巴黎受过教育的公众所做的讲座）开头，他将自己描述为"一种新的古文物研究者"。"新"是指他的工作主要是研究相对未经探索的骨骼化石这种大自然的"纪念碑"。为了追溯"地球的古代历史"，他可以"复活"和"重建"动物。居维叶呼吁将传统的描述性"自然历史"转变为真正的自然历史（现代意义上的）。他是一位新的、更强大的倡导者。

居维叶将地球历史与天文学和宇宙学这些更有声望的学科进行了生动的类比。他将自己的工作成果献给拉普拉斯（Laplace）——他在巴黎的赞助人，也是当时最伟大的宇宙学家。他认为，目光局限于当下的人们并不了解人类出现之前的可靠的地球历史，如果能够让他们了解这一点，就可以"突破时间的极限"，一如目光局限于地球这个小行星的人们在宇宙学家的努力下理解了控制着太阳系运动的自然规律从而"突破了空间极限"一样。地球时间尺度本身并不需要突破。居维叶和其他学者一样，认为相对于人类历史来说，它几乎漫长到难以想象。（当时的天文学家无法探测到任何恒星视差，这证明了星际空间也是超乎想象地巨大。）有争议的是，居维叶声称哺乳动物化石与其活着的相似动物之间的差异源于相对晚近的大规模灭绝事件，因此化石成为一个与现在截然不同的"先前的世界"的遗迹，而人类历史记录注定无法对此有所记载。

> 我们崇拜人类的思维能力，因为它可以测算星球（即行星）的运行情况，尽管这些星球的本性似乎一直隐藏在我们的视野之外；人类依靠天赋、运用科学突破了空间的限制，通过对观察到的事物进行理性诠释揭示了世界的运行机制。人类若能知道如何突破时间限制，通过观察相关事物重建世界历史，并再现人类自身产生之前发生的一系列重大事件，也必定深感荣耀。

图 5.4　宇宙学与新的地球科学（德吕克所说的"地质学"）之间的类比。居维叶在名为《初步探讨》（"Preliminary Discourse"）的论文中展开阐述了这一点（最初是用法语）。这篇论文对其名著《骨骼化石研究》（1812年）做了简要介绍。他表示，人类已经突破的限制不仅包括空间和时间的数量级，而且还突破了人类自身的一种能力，即知道在每种情况下哪些东西超出了直接经验。居维叶此处暗指拉普拉斯在"天体力学"方面所做的伟大贡献，人们认为拉普拉斯完善了牛顿的宇宙学

然而，有人认为这些物种可能存活到了人类出现之后，是人类活动导致了它们的灭绝，就像渡渡鸟一样。为了驳斥这种观点，居维叶扮演了古典学者的角色，他查找了大量古希腊和古罗马时期人们对当时已知动物的文字记录以及图片描述，除了明显的神秘生物之外，他认为它们实际上都是现在还活着的物种。如果"活化石"的论点不可信，那么活着的物种和化石之间存在差别还有一种可能的解释，居维叶的资深同事让－巴蒂斯特·拉马克（Jean-Baptiste Lamarck）就是这种解释的倡导者。拉马克是法国国家自然历史博物馆研究软体动物和其他低等动物（后来被命名为"无脊椎动物"）的专家。他认为动物物种最终是奇特的、不受控制的群体，因为所有有机形态本质上都是不断变化的。如果有足够的时间，任何一个物种都会慢慢地自然转化（使用这个当代词语，而不是现代词语

"进化",将有助于区分拉马克的思想与达尔文及其他人后来提出的思想)为另一个物种。拉马克认为,如果化石与活着的物种不同,这是因为它们已经发生转化;如果它们是相同的,那是因为还没有足够的时间发生可以察觉的转变。在任何一种情况下,拉马克都否认任何物种曾经灭绝过,除非是人类活动造成的。

居维叶将古埃及人的圣鹮作为反驳拉马克论点的测试案例。在法国大革命期间,跟随拿破仑的远征军开赴埃及的学者收集了圣鹮的木乃伊。居维叶将古埃及的圣鹮与博物馆的活鸟标本进行了比较,确认其为依然在尼罗河流域大量繁衍生息的物种。通过解剖可以看出,它的内在结构在三千年中没有明显变化。他承认,与地球的漫长历史相比,这只是一个极短的时间,但是,如果所有物种实际上都在不断转化,那么即使很短的时间间隔也应该显示出一些微小的变化(天文学家在绘制带外行星的长轨道时使用了类似的推理,通过精确观测短得多的时期来推断出结果)。无论如何,居维叶认为拉马克提出的缓慢转变学说从原则上来讲是行不通的。和大多数其他动物学家的观点一样,他认为每个物种都是一个"动物机器",每个器官结合在一起造就出一个特定的生命模式。(从现代观点来看,大多数动物都非常精准地适应了特定的环境。)任何身体构造方面的缓慢转变都会改变物种适宜存活的状态,物种也会因此灭亡,因为,它作为新物种没有足够的时间发展出新的适宜存活的状态,从而无法适应新的、变化了的生活方式。所以,居维叶认为物种是真正的自然单位,在生命形态和生活习惯上必然是稳定的,除非它们因生存环境突然遭毁灭而灭绝。

如果化石物种已经被现在的物种完全取代,而不是由一个化石物种缓慢转变为另一个物种,那么是什么原因导致第一批物种完全灭绝呢?第二批物种又来自何处?居维叶认为,一场重大的自然"革命"或"灾难"杀死了第一批物种。正如德吕克所说，古代大陆可能突然沉入海底坍塌；或者，如其他人所说，可能会发生由大地震引起的巨大海啸，就像广为人知的小规模海啸于1755年摧毁里斯本市一样。为了解释新物种的来源，居维叶提出了一个巧妙的思维实验，其中涉及澳大利亚新近发现的有袋类哺乳动物和亚洲众所周知的有胎盘动物未来可能的迁徙情况，因为这些物种生活的大陆或被淹没、或从洪水中露出水面。他的这种做法搁置或推迟了如何解释取代了已灭绝物种的动物来自哪里这一问题。但是，关于灭绝或起源的因果关系问题与居维叶的研究关系并不大。他试图重建的是大自然的历史。他的目标是确定灭绝和起源问题的历史真实性，回答造成它们的自然原因是另外一回事。

居维叶并没有在他的论点中夹带物种灭绝或起源纯粹是自然事件的任何暗示。他创建自己的理论并不是为了暗地里支持任何一种现代风格的创世论。他是作为路德会信徒被养大的，在文化上忠于在法国属于少数派的新教教会（主要是归正宗或加尔文宗）。后来，他担任教会与国家的官方联络人，并帮助保护教会的民事权利。但他个人在宗教信仰方面似乎是敷衍的，他虔诚的女儿在早逝之前一直祈祷他能真正皈依。巴黎学者中的无神论者将他视为盟友，直到他声称地球最近的"革命"（这场"革命"造成他见到的化石哺乳动物大规模灭绝）就是洪水，这让无神论学者感到沮丧。然而，这只是他努力的一部分。他追随德吕克，尝试利用《圣经》事件将早期人类历史与地球自身历史的结尾联系起来，从而将两者融为一体。

德吕克认为《圣经》中记载的大洪水具有历史真实性，居维叶对此表示认可。为了证明自己的看法，他再次扮演了历史学者的角色，搜索了所有已知的古代书写文明（甚至远至中国）留下的文字记录，并指出其中许多文明都有相似的传统，例如，它们都记载了自己历史开端时期发生的某种灾难性的大洪水。在审视所有这些记录时，他把《创世记》的故事放在第一位，因为他认为它是同类故事中最古老的（当然，这也是他的读者最熟悉的）。他引用了一位德国东方学家和《圣经》学者估算的《创世记》文本的可能的创作日期。这位德国学者简单地认为《创世记》文本来源于更加古老的古埃及文字记录，虽然当时尚未破解。他认为，在犹太人长期流亡埃及期间，摩西可能看过古埃及的相关文字记录。居维叶的这种推理显然不符合"字句主义"解经者看待《圣经》的态度。居维叶得出的结论是所有这些多元文化记录——无论多么模糊甚至混乱——都与德吕克和其他早期学者的观点是相符的，即地球最近的"革命"就发生在几千年前。

这使它成为"现在的世界"和"先前的世界"之间的决定性的分界性事件，而且几乎也是人类世界和前人类世界之间的界限。居维叶承认，在灾难来临之前，一定存在一些"前洪积世"人类。其幸存者忘记了所遭受的灾难，因此后来没有对这一事件的记录。但是，他认为，他们会被限制在少数有限的地区（也许只是美索不达米亚和其他一两个地方），因此在全球范围内并不重要。如果是这样的话，正如他所认为的那样，在世界范围内消失的物种就不可能是被人类活动所毁灭的（就像渡渡鸟一样，只是在一个小岛上灭绝的）。为了证实这一点，居维叶利用他在比较解剖学方面首屈一指的专业知识，澄清了许多号称人类骨骼与同时期已灭绝动物的骨头一起被挖出的说法。他系统地证伪了所有这些观点。要么这些骨骼根本就不是人类的，例如佘赫泽早期的"大洪水的见证者"骨骼（居维叶认为那是一只巨大的蝾螈）；要么它们并不是非常明确地跟其他骨骼在同一个地层中被发现的，而是可能处于不同的时代；还有一种情况，即这些骨骼并不是真正的化石，而是近代的遗骸。他的结论是，没有人发现过真正的人类化石，因为在地球最近的"革命"中被摧毁的"先前的世界"几乎完全是一个前人类世界。这证实了人类在地球极其漫长的历史戏剧中很晚才出现在舞台上。

居维叶将为数众多的已灭绝的哺乳动物"复活"的壮观景象，以及他对因地质近期发生的某种"革命"或"灾难"而消失的"先前的世界"的解释，不仅在国际学术界产生了巨大影响，而且在巴黎听过他讲课的群体中、在阅读他更易理解的作品（不光是法语，还翻译成了许多其他语言）的民众中一样影响巨大。他具有说服力的文字以及在科学界的重要地位，确保了在19世纪初期他视地球为自然自身历史的产物这一观点（尽管并非他原创的）不仅被学者认同，而且为西方世界受过教育的公众普遍接受。

现在是理解过去的钥匙

居维叶及其支持者不可能让所有人都认同他们的观点。地球近期历史上发生过一次特殊的事件，这一想法对一些学者来说是不可接受的。他们更不可能接受这是一次独一无二的事件。例如，德马雷在详细重建奥弗涅的自然历史时没有找到发生此类事件的证据。德马雷得出结论说雨水和河流侵蚀这一普通进程是地形逐渐变化的原因。到了19世纪，年事已高却精力充沛的德马雷继续坚持这些进程总体上能充分导致那些变化。赫顿在爱丁堡的朋友约翰·普莱费尔（John Playfair）在《赫顿地球理论阐释》(*Illustrations of the Huttonian Theory of the Earth*, 1802, 本书是通过文字，而不是通过图片进行阐释）中提出了自己的观点。他雄心勃勃地希望自己的理论具有普遍的解释效力。他在赫顿去世之后出版的这一著作有助于令赫顿的理论更容易为新一代人接受，而稍后出版的法语译本使普莱费尔的著作流传更加广泛。普莱费尔使用了赫顿的写作风格（并不像他自己声称的那样晦涩难懂），让自己重新改写的这一理论更加合理。他淡化了赫顿基于大自然智能设计的自然神论观点，之后又将它们完全抹掉。他主要是物理学家和天文学家，所以他强调的是永恒不变的自然法则。这些观点支持了德吕克所谓的"现实原因"，即当今世界醒目地发挥作用的寻常的自然进程。因此，这种进程在普莱费尔的观点中占据突出地位也就不足为奇了。他声称"现实原因"足以解释在深远过去发生的所有事情的痕迹，没有必要引入其他因果性因素，也不必诉诸任何不寻常的事件或灾难性事件。

事实上，至少从斯坦诺和胡克所处的时代开始，学者就想当然地认为此类推理是理解地球过去历史的最有效的策略。这种推理后来被浓缩为一句格言："现在是通往过去的一把钥匙。"现代地质学家对这句话很熟悉。由于德吕克对可察觉的现有进程使用的称呼是"现实原因"，这种研究方法后来被称为"现实主义"（actualism）。然而，对于"现实"或现在的进程是否足够引发地球深层历史中所有难以观察到的事件，学者出现了重大分歧。居维叶对此态度就非常明确。他声称，没有任何已知的现有进程足以解释他所谓的大规模灭绝，唯一的原因就是发生了一场超乎寻常的"革命"，而这一"革命"在可观察的当今世界中没有发生过。但这并没有使这一事件比诸如侵蚀之类的日常进程更不具有自然特性，或更不遵循大自然的物理定律。它只是暗示某些自然进程可能偶尔以如此罕见的强度发生，以至于它们看起来是特殊的。例如，导致大规模灭绝的"革命"可能是一场巨大的海啸，是半个世纪前人们在里斯本见证和记录的那种毁灭性自然事件的放大版本。

除了提倡现实主义方法之外，普莱费尔还推广了赫顿的理论，即地球是作为循环或稳态系统运行的，从永恒到永恒。这点更有争议，因为它对在相对晚近的过去发生了罕见的强力事件的证据，以及地球更深层历史的全部方向性特征的证据统统予以否认。对于大多数学者来说，尽管他们对居维叶认同《创世记》中的大洪水就是所谓的"革命"持怀疑态度，但他们不可能全面否认深远过去历史中发生特殊事件的可能性。至少在短期内，很少有学者支持普莱费尔的观点。

作为证据的漂砾

晚近的过去发生过一场暴力"革命"的现实证据不仅来自居维叶的骨骼化石，更加引人注目的证据来自欧洲多个地区的散落在地表的巨大石块。这些石块由与它们所在地的基岩非常不同的岩石组成。在许多情况下，可以在几十英里甚至几百英里之外的某些区域找到由这些岩石成分形成的基岩。这些"漂砾"体量太大而且为数众多，肯定不是人类活动造成的。它们如此巨大，又漂移了那么远的距离，似乎只有具备超能力的自然"革命"才可以移动它们。但是只有亲眼见到它们的人才能相信这回事。一位对居维叶的作品匿名发表看法的苏格兰评论家（可能是普莱费尔）公开怀疑此类事件的真实性。日内瓦的一位学者对此评论说，如果这位苏格兰人能够来日内瓦亲眼看看附近的巨大漂砾，他的疑云会很容易被驱散。这些大石头显然是从勃朗峰附近的阿尔卑斯山高处以不明方式一路被运来的。

事实上，日内瓦的漂砾只是阿尔卑斯山北部侧翼几条长长的漂砾带中的一部分。普鲁士著名学者利奥波德·冯布赫（Leopdd von

图 5.5 一块巨大的第一纪岩石——花岗岩漂砾。位于瑞士纳沙泰尔城上方汝拉山山坡上的第二纪石灰岩基岩上,距离相同种类的花岗岩基岩 60 英里,在勃朗峰附近的阿尔卑斯山高处。利奥波德·冯布赫 1810 年在德国科学院宣读的一篇重要论文中将它作为主要例证,此后这个特殊的漂砾就在博物学家中变得众所周知。这幅素描是由英国地质学家亨利·德拉贝什(Henry De la Beche)绘制的,他于 1820 年在前往意大利进行实地考察途中访问了这个著名的地点。他在那里还看到了许多更大的漂砾。如果不是因为涉及跨国因素,这个谜题并不难解

Buch)对它们进行了探索和描述,他当时在纳沙泰尔周边的普鲁士领土上进行考察,主要是调查当地的矿产资源。他承认对它们完全感到困惑,但他认为最不可信的解释是突如其来的大量海水,如巨大的海啸,将它们冲到此地。几年后,阿尔卑斯山谷中发生了一起悲剧性灾难,这场灾难缓解了冯布赫的困惑。一个由岩石和冰块组成的天然大坝将流水拦截,在巴涅山顶部附近形成了一个大湖(在同一地点,现在有一座混凝土大坝用于蓄水发电)。1816 年的一天,天然大坝突然爆裂,释放出巨大而猛烈的浑浊泥流,淹没了几个村庄,并将大块的岩石高速冲下山谷。它可以被理解为一个引人注目

的小规模事件，与之相似的大规模事件可能会将冯布赫描绘过的巨大漂砾从高耸的阿尔卑斯山冲到瑞士平原，然后又冲到北边高处的汝拉山侧翼。这个真正的"现实原因"用现代术语来说，是一种地面"浊流"，它表明所谓的"革命性事件"背后的原因可能是一种容易理解的自然现象。这样一个事件的发生日期无法估计，尽管它在地球的悠久历史中显然属于非常晚近的时期，但它是否就是《圣经》中记载的大洪水则是另一个问题了。

然而，更难以解释的是一些独特的漂砾的踪迹。它们从瑞典和芬兰相对较低的地方一路向前穿过波罗的海，然后穿过俄罗斯和德国北部的平原，冯布赫和其他人后来追踪了它们数百英里。例如，一个巨大的漂砾曾在圣彼得堡被用作该城创始人彼得大帝著名的骑马雕像的基座；另一个漂砾在靠近柏林的地方被雕刻成一个巨大的花岗岩碗，用来装饰市中心的一个开放空间。它们可以证明发生了某种超乎寻常的事件。有人认为，这些漂砾可能在席卷欧洲北部之前被嵌入了冬季的大块浮冰中，但这种解释也没有改变发生过"革命性事件"的本质，最多只是略微减轻了这种事件的规模或强烈程度。

苏格兰人詹姆斯·霍尔（James Hall）是另一个为晚近的猛烈事件的真实性辩护的学者。他探讨了事件发生的原因，同时撇开了它与《圣经》中记叙的大洪水的关系问题。年轻时生活在爱丁堡的霍尔是赫顿的朋友，但与赫顿不同的是，他曾经在意大利巡游古典文化，在返回苏格兰的途中，亲眼看到了汝拉山上的阿尔卑斯山漂砾。他理解这些岩石背后的意义。回到苏格兰后，他在爱丁堡周围发现了带有平行凹槽和其他线条状伤痕的基岩表面，他对此印象深刻。他认为，如果悬浮在浑浊水中的大量小石块猛烈地扫过该区域，它们可能在经过的时候划伤了下面的基岩。在解释更大的漂砾

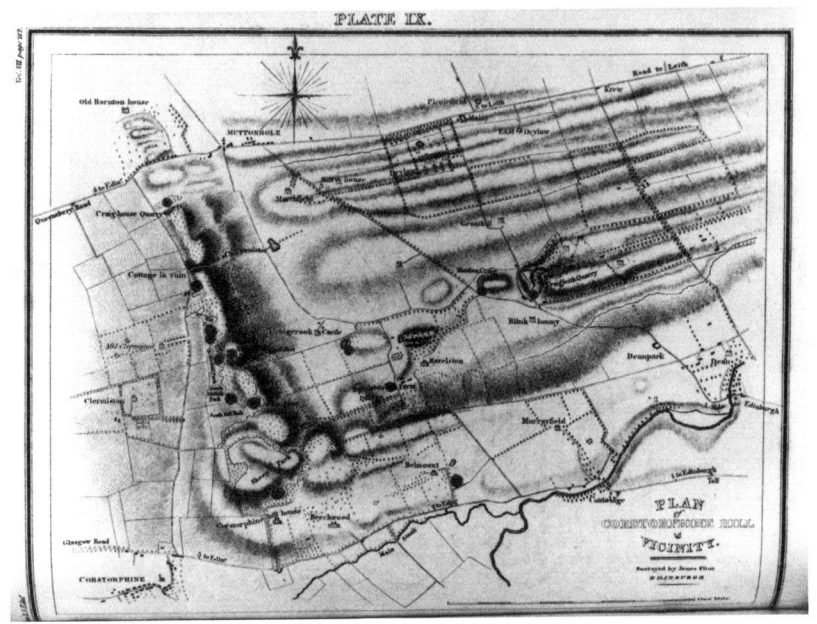

图 5.6 詹姆斯·霍尔绘制的科斯托芬山（现在位于爱丁堡郊区）地图，显示出线状地形。他将其解释为"大洪水波浪"的踪迹或从西向东猛烈流动的短暂巨型海啸的踪迹。他认为，横扫山坡的石头在同一方向上划伤了坚硬的基岩（黑点标出了被他列为这种划伤基岩的显著"标本"的位置）。这些基岩一直保存在这个户外的自然遗迹博物馆中。他于1812年在爱丁堡皇家学会宣读了相关论文，这激发了其他学者，他们亲自去现场评判了这些证据

时，他认为它们可能是因为嵌入冰中而获得了浮力。为了解释整个事件，霍尔认为，任何突然的海床隆起，如果规模足够大，都会引发巨大的海啸并产生恰当的效果（像里斯本海啸就为这类事件提供了较小规模的模型）。虽然钦佩赫顿的宏观理论，但霍尔认为维持地球稳定状态所需的新大陆的隆起可能是突发事件。因此，他认为阿尔卑斯山漂砾只是晚近发生的一个突发事件。这个例子的出现可以证明地球不是像赫顿声称的那样是永恒的。除了相对晚近的发生

日期之外，它没有什么特别之处。他声称，偶尔发生的猛烈的"革命"性事件是地球运作方式的内在组成部分。

《圣经》记载的大洪水和地质洪水

结合居维叶庞大的灭绝物种，漂砾为相对晚近时期发生的激烈"革命"提供了最有力的证据。居维叶声称这场"革命"发生在人类登上历史舞台之初，这种说法特别具有吸引力和说服力。如果这场"革命"可以被确定为《创世记》和其他古代文献中所描述的大洪水，它将把人类历史与地质学家对地球深史、前人类历史的新颖叙述结合起来，形成令人印象深刻的单一叙事。

大多数学者都认识到，地球近期历史中确实发生过罕见事件的论据与这场事件就是挪亚大洪水的论据是不同的。自然事件本身（假设它是真实的事件）通常被称为"地质大洪水"。它是否也是《创世记》中记载的大洪水，或者是更早的前人类历史中发生的事件，这是一个独立的问题。所谓的"大洪水理论"与伍德沃德、佘赫泽及其他人的早期观点是截然不同的，它认为地质大洪水具有自然现实性，但这并不一定意味着这个理论支持挪亚大洪水的历史现实性，反而有些案例是明确反对挪亚大洪水的真实性的。在下文中，"大洪水"（deluge）一词将用来表示所谓的自然事件，无论它是否被认定为《创世记》中记录的"大洪水"。（当时的学者在表示"洪水"时，用词不太一致，有人用flood，有人用deluge，不过，那些讲英语的人确实可以随意使用这两个词。）

然而，与冯布赫、霍尔和其他人相比，许多博物学家明确支持居维叶的说法，一场规模巨大的洪水（在瑞士和北欧发现了它的痕迹）发生的时间如此晚近，以至于它确实可以被认定为《圣经》中记载的大洪水。这就是爱丁堡自然历史教授罗伯特·詹姆森（Robert Jameson）把居维叶著名的介绍性论文翻译成英文时夹带的倾向。他将居维叶的作品呈现为一种新的"地球理论"，这将有助于驳斥赫顿的永恒论中带有的无神论暗示，尽管事实上居维叶本人轻蔑地否定了这些宏大理论。詹姆森利用居维叶在科学界的巨大声望来加强同传统宗教结盟的英国政治保守主义的文化权威。（从那时起，他的编辑倾向带给居维叶在英语世界中不应有的负面声誉。）詹姆森声称，尽管有反对的声音——尤其是他的爱丁堡同乡普莱费尔——《创世记》叙事的历史可靠性现在已被居维叶证实了。因此，与欧洲其他国家形成鲜明对比的是，在英国，地质学与《创世记》的解释之间的关系与有争议的政治和文化问题纠缠在一起了（后文还将提到这一点）。

居维叶的作品经詹姆森翻译后俘获了不少读者。牛津大学的年轻学者威廉·巴克兰（William Buckland）就是其中之一。他恰好要为矿物学专业的学生讲授一门课程。他选择在他的课程中加入令人兴奋的新学科——地质学。他迅速掌握了最新的信息，研究了居维叶全部的骨骼化石。（和其他受过良好教育的英国人一样，他可以流利地阅读法文，就像现在非英语国家的科学家理所当然地必须阅读英文一样。）他接受了居维叶给地质大洪水设定的日期，但他也遵从德吕克的做法——专注于它与《圣经》故事的兼容性，而不是像居维叶那样查阅大量多种不同文明关于大洪水的记载。他强调了大洪水具有现实性的证据，因为他在其中看到了一个机会，可以让他在牛津大学的同事相信地质学是一门值得教授的科学；而且对当时作为英格兰教会知识中心的牛津大学来说，这并非一种威胁。如果地质大洪水可以被确定为《圣经》中记载的洪水，地质学将证实《创世记》故事的历史真实性，从而从总体上加强《圣经》的权威。

巴克兰在自己家门口找到了大洪水的新证据，为冯布赫、霍尔和许多其他人已经描述的内容增添了证据。在未来的妻子玛丽·莫兰（Mary Morland，地质野外勘探工作中通常将女性排除在外，她是一个显著的例外）的协助下，巴克兰绘制了牛津周围冲积沙粒沉积物的形态图，并注意到它们内含一些独特的鹅卵石，这些鹅卵石并非当地原产的。他发现这些砾石（挟带这些鹅卵石）不仅朝着伦敦的方向向下游的泰晤士河谷延伸，而且还向上游延伸到科茨沃尔德丘陵，然后向下延伸到北部的米德兰兹平原，在那里他追溯到了鹅卵石的来源。通过重建产生这种令人费解的鹅卵石分布形态的历史，他推断出那些小的鹅卵石和那些巨大的阿尔卑斯漂砾一样都是大自然的遗迹：它们标志着一条巨大的"大洪水洪流"的轨迹，这股洪流显然在地质学意义上的近期席卷了英格兰的这一地区。地质学家很快就将这些沉积物统称为"洪积物"，将它们与更狭义的"冲积物"（"冲积物"现在指的是更晚近或后洪积世的沉积物）区分开来。洪积物不仅包括砾石和大型漂砾，而且还包括"冰碛"或"冰砾泥"等分布广泛的沉积物，其中充满了各种大小的布满棱角的块状岩石。这点令人费解，因为在现代世界没有已知的正在形成的类似岩石。

与冯布赫和霍尔不同，巴克兰在重建自然界"大洪水洪流"时结合了居维叶关于同一事件的化石证据。在第一次欧洲大陆之旅中（拿破仑于1815年最终兵败滑铁卢使英国人可以开展这种旅行），巴克兰特意造访了位于巴伐利亚的多个著名洞穴，人们从那里发掘出大量的骨骼化石。居维叶认为它们是熊的骨骼，尽管这种动物比任何活着的生物都大，而且可能已经灭绝。但目前尚不清楚它们是曾在大洪水来袭前居住在洞穴中，还是在那次事件中从其他地方

图5.7 巴克兰的插图（发表于1823年）描绘了位于巴伐利亚州穆根多夫附近的著名的盖勒伦特洞穴。插图描绘了人们从洞穴底部石笋层下面的沉积物中挖掘出了大量的熊的骨骼化石。这些仍然因洞穴中不停滴水而缓慢沉积的石笋充当了"自然钟"的角色。巴克兰认为，它证明了熊曾经生活在洞穴中，或者它们的尸体在很久以前被大水冲入，这些都发生在"现在的世界"开始之前

（也许是很远的地方）被冲到洞穴中的。

幸运的是，1821年在巴克兰家附近发现了一个洞穴，他借助这个解决难题的机会，使用骨骼化石将地球深史的重建提升到了一个新高度。在英格兰北部约克郡的柯克戴尔洞穴中发现的骨头之所以能提供决定性的证据，恰恰是因为这个洞穴比巴伐利亚的那些洞穴要小得多，而且远没有那么出名。巴克兰使用居维叶的方法，将

图 5.8 巴克兰爬进柯克戴尔洞穴,大吃一惊地发现已经灭绝的洞穴鬣狗正在啃食大大小小的动物骨头,而这些鬣狗看到他也很惊讶。巴克兰手持火把("科学之光")进入洞穴,他穿越时光回到了前洪积世的世界,通过精心研究让这个世界更加可信并为人所知。这种夸张的漫画(形式上诙谐,但表达的意义很严肃)配上他的朋友、牛津前同事威廉·科尼比尔(William Conybeare)创作的一首打油诗,用来庆祝巴克兰的成就,即打开这个通往地球深史的"间谍洞"。这张大幅的平版印刷画(1823 年)在英国及其他多国的地质学家中广泛流传,其中一张就被送给了生活在巴黎的居维叶

洞穴中的骨骼鉴定为多种动物的骨骼,这些动物体形大小从水鼠到猛犸象不一而足。但是,这个洞穴太小了,因而较大的尸体不可能是被大洪水冲进来的。相反,巴克兰发现了大量的证据可以证明,这个洞穴曾经被现在已经灭绝的一种鬣狗用作巢穴,它们在洞穴外面寻找到大型动物的尸体,将它们肢解后拖入这个小洞穴以便悠闲

地享用。巴克兰采用的是标准的现实主义方法：他观察了在动物园中生活的鬣狗的饮食习惯，并在化石上发现了相同的齿痕。同样地，他认为在化石中发现的其他物体是进食时咀嚼骨头的鬣狗所特有的粪便。因此，这个洞穴及其骨骼化石可以被视为反映大洪水袭击前的"先前的世界"的窗口。就像巴伐利亚的那些洞穴中的骨骼一样，这些能够证明那个消失的世界曾经存在过的证据后来被日积月累地覆盖在它上层的石笋密封了。这些沉积物厚度非常适中，扮演了德吕克所谓的"自然钟"的角色，并证明摧毁了洞穴鬣狗和猛犸象所生活的世界的地质大洪水从地质学角度来看是非常晚近的。巴克兰后来声称它发生的时间非常晚近，因此它被认为是《圣经》中记载的大洪水。

巴克兰重建了生活在柯克戴尔洞穴周围地区的动物群，包括草食动物、肉食动物和腐食动物。他的"鬣狗故事"不仅让动物个体"起死回生"，而且给一系列相互影响的物种（用现代术语来说，是生态系统）带来了生命。他用一种惊人的方式帮助眼光局限于当下的人可靠地获知了前人类的历史，他同时代的人认为这证明了居维叶所谓的"突破时间的极限"是可以实现的。巴克兰比居维叶更清楚地表明构建一个概念性的时间机器确实是可能的。他的调查可以将人类带进历史深处，这种历史不仅是富有想象力的科学虚构，也是牢固建立在坚实证据之上的自然历史，就像它所模仿的学术根基深厚的人类历史那样。这是巴克兰向皇家学会提交的关于柯克戴尔的长篇报告的结论，他也因此获得了该学会的最高奖项。他随后出版了《大洪水的遗迹》(*Reliquiae Diluvianae*，1823；该书只有标题是拉丁文)，该书的流传让他的工作更为人所知。他曾经在法国和德国进行了广泛而深入的旅行，希望能够亲眼看到尽可能多的藏有骨骼化石的山洞。除了在自己的国家挖掘骨骼化石，他还提供了大量证据以证明欧洲范围内地质大洪水的真实性，并明确地将其视为《圣经》中记载的大洪水。巴克兰的著作使人想起他在牛津大学的一位同事的著作《神圣遗物》（*Reliquiae Sacrae*），该书评估了基督教基础性事件的历史证据，而巴克兰的书名强调了大洪水这个神秘的早期事件具备跟人类历史同样的历史特性。

巴克兰投入了大量的时间和精力试图证明地质大洪水就是《圣经》中记载的大洪水，因而他应该会期待出现新证据能够证明人类实际上与已灭绝的哺乳动物曾经生活在同一个时代，任何和挪亚大洪水中淹死的动物群一块被发掘出的人类骨头肯定都是真正的"大洪水的见证人"。像居维叶一样，巴克兰也对任何所谓的人类化石的真实性持强烈怀疑态度，但他认同居维叶对所有此类物质保持科学谨慎的态度。他自己在威尔士南部海岸一个洞穴下面发现了靠近猛犸象头骨的一副人体骨骼，但由于它保存得异常完好，他声称这是在罗马时代埋葬到更古老的洪积层中的。这副骨架就是著名的"红色女士"。然而，这没有削弱巴克兰认为地质大洪水就是挪亚大洪水的信心，因为他相信暴发大洪水时人类生活的区域并不太大，而且远离欧洲（可能只在美索不达米亚才有人类生存）。可能他认为当时的英国遍地都是大型野兽，人类无法生存；只有在前者被彻底消灭之后，人类才能安全地移民到欧洲。因此，大洪水仍然是一个泾渭分明的界限性时间，它将人类世界与几乎完全没有人类生存的"前洪积世"区分开。

19世纪早期，巴克兰的详尽研究提供了一些最有说服力的证据，证明了地质学上较近的过去发生过异乎寻常的大洪水，这场洪水可能导致了居维叶谨慎研究后首次提出解释的大规模的物种灭绝。这一观点又因冯布赫、霍尔和其他许多人的野外勘探得到强化。这些学者追踪了漂砾和其他"洪流"遗迹"走过"的路径，如

图 5.9　巴克兰在 1823 年出版的位于威尔士南部海岸的帕维兰洞穴的图片。这张贯穿洞穴的截面图展示了靠近已灭绝的哺乳动物骨骼的一副人体骨架（右侧）。尽管如此靠近一个巨大的猛犸象头骨，但是这副骨架仍然保存完好，它被染成了红色，因此被称为"红色女士"。巴克兰认为她可能是在罗马时代下葬的，在给她挖掘墓地时挖进了来自地质大洪水时代的十分古老的沉积物。因此，他否认这证明人类在大洪水来袭之前与猛犸象同时生活在英国。（现代研究已经证实了巴克兰的这种两阶段论，尽管这副骨架现在被认定为是一个年轻男子，他属于旧石器时代，其他化石则属于更早的更新世。）

划伤的基岩和冰砾泥或冰碛。事实上，随着这些地貌特征被广泛追溯到阿尔卑斯山两侧、横跨欧洲北部的大片地区，以及美国北部和加拿大，洪积论越来越有说服力。这个"地质大洪水"发生的时间是否晚到可以被认定为《创世记》中的大洪水越来越具有争议性，尽管居维叶在评估多种文明的早期人类记录后提供的启发性证据表明二者可以等同。它还表明，那些主张地质大洪水就是挪亚大洪水的学者，其初衷并不一定是希望新的科学证据能够加强《圣经》的权威性（不过巴克兰至少最初肯定怀有这个目的）。洪积论首先是一个科学理念，它很好地解释了大多数可用的证据。这个与人类历史，特别是跟《圣经》大洪水有关的地质大洪水的日期是一个单独的问题，虽然它很重要。

本章描述了现在通常自称"地质学家"的博物学家因何同意大洪水（可能是也可能不是《圣经》中记载的大洪水）从地质学意义上讲发生的时间很晚近。相关证据被认定为洪积物，它就像时间最晚近的冲积物一样，覆盖了所有第二纪岩层中最上方也是最年轻的岩层。下一章将描述在19世纪早期，地质学家如何揭开早在地质大洪水之前的地球深史。

第六章
亚当之前的世界

地球最后一次革命之前

居维叶的大多数骨骼化石都存在于冲积层（例如砾石沉积物）中，他认为这些沉积物的形成源于地球地质近期的一次"革命"（在《圣经》记载的洪水故事中有模糊的记录，也有其他故事对此有所提及）。但是，一些骨骼化石其实是来自下面的第二纪地层，确切来说，是来自巴黎郊外挖掘出的石膏矿床（用来制作建筑工程使用的灰泥）。这些骨头比猛犸象和乳齿象的化石更具挑战性，因为居维叶认为它们不像任何已知的哺乳动物。如果他要通过揭秘前人类时期的过去来"突破时间限制"，他需要了解这些动物在地球历史中的位置，因而需要了解石膏在整个地层中的位置，所以他的化石解剖需要借助描述地质学。正如一些早期的博物学家所认识到的那样，描述地质学可以为重建"自然的年表"提供一个框架，但前提是这一年表对岩石立体结构的静态描述可以被解释为地球动态历史的证据。

因此，居维叶与矿业学家亚历山大·布隆尼亚（Alexandre Brongniart）建立了合作伙伴关系。布隆尼亚是国家瓷器厂的厂长。

他们二人于 19 世纪在巴黎地区进行了大量的野外勘探工作（布隆尼亚是为了寻找新的陶瓷材料）。他们采用了描述地质学家反复验证后证实有效的方法（维尔纳此时访问了巴黎，他可能提供过帮助），利用地表的岩石露头、地下采石场和钻孔来测算巴黎周围地层堆的立体结构。他们的工作建立在伟大的化学家安托万-洛朗·拉瓦锡（Antoine-Laurent Lavoisier）的科学发现的基础上（这位化学家在法国大革命期间被送上断头台，他的职业生涯不幸终结于此）。他们确认巴黎位于一个浅的碗形"盆地"的中心，这个盆地由独特的白垩地层构成，这些白垩地层在巴黎深处的钻孔中被发现，但在周围的乡村上升到了地面。

"巴黎盆地"证明，白垩远远不是第二纪地层的最高层，它被一堆厚重的更年轻的地层覆盖，其中包括砂岩、黏土和石灰岩以及独特的石膏。1808 年，在法兰西学会的一次会议上，居维叶和布隆尼亚用一张"描述地质学地图"来总结他们的调查。地图显示了所有这些地层的分布情况，如果去除遮蔽其上的土壤和植被，它们就会显露出来。这种地图并不新鲜，维尔纳在弗赖贝格的一位同事出版了一幅类似的萨克森地图，拉瓦锡和他的同事制作了法国许多地区的详细地图，绘制了独特的岩石和矿物的分布情况。然而，像绍拉维和其他一些早期的博物学家一样，居维叶和布隆尼亚发现他们可以通过多种方式识别野外的特定地层，既可以通过不同种类的岩石及其相关矿物识别，还可以通过它们中包含的独特化石来识别。因此，通过将常见化石（如软体动物的壳）添加到通常用于区分不同地层和追踪遍及陆地的岩石露头的其他标准中可以丰富描述地质学。

居维叶和布隆尼亚进一步丰富了他们的描述地质学，以帮助重建地球历史。例如，独特的粗糙石灰岩（巴黎大部分地区的建筑都

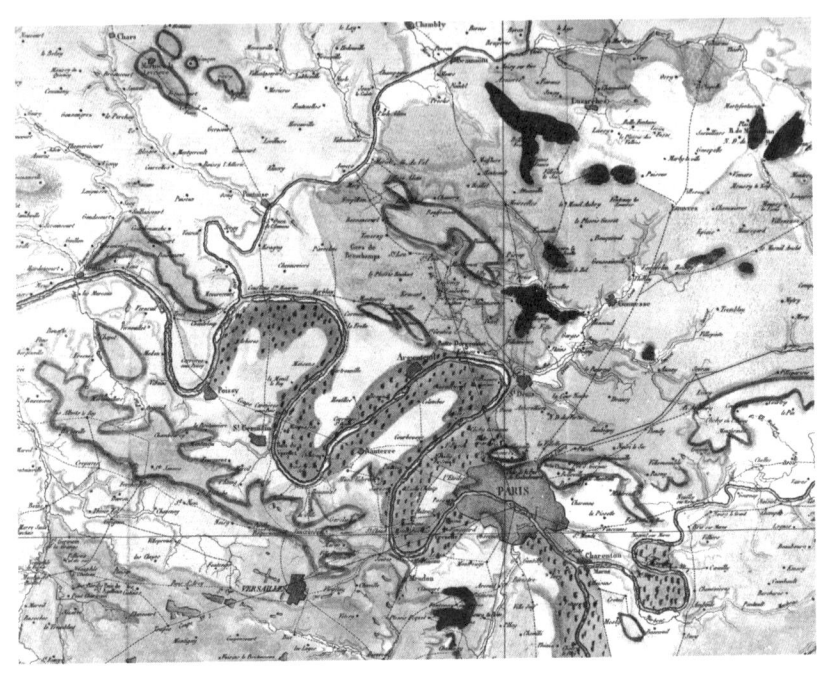

图 6.1 居维叶和布隆尼亚绘制的巴黎地区的"描述地质学地图"的一部分。它于 1808 年首次在法兰西学会展出并于 1811 年出版。它显示了（原图是彩色的）不同种类的岩层是在哪里的地表被发现的：黑色色块和不规则的圆圈（在一些山丘的顶部和侧翼）代表石膏层，正是在石膏层中发现了最令居维叶感到费解的骨骼化石；沿着塞纳河的蜿蜒河谷的点状区域代表着更为年轻的河流砾石以及猛犸象和其他已灭绝的哺乳动物的骨头。这种地图成为各地地质学家手中的标准工具，帮助他们想象特定区域岩石的地质构造或三维结构

是由这种具有吸引力的石灰岩建造的，这个城市最古老城区中的建筑现在依然如此）就包含类似于海洋生物的贝壳化石。这是天然的古代遗迹，显然是已经消失的海洋的遗物。这一海洋当时覆盖了巴黎的大部分地区。大多数次级地层中最常见的化石看起来或多或少与现在生活在海洋中的动物相似，这点不足为奇；令人惊讶的是，在巴黎其他一些地层中，所有的贝壳化石都与已知只能生活在淡水

140　　　　　　　　　　　　　　　　　　　　深解地球

中的贝类生物非常相似，这意味着作为整体的这堆地层经历了海洋和淡水环境的交替，不断重复但不规则。在最近的"革命"冲刷出山谷并在其中沉积了冲积沙粒之前，巴黎地区似乎交替出现了海洋和湖泊（或淡水潟湖）。

自从白垩在巴黎地层的基底首次沉积以来，地球已经历了漫长岁月，而上述令人印象深刻的重建反映了这一地区丰富而厚重的历史。居维叶和布隆尼亚并不是将这些地层简单解释为岩石堆，而是认为它们反映了海洋环境和淡水环境在深远的过去交替出现的多个历史时段。因此，通过使用化石重建该地区的历史，描述地质学不仅得以加倍充实，而且还由此发生了转变。居维叶和布隆尼亚在野外勘探现场发现，海洋地层和淡水地层（及其各自的化石）之间的一些结合处特别明显。他们认为这种迹象表明，从海洋环境转换到淡水环境，或从淡水环境转换到海洋环境的相应变化发生得非常突然。换句话说，这些结合处是"革命"反复发生的证据。这类自然变革虽然并不猛烈和急剧，但仍然证明了地球（至少在巴黎地区）经历了复杂和丰富的变化。它似乎是一部不规则的、充满偶然性和不可预测性（即使回头看也觉得难以预测）的历史。

居维叶和布隆尼亚对巴黎盆地的详细分析成了最具影响力的例子，它说明了描述地质学家所解读的静态立体结构可以转化为地球特定部分的动态历史。它还让人们注意到位于白垩上方的这些相对较新的第二纪地层。这类地层的规模和种类尚未受到普遍重视，对它们中所包含的化石的详细描述凸显了它们与位于白垩下方较老的第二纪地层的差别。比起在老的地层中发现的化石，它们包含的动植物化石与现存的生物更相像。例如，它们中明显没有在较老的地层中含量非常丰富的菊石和箭石化石。居维叶敦促地质学家优先研究这些年轻地层及其化石，因为它们可能是了解地球更早期历史的

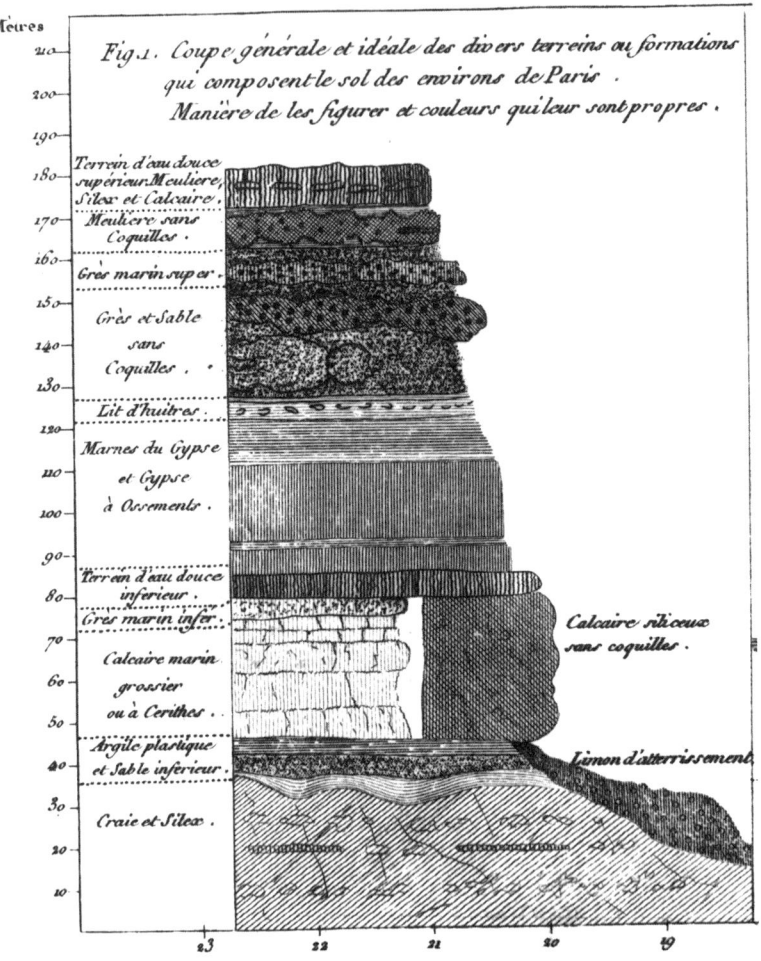

图6.2 贯穿巴黎盆地岩层的"假想的总体截面图",由居维叶和布隆尼亚于1811年出版。他们将这堆岩石解释为海洋环境和淡水环境多次交替出现的历史记录。带有骨骼化石的石膏层位于地层的中间位置,其下是粗糙的石灰石,底部是白垩。这些地层被描绘成暴露在被侵蚀过的山谷一侧的假想悬崖。冲积沙粒很晚才在悬崖脚下开始沉积。(图中占据相同位置的两个岩层令人费解;从现代的角度来看,这是两个"相"的例子,它们在同一时期沉积在不同的环境中。)这个截面图描绘的白垩上方所有岩层的厚度约为500英尺,这个数字很有代表性

钥匙。

事实上，欧洲其他地方的几位地质学家已经开始描述这些年轻的地层，但居维叶的巨大声望提升了他们工作的重要性。乔瓦尼－巴蒂斯塔·布罗基（Giovanni-Battista Brocchi）是米兰新的自然历史博物馆（以居维叶效力的著名的法国自然历史博物馆为蓝本）的负责人。他研究了位于亚平宁山脉的山麓丘陵的"次亚平宁"地层，这里包含丰富的贝壳化石（跟拉马克描述过的巴黎周围的粗糙石灰岩中发现的化石相似），它们与生活在现今海洋中的软体动物类似。布罗基称所有这些地层为"第三纪"地层，以区别于仍然被称为第二纪地层的更加古老的地层。这个名字很快被各地的地质学家采用（并继续被他们的现代继承者使用）。布罗基的工作证实，第三纪地层及其化石代表了地球历史上一个独特的重要时期。

大约在同一时期，伦敦外科医生詹姆斯·帕金森（James Parkinson，由于他的医学贡献，后来以他的名字命名了一种疾病）描述了"伦敦盆地"中的第三纪地层：就像巴黎盆地一样，由位于其下的白垩地层圈定了盆地的边界。在伦敦新成立的地质学会工作的艺术家兼建筑师托马斯·韦伯斯特（Thomas Webster）描述了位于英格兰南部海岸的一个类似的"怀特岛盆地"。布隆尼亚将他的巴黎淡水化石样本送到伦敦（逃避拿破仑的战时封锁）后，韦伯斯特辨认出他的地层中也有相同的化石，也发生过类似的海洋和淡水环境的交替，这表明它们之间有类似的历史。

怀特岛盆地（后来更名为汉普郡盆地）揭示了这个相对较近的时期的其他一些新的重要特征。在岛上的悬崖上，白垩，甚至一些上覆的第三纪地层，都陡峭地倾斜到几乎垂直的位置。类似的巨大"褶皱"在阿尔卑斯山和其他地方早已为人所知，但是它们与更古老的第二纪岩石或第一纪岩石有关，可以确切地归为地球早期历史

图 6.3 托马斯·韦伯斯特绘制的英国南部海岸怀特岛西端尼德尔斯的风景画。厚厚的白垩地层（在黑色燧石带的衬托下非常显眼）形成的白色石灰岩在北部（左侧）倾斜到几乎垂直的位置，但在南部（右侧）的倾斜程度则没那么严重。在其他版画中，韦伯斯特表明，在阿勒姆湾（左边远处），上覆的第三纪地层也是垂直的。这证明，地壳在地球历史上比较晚近的第三纪时期曾被大规模折叠，随后被侵蚀。这个急剧变革的场景出自亨利·恩格尔菲尔德（Henry Englefield）1816 年出版的关于该岛的书中。这本带有大量精美插图的书名为《风景如画的美景、古物和地质现象》（Picturesque Beauties, Antiquities and Geological Phenomena）。书名反映了该书旨在吸引更广泛的读者，不仅包括韦伯斯特在地质学会的同事，还包括古文物收藏家和当地居民

上非常遥远的时期。相比之下，怀特岛表明，地壳至少最近经历了一次急剧的重大隆起。这意味着，地球历史所具备的活力比大多数地质学家（除了赫顿的一些追随者，例如霍尔）迄今所想象的要大得多。它表明，通过化石证据和来自地球自身结构（用现代术语来说是，地球构造）的证据，地质学家或许能够"突破时间的限制"，了解地球过去的历史。

由于收集来自世界各地的漂亮贝壳在当时是一种时尚，因此很容易获得关于活着的软体动物的知识。布罗基在意大利做的研究表明，根据对活着的软体动物的详细了解，人们仍然可以从贝壳化石证据中发现更多东西。布罗基发现，次亚平宁地层中约有一半物种未被发现依然存活在世界上。他推断，它们中的大多数必定已经灭绝（少数可能作为"活化石"存活在某处，不过尚未被发现，但这无法得出它们明显已经总体灭绝的结论），但另一半的化石物种仍然活着，其中许多物种就生活在并不远的地中海中。这提出了一个有待解决的重要问题。居维叶用来解释化石哺乳动物大规模灭绝的想法无法应用于这些第三纪的软体动物，因为有些物种已经消失，而其他物种则还活着。

布罗基的著作《次亚平宁贝壳化石》（*Conchiologia Fossile Subapennina*，1814）描述和解释了次亚平宁地层的贝壳。书中包括一篇关于灭绝问题的重要论文。他在其中提出，对于这些海洋动物来说，灭绝可能是一个渐进的过程。他认同居维叶的观点（以及除拉马克以外的大多数博物学家的观点），将物种视为真正的自然单位，它们很好地适应了特定的生活方式，因此只要能够生存，就不会在形态上做出改变。但他认为每个物种的寿命有限，它们因内在的原因而灭绝，就像人类衰老之后走向死亡一样。这反过来暗示物种可能以类似渐进性的方式出现，类似于个体出生的过程。如果是这样的话，软体动物生命的历史就像人口数量的历史一样会在组成结构方面缓慢而持续地变化，因为物种（比如人类个体）会随着时间流逝不断地出生和死亡。此外，不同物种的平均寿命并不相同（正如动物个体的寿命差别非常巨大，比如昆虫和哺乳动物的寿命），并且出于某种原因，哺乳动物比软体动物的周转率更快，这可以解释另一个令人费解的事实，即在第三纪地层中发现的所有化石哺乳动物似乎已经灭绝，而许多化石软体动物则没有。

布罗基的猜想提供了看待生命历史的另一种视角。他提供了一幅循序渐进的变化图景，而不是一场突发的急剧变化。大自然的"运行"可能类似于行星围绕太阳运转的平稳和规律的"运行"。布罗基和居维叶的理论模型似乎在他们各自的领域分别适用于海洋生物和陆地动物。但是，对第三纪地层化石的进一步研究很快开始将这个问题扩展为关乎地球历史特征的更加根本性的问题。正如居维叶所预料的那样，要将当今世界与更深层次的过去联系起来，第三纪可能是理解全部历史的关键。

奇特的爬行动物的时代

当居维叶雄心勃勃地开展他的骨骼化石研究项目时，他的目的是识别和描述所有"四足动物"：不仅是哺乳动物，还有爬行动物（包括后来被归类为两栖动物的物种）和鸟类。他很快就确定了许多在第三纪地层下方的地层（那些位于白垩堆下面的地层，现在狭义上被重新定义为"第二纪地层"）中发现的骨骼属于爬行动物，而不是哺乳动物。一个很有名的例子是在荷兰城市马斯特里赫特附近的白垩地层中发现的"马斯特里赫特动物"。居维叶凭借其高超的比较解剖学知识，确认它不是齿鲸，也不是鳄鱼，而是巨大的海蜥蜴。它后来被命名为沧龙（mosasaur，意为"默兹河的蜥蜴"[lizard of the Maas or Meuse]，得名于流经马斯特里赫特的默兹河）。还有一种体形小得多但同样惊人的物种，被居维叶确定为飞行爬行动物，他将其命名为翼手龙；它是与鸟类和蝙蝠相似的爬行动物（现在被称为翼龙）。来自其他第二纪地层的一些孤立的骨骼看起来像鳄鱼，但居维叶确信它们不是任何哺乳动物的骨骼。因此，他暂且认为第二纪地层是在由四足动物代表的爬行动物繁盛期间沉积的,而哺乳动物(和鸟类)直到晚些时候的第三纪才出现,但这并非定论。这是对四足动物的可能历史的第一个暗示,而且这可能是一种"进步性"的历史,因为普遍被视为哺乳动物中的"最高等"的人类似乎最近才出现,根本没有真正的化石。

在英国持续数年的战争期间以及战后不久发现了更多的化石,这些化石使得居维叶的观点更具轰动效应。在人们发现了几近完整的骨架后,之前被认为是鳄鱼骨骼的一些化石被证明来自更加特殊的生物。最好的标本发掘自长期以来被称为里阿斯统的第二纪地层,它由石灰岩和页岩交替组成。这些标本不是由地质学家发现的。而是由"化石学家"发现的。他们四处寻找化石,并将收集来的化石卖给收藏家、游客和其他社会地位较高的人,但这种营生并不稳定。其中,来自英格兰南部海岸的莱姆里吉斯的化石学家玛丽·安宁(Mary Anning)非同寻常,这不仅是因为她是女性,而且还因为她具有发现化石的特别敏锐的"眼睛"和天赋(现在关于她的夸张到近乎神话的故事模糊了如下事实:有人具有能够发现化石的天赋,而有人具备在发掘现场第一时间科学解释化石所需的技能和知识,但很少有人能同时兼备发现化石和解释化石这两种令人羡慕的天赋,过去是这样,现在依然如此)。安宁的第一个著名发现是一个巨大的鱼形爬行动物化石,但它既不是鳄鱼的腿,也不是鱼的鳍,而是像海豚的鳍状肢。它被命名为鱼龙(字面意思为"鱼形蜥蜴"),这个名字恰如其分地表达了它令人费解的特征。十年后,安宁找到了一个相当类似但颈部很长的爬行动物,它被命名为"蛇颈龙"(字面意思为"几乎就是蜥蜴")。它的解剖结构更加奇特,可以说独一无二,以至于谨慎的居维叶警告说它可能是由一些意图骗钱的"化石学家"利用欺诈手段组装的。但是,巴克兰在牛津大学的前同事威廉·科尼比尔对其进行了严谨的分析，他使用了居维叶独特的解剖学方法，在地质学会上展示了它的真实性。

科尼比尔模仿居维叶，通过想象来"复活"蛇颈龙。他解释了它奇怪的身体如何让它作为海洋中吃鱼的肉食动物高效地生活。与此同时，巴克兰正在以类似的方式分析安宁在同一个第二纪地层中发现的其他一些化石。例如，根据自己研究柯克戴尔的鬣狗巢穴的经验，他分析了与化石骨骼同时发现的一些特殊物品，并声称它们是爬行动物的排泄物。这些粪便化石包含了在同一块岩石中发现的化石鱼的独特鳞片，因此巴克兰推断出谁吃了谁，并重建了食物链。他是一个有教养且学识渊博的怪人，这种对粪便化石的迷恋又强化了他这一声誉。所有这些研究都是由英国地质学家亨利·德拉贝什在一幅绘画中总结的。这幅画的拉丁文名字为 *Duria antiquior*（意为"远古的多塞特郡"），表明了与学者有效重建古典世界的相似之处。这是新的绘画形式——"来自深时的场景"——的第一个成熟的例子，它模仿了很成熟地描绘人类历史的绘画艺术流派（包括来自《圣经》历史的场景，例如佘赫泽的作品）。这种新的科学流派描绘了自然历史的重建过程，可以向地质学家以及后来的公众高效地传递信息，让人们一目了然地看到学者的成就——他们推断出地球以及寄居其上的生命在深远的前人类历史中具备哪些特征，没有什么比这更能清楚地说明居维叶那"突破时间极限"的抱负是如何实现的。

新的"地层学"

在根据特定地层中发现的化石重建生物及其生活环境时，如果能够精确了解这个地层在整个地层中的位置，以及由此推论出它在

图 6.4 亨利·德拉贝什于1830年绘制的图画。根据在英格兰南部海岸多塞特郡的莱姆里吉斯发现的化石,他对沉积在特定的第二纪地层(里阿斯统)的生命进行了重建。这个场景来自"深时",描绘了"远古的多塞特郡"。画中最引人注目的是一条鱼龙,他咬碎了一条正在排便的蛇颈龙的长脖子,另一条鱼龙刚刚捕获了一个箭石(重建为墨鱼),另一种长颌的物种正在吞食一条鱼。一条更大的鱼正在捕捉龙虾。一条翼手龙在飞过一条蛇颈龙头顶时,被它咬住了翅膀,岸上有一条鳄鱼和一只乌龟。充当背景的是棕榈树和苏铁,表明当地属于热带气候。当地化石学家玛丽·安宁发现了这些化石的一些精美标本,这幅画的销售收入也用来资助她;但为了重建生态系统而做分析工作的不是安宁,而是巴克兰

整个地球历史中的位置,将会获益良多。就像居维叶已经认识到的那样,他那些来自冲积层的已灭绝的巨型哺乳动物比来自第三纪地层的巴黎石膏中的特殊哺乳动物在时间上更晚近。例如,白垩中的沧龙比里阿斯统中更奇特的爬行动物更晚近,人们因此得知白垩层位于里阿斯统之上很多。因此,对爬行动物时代更精确的历史描述

取决于对第二纪地层堆更详细的了解。

描述地质学的知识在这个时候变得越来越有用。诸如软体动物贝壳之类的普通化石的实用价值不仅受到居维叶和布隆尼亚的关注,而且还受到英国矿产测量师威廉·史密斯(William Smith)的关注。史密斯开始编制英格兰和威尔士岩层的描述地质学地图之后几年,居维叶和布隆尼亚这两位巴黎人才开始他们的类似工作(布隆尼亚1802年访问伦敦时可能看过史密斯画的草图副本,并受到启发,当时这些学者虽然关系融洽,但已行将破裂)。但是,史密斯在出版更大而且更复杂的地图时遇到了很大的困难,直到1815年才得以出版,这比描绘巴黎地区的类似地图的出版晚了四年。这导致了激烈的争论,人们争吵到底哪幅地图才是第一幅此类地图,而且语气中通常饱含民族主义。然而,事实上,18世纪多位描述地质学家已经认识到显示岩石和矿物分布的地图实用价值很高,即便这些法国地图也有可资借鉴的"先驱"。

无论如何,史密斯出版的巨幅地图当然是一项重大的成就,因为他单枪匹马地调查了整个英格兰和威尔士地区。他的地图覆盖的范围比巴黎地图广阔得多,而且描绘了大量的不同的地层(formation,史密斯另类地称之为"strata")的露头。当他穿越陆地追踪它们时,他最大限度地利用他所谓的"特色化石"来识别它们。但史密斯的地图并没有如无知的现代造神运动所宣称的那样改变这个世界,甚至也没有改变地质世界,但它的巨大尺寸和精美程度确保它成为后来同类地图中备受推崇的模板。尽管坚定而又保守的史密斯不会接受"描述地质学"这个非英语术语,但这幅地图毫无疑问属于此类。史密斯的地图在三维结构中展示了英国地层的次序(order,他喜欢用这个词)。史密斯使用他的"典型化石"、岩石以及其他经过验证效果良好的标准来识别和确定连续的地层,但他并没有用它们重建地球的历史,也没有重建英格兰的历史。他创造了"地层学"(stratigraphy)一词来定义自己所做的事情,他认为自己只是对地层进行了描述。地层学是一个恰当的词(并且在现代地质学中仍然是必不可少的),准确概括了"内涵丰富的描述地质学"(德国学者首先使用了"描述地质学"这个词,在德国,地层学被称为 Geognosie 又持续了几十年)这一学科。

在 19 世纪早期,研究地层学成为大多数地质学家的主要科学工作。最常见的出版物是对某些特定区域的地层(以及化石,如果有的话)的详细描述。学者通常用地质图来说明这一点,并且多使用剖面图来显示地层的侧面。这种组合使地质学家能够想象该地区地壳的三维结构。尽管从一个地区到另一个地区的地层序列细节不同,它们也可以通过识别相似地层中的相同化石产生"关联",即使地层中岩石的类型不是特别相似。史密斯坚持将具备最高价值的"典型化石"作为证明关联性的最佳标准,结果证明,他的观点是正确的。但所有这些仍然属于地层学的范畴,或属于通过使用化石而得以充实地描述地质学的范畴,本质上并不是对地球历史的重建。

最具影响力的地层学总结性著作之一是《英格兰和威尔士地质概要》(*The Outlines of the Geology of England and Wales*,1822),主要由科尼比尔编纂。他很清楚重建地球历史是可行的。大约在同一时间,他"复活"了奇怪的蛇颈龙,并设计了巴克兰进入已灭绝的鬣狗巢穴的著名漫画。但他的书有一个完全不同的地层学目标,并广泛借鉴了史密斯的研究成果。他总结了英格兰和威尔士的地层,以及它们在英国之外可能的相似地层,并依次从上到下介绍了这些地层——这一顺序对阐明地质结构非常有用,尽管与由古及今的历史顺序完全相反。他书中的大部分内容专注于自白垩向下的许多不同的第二纪地层,经过里阿斯统,最后结束于被他定义为"石炭系"的(意为"含煤炭的")地层。这本书在这里停了下来,因为更深层的地层还没有得到很好的探索。比起欧洲大部分地区体积相当的地层,英格兰和威尔士的第二纪地层序列更加完整和连续地填充着化石。由于科尼比尔的工作,各地的地质学家都开始将英国地质学视为有价值的参考标准,至少对于第二纪地层研究领域而言是这样的。

在接下来的二十年里,第二纪地层堆的不同部分被各自赋予了名称,这些名称最终通过地质学家之间的非正式协议被国际社会认可(全世界的现代地质学家仍然对这些名称很熟悉)。在地层堆的顶部,白垩和其下面的一些地层含有非常相似的化石,这些地层被称为"白垩系",这个词源自拉丁语。在它们下面是被称为"侏罗系"(Jurassic)的地层,得名于位于法国和瑞士边境的汝拉山(Jura hills),这一地层在那里毫无遮蔽,一览无余(里阿斯统靠近这些地层的底部)。在它们下面依次是一组被称为"三叠系"的地层,因为在中欧的大部分地区,这一地层由三个组成部分:两个砂岩地层被一种独特的石灰层隔开(在英格兰,中间的石灰层缺失,另外的两部分岩层被称为"新红砂岩")。再往下还有一些相当类似的砂岩和另一种石灰岩,这些含有地下沉积盐的地层遍布欧洲,最终学者将这些地层称为"二叠系"(Permian),得名于远在俄罗斯乌拉尔山脚下的彼尔姆(Perm)市,因为在那里它们非常显眼。"二叠系"下方是此前提到过的"石炭系",它不仅包括煤层,而且还包括煤层下面一些厚厚的地层,其中位置最低的是独特的"老红砂岩",它被作为全部第二纪地层的基础。

这些第二纪地层直接沉积在花岗岩和片麻岩等第一纪岩石上,里面根本没有化石。但是在某些地区,它们却被岩石所覆盖,例如板岩。早先，维尔纳曾提出将这些第二纪地层命名为"过渡"地层，认为它们是第一纪岩石和第二纪岩石之间的过渡层，无论是位置还是性质都是如此，只含有少量化石。学者们成功绘制的第二纪地层堆图表为人们解读这些过渡地层提出了挑战。在19世纪30年代，学者开始依次解读它们。当时人们发现在某些地区，这些地层就像其上方的第二纪地层一样在结构上简单易懂，而且富含化石，例如威尔士边界（英格兰和威尔士之间的边境乡村）。在这里，伦敦地质学家罗德里克·默奇森（Roderick Murchison，与一位富有的女继承人结婚，为他的研究提供了充足的钱财）定义了一组名为"志留系"的地层，名字来源于古罗马时代的一个古代英国部落（人类历史和地球自身历史之间的这种类比依然兼具强大的影响力和益处）。介于这些地层之下和第一纪岩石之上的地层，被巴克兰在剑桥大学的同僚亚当·塞奇威克（Adam Sedgwick）命名为"寒武系"，来源于威尔士的罗马名称。这一地层的化石很少，而且大部分化石保存状况糟糕，与志留系的化石没有明显区别。（这导致默奇森和塞奇威克之间发生激烈争执，这个争议在重新定义志留系和寒武系时才得到解决，办法是在二者之间插入了现代地质学家熟悉的"奥陶系"。）

另一个主要的地层不在这个简单易懂的次序中，它被称为"泥盆系"（Devonian），得名于英国的德文郡（Devonshire），诞生于当时的"泥盆纪大争论"中。这是一种非常令人费解的独特的老红砂岩，与其他地区（包括德文郡）年龄相同的地层相比，其特征完全不同，内含的化石也完全不同，在整个欧洲的地质学家都认可这些地层确实年龄相同时，"泥盆纪大争论"才得以解决。尽管原因未明，学者仍自信地将泥盆系插入志留系和更狭义的石炭系之间。

显而易见的是，这些指代第二纪地层和过渡地层的主要部分的名称，要么指的是特殊种类的岩石，要么指的是发现相关岩石的区域，其命名基础是地层学（或描述地质学）。每个名称都被称为"系"，这意味着它们都是独特的地层组，内含同样独特的化石。一旦泥盆系的争议得到解决，它们在地层堆中的结构次序或描述地质学次序就会明确无误、毫无争议。

绘制地球的长期历史

然而，相同的名字很快就被用来称呼相关地层沉积的时段，例如，"侏罗系"沉积的时段就被称为"侏罗纪"。这说明，地层学实践虽然自身不具有历史性，却可以为重建地球历史提供框架。它不仅可以通过偶然的和幸运的"窥视孔"（这是科尼比尔对柯克戴尔鬣狗巢穴场景的比喻）一瞥久远的过去，也是对地球及寄居其上的生命的长期历史的连续叙述。1836年，巴克兰为受过教育的公众（以及他的同事）总结了各国地质学家二十年来所取得的异常丰硕的成果，而他在其中也留下了自己的印迹。

巴克兰还利用新的地层学来描绘越来越清晰的地球生命史图景，正如化石序列所揭示的那样。这种"化石记录"（这是后来的称呼）从过渡地层开始出现，贯穿了所有的第二纪地层和第三纪地层，最后终结于洪积物和冲积物。正如居维叶（以及他之前的斯坦诺和德马雷）所认识到的那样，用从现在到过去、从熟悉到陌生的相反顺序来分析化石记录是有益的。从分析现在入手可以发现最近的过去（在地质大洪水之前不久）曾经是一个惊人的大型哺乳动物（用现代术语为更新世巨型动物）生活的时代，它们中的大多数都与现存的物种非常相似。此前的第三纪有一个非常突出的特征，那就是软体动物特别多，而且它们与其现代的同类物种也很相似。正

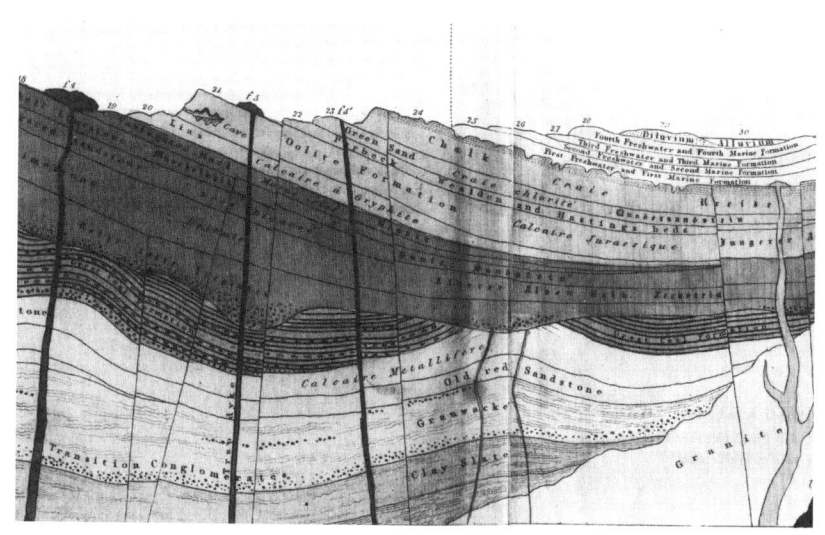

图 6.5 贯穿地壳（原图为彩色）的巨幅想象截面图的一小部分，来自韦伯斯特为巴克兰的《地质学和矿物学》(Geology and Mineralogy，1836) 一书绘制的插图。在地层堆的最顶部是现代的"冲积层"，往下是"洪积层"，巴克兰（以及大部分地质学家）认为它是最近的"地质大洪水"造成的。在它们之下是"第三纪"地层，伴随着海水地层和淡水地层交替出现，正如在巴黎盆地中表现的那样。再往下是第二纪地层，从白垩层一直向下到标注明显的"重要煤炭地层"和下面的"老红砂岩"。"老红砂岩"再往下是过渡岩层，例如"硬砂岩"和"黏板岩"，最后是第一纪岩层，图上标记为花岗岩。另外还有"火成岩"（发源于地球深处的炎热流体，有些喷出地表成为火山熔岩）。用三种语言（英语使用了罗马字形，法语使用了斜体，德语使用了哥特体）标记的名字表达了整个欧洲范围内存在的相互关联以及地层学研究的国际特性。地层的相对厚度被认为恰当地与岩石所代表的时段基本成比例：人类生活的"现在的世界"仅由冲积层所代表，巴克兰及其同时代人认为，比起更深层、更复杂、更漫长的地球历史来说，"现在的世界"极其短暂。这一截面图绘制几年后，地质学家才开始广泛使用诸如"侏罗纪""石炭纪"等标记时段的术语

如布罗基所表明的那样，有些甚至是相同的。但是第三纪的哺乳动物——比如居维叶最早分析过的那些——与现存的物种并不太相像。进一步的化石发现凸显了第三纪的奇特之处，而且特色鲜明。

回望过去，可以越来越清楚地看到，大多数第二纪地层都是在

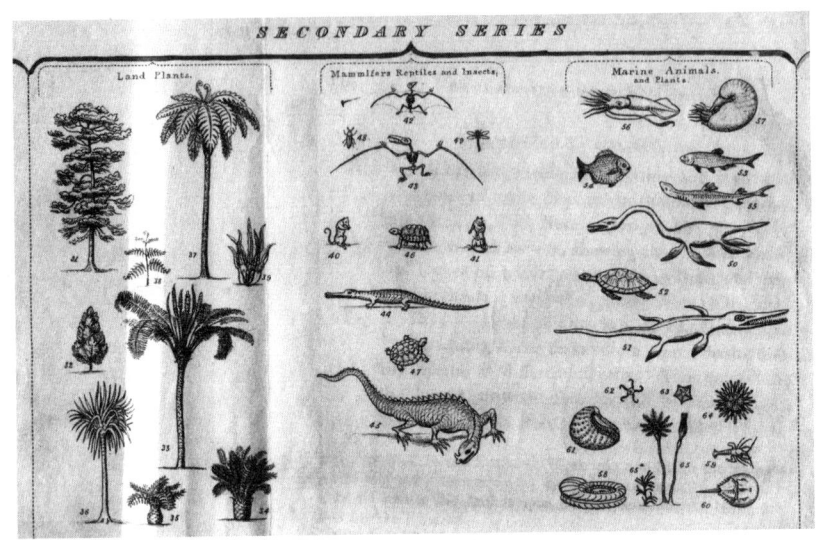

图6.6 在第二纪地层沉积的时代生活的植物和动物。这是巴克兰巨大的地层剖面图（1836年）附带的一组小型图画。根据化石重建的场景表明了这些生物活着时的状态。许多生物曾经在德拉贝什的著名画作《远古的多塞特郡》中有所描绘。在一组陆地动物（中间一栏）中，有巨大的草食性禽龙和两种类似小鼠的有袋类哺乳动物——它们是已知的最早的哺乳动物。当然，这些生物不是以统一的比例尺绘制的

爬行动物时代沉积下来的。海洋中的沧龙、鱼龙和蛇颈龙以及飞行的翼龙很快就有了其他爬行动物做伴。巴克兰声称，以牛津附近发现的化石为基础的斑龙（megalosaur，意为"巨型蜥蜴"）是一种陆生肉食动物。英国乡村外科医生吉迪恩·曼特尔（Gideon Mantell）描述了一种禽龙（iguanodon，意为"牙齿就像鬣蜥"，一种现存的体形小得多的蜥蜴），在居维叶的建议下，他将其解释为另一种陆地爬行动物，而且是巨大的草食动物（学者只能依靠少量牙齿和骨头来推断它们是肉食动物还是草食动物，所以它们的重建比其他爬行动物化石更加具有推测性）。1841年，动物学家理查德·欧

文（Richard Owen）获得了"英国居维叶"的绰号——他依据解剖学将一组新发现的已灭绝的爬行动物命名为恐龙（意为"可怕的蜥蜴"），但进一步的发现表明，恐龙只生活在侏罗纪和白垩纪。

这是一个生活着种类繁多的奇特的爬行动物的时代，它们分别生活在海洋、陆地和空中，既有肉食动物也有草食动物。在发现斑龙的侏罗系中还发现了一些体形很小的哺乳动物化石。不过，这些极为罕见的哺乳动物化石并没有削弱这是爬行动物时代的观点。居维叶将它们识别为类似负鼠的小型有袋类哺乳动物。更加普通和"高等"的胎盘类哺乳动物出现在第三纪，而这种更原始的哺乳动物似乎早在它们之前就已存在了。这说明四足动物的历史具有"进步性"特征。但是脊椎动物并不是第二纪地层中发现的唯一的奇特生物。在软体动物化石中发现了高度多样性的菊石化石和数量很多的箭石化石，学者认为它们已经完全灭绝（博物学家事实上放弃了发现它们的"活化石"的任何希望），甚至那些更普通的软体动物也几乎都与现存生物不同。还有许多其他奇异的海洋动物，例如，海百合数量相当多，而现存的相似的"活化石"却极为罕见。

继续向前追溯生命的历史就会发现，对更加古老的第二纪地层和过渡地层的成功阐释揭示了一个更加奇特的动物生活的时代。在最古老的第二纪地层（石炭系和泥盆系）中没有发现爬行动物化石，实际上，完全没有四足动物的化石，只有鱼类化石。年轻的瑞士博物学家路易斯·阿加西斯（Louis Agassiz）详细描述了所有时代的鱼类化石，他的《鱼类化石研究》（*Recherches sur les Poissons Fossiles*，1833—1843）对居维叶关于四足动物化石的重要研究是一种补充。阿加西斯声称，在石炭系和泥盆系中的鱼类（它们全都结构复杂，而且体形巨大）要么已经完全灭绝，要么在以后的时代中变得罕见。由于在更古老的志留系中没有发现任何东西，人们越

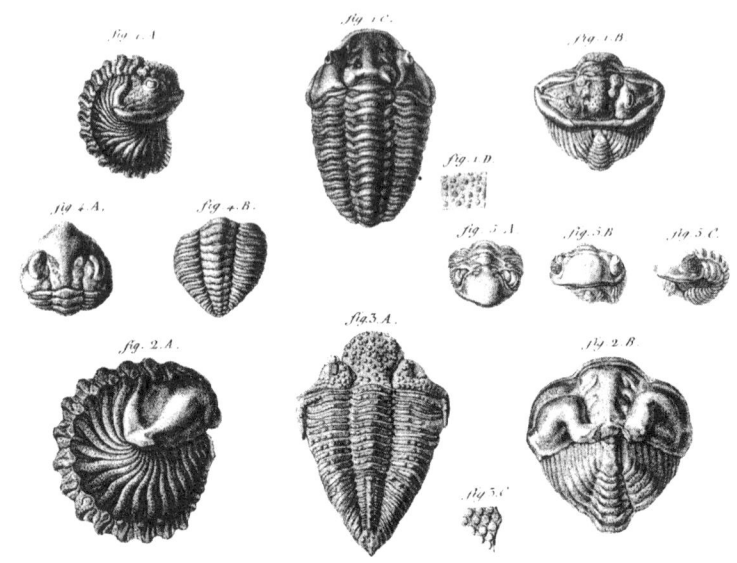

图 6.7 布隆尼亚关于三叶虫的著作（1822 年）中描绘的隐头虫属的三叶虫。19 世纪 30 年代，发现这些化石的过渡地层被默奇森定义为"志留系"的一部分，这使得它们成为当时已知的最古老的化石。它们显然是复杂的动物，具有可活动关节的外骨骼和大的复眼，能够紧紧地蜷缩起来（大概是为了保护自己，避免被捕食），很像如今的虱子和犰狳。在拉马克的进化理论中，它们远不是可以被确定为最早生命形态的原始、简单的生物

来越怀疑那个时期的海洋中可能根本没有任何脊椎动物存在。

然而，生活在志留纪的无脊椎动物丰富多样，它们看起来样貌奇怪，与后来的形态也不同。它们中最引人注目的就是"三叶虫"。就像最早的鱼类一样，它们也是结构复杂的动物。它们与现存的长有关节和外骨骼的动物（节肢动物），如螃蟹和龙虾，有一些相似之处，尽管与它们中的任何一种都完全不同。在志留系和泥盆系中，三叶虫不仅数量众多，而且种类多样，在石炭系中也有一些，但是在二叠纪以后的地层中它们就不见踪影了。因此，三叶虫似乎是过渡时代和第二纪早期阶段所特有的，正如菊石和箭石生活在第

图 6.8　奥古斯特·戈德弗斯（August Goldfuss）在《德国化石》（*Petrifacta Germaniae*，1826—1844；只有标题是拉丁文，正文为德文）中重建的石炭纪的一个森林场景。这些植物都被认为是隐花植物，与现存的蕨类植物、木贼属植物和石松有亲缘关系，但是会长成树干粗壮的高大树木。树叶的化石很少被发现附着在树干上，因此无法确定哪些树叶是匹配哪些树干的。所以，这个构思巧妙的场景没有描绘树干数米以上的树冠部分，而且画中的树叶从树干上脱落并散落在地面上。鱼在小溪中游泳（右下方），而在大约同时代的海洋地层中发现的一些无脊椎动物被冲到了岸边（底部中心）。

二纪晚期一样。最后，甚至在志留纪之前，在寒武纪地层中可以发现的只有极少数三叶虫和极少数其他无脊椎动物的壳，这些化石记录似乎已经接近生命的起源。

　　关于动物的这种复杂记录与关于植物的复杂记录是同时存在的。就像脊椎动物一样，主要的动物群体似乎是连续出现的：首先是鱼类，然后是爬行动物，再往后是哺乳动物和鸟类。而主要的植物群体也是以类似的顺序出现在化石记录中的。在最早期的化石记录的末尾，即志留系中没有发现任何种类的陆地植物的痕迹，此时的植物看起来只有海藻或海草。布隆尼亚的儿子阿道夫（Adolphe）在《植物化石的自然史》(*Histoire des Végétaux Fossiles*，1828—1837）中阐释了后续的植物。他是一位冉冉上升的科学明星。像阿加西斯关于鱼类化石的著作一样，这本雄心勃勃的未完之作也效仿了居维叶关于四足动物的著作。年轻的阿道夫运用了新的地层学知识来描绘植物的总体历史，这点也与阿加西斯一样。最古老的植物化石是在煤层中发现的（它们腐烂的残骸似乎已经形成了煤炭本身）。它们是种类繁多的无花植物（隐花植物），其中许多是高大的树木，与蕨类植物、木贼属植物和石松等大多数现存的隐花植物在体形上形成鲜明对比。在较年轻的第二纪地层中，苏铁和针叶树（裸子植物）开始出现并且数量繁多。只有在第三纪，开花的植物（被子植物）才变得丰富多样。（与植物历史的发展顺序相悖的是，德拉贝什声称在明显属于志留纪甚至寒武纪的地层中发现了石炭纪的陆地大型植物化石，这引发了激烈的泥盆纪争议；但进一步的野外调查最终表明相关地层实际上是石炭系，明显的异常现象得以消除。）

缓慢冷却的地球

动植物化石记录清楚地表明了历史是线性的和定向的。在这两种情况下，也可以说历史发展是进步的，因为更高级的生物似乎在时间进程中连续出现：哺乳动物晚于爬行动物或鱼类，开花的植物晚于无花的植物。那么，人们该如何理解生命历史的这种强烈的方向性特征呢？

最早期的许多动植物具备明显的热带特色，例如，现在属于凉爽温带地区的北欧，在侏罗纪和更遥远的志留纪生长着珊瑚礁。有一些贝壳与生活在东印度群岛（现在的印度尼西亚）的鹦鹉螺的壳几乎相同。长期以来，人们一直认为，与鹦鹉螺高度相似且数量更为丰富的菊石可能同样生活在热带气候中。更引人注目的是植物化石的证据，即使是伦敦周围的第三纪地层中也包含了类似于现在生活在比寒冷的英格兰更加温暖地区的植物遗骸。继续向前追溯，德拉贝什利用上好的化石证据在他那张《远古的多塞特郡》中描绘了生长在侏罗纪海岸上的棕榈树和苏铁。成煤植物的化石来自更遥远的过去，即石炭纪，它们在这方面更加令人印象深刻，令人想起如今热带地区茂密的丛林和红树林沼泽。在北美洲最北部结满冰的航道迷宫中寻找"西北航道"的探险队声称，在北极高纬度地区发现了煤炭沉积层和珊瑚化石（由于大陆板块构造作用，大陆板块会跨纬度缓慢漂移，这种观点在当时是不可想象的）。

著名物理学家约瑟夫·傅立叶（Joseph Fourier）和地质学家路易·科尔迪耶（Louis Cordier）认为地球一定是从最初的炽热状态逐渐变凉的。傅立叶在巴黎的同事布隆尼亚将全球气候以前比现在更热的证据与他们二人的观点联系在一起。其实，这正是布封在半个世纪前提出的观点，但是现在它可以运用在一个远超布封设想的极其漫长的时间范围内，并且还可以将它与拉普拉斯有影响力的"星云假说"联系起来（拉普拉斯认为行星全部是由从太阳散发出的一股股灼热的物质凝结而成的）。最重要的是，数学家兼物理学家傅立叶最新提出的具有真知灼见的热传导定律也支持这种观点，而且科尔迪耶对矿井温度升高（地温梯度）的最新的可靠测量结果又增强了这种观点的说服力。他们认为地球肯定有"内部热量"或"中心热量"，并认为这可以合理地解释为残热。对于布隆尼亚和许多其他地质学家来说，这种地球物理学理论（这是现代术语）很好地解释了地球表面在深远的过去比现在更热。如果部分热量以前是来自地球内部而不是来自太阳，那么就可以解释为什么即使在高纬度地区也能发现表明成煤植物曾经繁盛的化石证据。当时全球气候可能非常一致，而且跟纬度的关系不大，不像后来那样，气候类型与纬度密切相关。它也可以解释为什么化石记录随着时间向更古老的过去推移而逐渐消失，而且寒武纪可能是海洋冷却到足够保证生命存活的最早时期。

布隆尼亚认为，树蕨、巨大的木贼和石松等成煤植物之所以枝繁叶茂、连片成林，可能是因为早期环境中光合作用所必需的二氧化碳比现在丰沛得多。但这种环境可能延迟了更高级的动物出现，比如哺乳动物，因为它们需要充足的氧气。在这种观点中，不仅坚实的地球和它表面存活的生命，就连大气层也许都有自己的深史，而且这些深史原则上都可以被重建。这鼓励一部分地质学家从全局角度再次思考地球，并将其作为众多行星中的一个。从 19 世纪初开始，这是一种普遍被否认的思维方式：一方面是其过于依赖猜测，无法在令人尊敬的地质学这一新学科中占有一席之地；另一方面是超出了地质学的合理范围，所以最好还是把这些留给天文学家吧。

最后，虽然看似矛盾，但"地球是逐渐冷却的"这一理论模型可以解释地球也许并非渐进发展的。在地球历史连续多个时段中未经量化的时间尺度层面，新的地层学研究有助于确定地壳遭受重大扰动的时间。这些重大扰动在旧地层和新地层之间通常被标记为局部"不整合"。在每个例子中，较古老的地层都明显弯曲，而且在新地层覆盖其上之前，这些较老的地层就已经因受侵蚀而遭磨损。冯布赫和许多地质学家在整个欧洲甚至更远的地方进行了大量的实地调查，结果表明，这些地层隆起事件影响到了相隔很远的不同区

图 6.9 "地球:从太空看理应如此"。引自德拉贝什的《理论地质学研究》(Researches in Theoretical Geology,1834)的卷首插画。像他的大多数图像资料一样,它是严格按比例绘制的,显示了轻微扁平化的地球(变成了一个扁球体),这被广泛视为地球最初是流体状态的证据。在这个时期,从深空角度思考问题通常是天文学家的专利。德拉贝什是少数使用深空观念从整体角度思考地球的地质学家之一。他的著作阐述了一种具有方向性的理论,这一理论认为地球从非常热的原始状态非常缓慢地冷却,并在其内部最深处留下残热

域。例如,怀特岛就受到最近的地层隆起事件的影响。法国地质学家莱昂斯·埃利耶·德博蒙(Léonce Élie de Beaumont)写了一篇关于"地球表面革命"(1829—1830 年)的重要文章,声称这些偶然的"隆起时代"的突出特征是坚硬地壳在超级大地震中形成了巨

大的弯曲。他提出，地球冷却引发地核缓慢、稳定地收缩，僵硬的地壳会在某个时刻突然变形、弯曲。换句话说，地球深处稳定而潜在的自然原因可能会在地球表面产生偶发的"灾难性"效应。

19世纪中叶，欧洲各地的大多数地质学家以及在欧洲以外相对较少的学者（例如俄罗斯和北美的学者）都接纳了这种重建地球极其漫长的历史的方法。他们一致认为地球似乎经历了大体上具有特定方向性的变化，根本原因可能是它从极热的初始状态逐渐冷却到现在的状态。能够适应地球不断变化的环境的动植物相应地出现和消失，"更高级"生命的起源通常晚于"低级"生命。因此，所有化石记录不仅具有线性和方向性的特点，而且大体上是呈"进步性"的，而人类只是在故事的结尾才登场。这种持续性的变化虽然在大多数情况下是渐进式的，但似乎偶尔会被突然的和具备剧烈变化特性的短暂事件打断，这些事件被认为有可能来自无法接近的地球深处。但是，世界地质学家之间的这种共识被打破了，至少有来自三个不同方向的原因，这是下一章的主题。

第七章
打破共识

地质学和《创世记》

作为新学科的地质学向世人展现了认识地球自身历史时那些既新颖又陌生的观点。特别是，它提供了决定性证据证明人类之前的历史并非只有上帝创世的那一个星期，而是无比漫长，充满了各种变故，而且显然没有人类的任何痕迹，可以延伸到人们无法想象的无比深远的过去。在这种历史观下，整个已知的人类历史可以简化为一部长篇戏剧中的最后一幕，而且对《创世记》叙事进行任何天真的"字面"解释都是荒谬的。

然而，这个结论远没有激起现代无神论原教旨主义者（以及一些宗教原教旨主义者）所乐于想象的那种科学与宗教之间的激烈冲突。首先，这部历史剧中的许多重要的科学角色（特别是在英国）在公共生活中的身份都是教会任命的教士，在私人生活中，他们也是虔诚的基督徒。巴克兰和他剑桥大学的同行塞奇威克在这方面很典型。他们将在英国两所大学讲授地质学的教职与在英国圣公会主教座堂的宗教职责结合起来，在这两个领域中他们都是全国知名的杰出人物。另一个例子是巴克兰的牛津大学前同事科尼比尔，他不仅是同代人中最聪慧的地质学家,而且还是一位神学家和教会历史学家,他后来成了威尔士一个主教座堂的负责人。科尼比尔努力促使保守的英国学术界接触欧洲其他地区长期以来盛行的《圣经》批评学。他和他的神学盟友认为,只有使用更加学术化的方法来解读《圣经》才可以使它免于在新的科学时代被鄙视为无关紧要的作品,或者沦落到更糟糕的处境。

这些地质学家必须确保他们对地球历史的理解是可信的,而且与人类历史关系的新认识也要具有可信度,因为,在英国当时的公共文化背景下,人们并不总是能够接受他们的新思想。在伦敦的地质学会中,他们有意识地打造了一种身份共识,即自己是"地质学家"。伦敦地质学会于1807年成立,是世界上第一个此类机构(类似的法国学会成立于1830年,其他国家的类似学会成立得更晚)。伦敦地质学会最初声称致力于维护"观察"的首要地位,特别是野外调查这种观察方式,而不是像18世纪的学者那样专注于研究推测性的"地球理论"。英国在长期的革命期间和拿破仑战争期间盛行狂热的政治氛围,人们对任何来自法国的新颖的或激进的思想都深表怀疑,不管是在科学领域还是其他领域。因此,地质学会强调自己收集关于地球的清楚而又有价值的证据并非出于政治目的,它不愿冒险卷入政治旋涡。但这一策略很快因它在科研上的成功而难以为继。即使是最明显的事实也需要解释,这意味着要将这些事实的含义和意义理论化,越来越多地涉及对地球的过去进行历史性重建,而这必然会与已有的关于世界起源和早期历史的观点进行比较。其中最重要的当然是《创世记》。

在19世纪初期的英国,地质学会成员的工作环境笼罩着活跃的文化氛围,他们的新颖思想与解释《圣经》的传统方式对比鲜明。公众对地质学的兴趣被居维叶的作品激活,后又被巴克兰的努力进一步提升。在这种背景下，英国圣公会教士乔治·巴格（George Bugg）出版的两卷本《圣经地质学》（*Scriptural Geology*，1826—1827）在后人眼中经常被视为当时地质学和《创世记》之间激烈冲突的象征。巴格著作的副标题毫不妥协——地质现象只与《圣经》的字面意思一致。但对这段历史的此类解读过于简单而且确实具有误导性。

重要的地质学家确实倾向于将他们的注意力集中在诸如巴格等人的作品上，这些作品来自他们圈子之外并明确挑战他们在地质问题上的权威性。他们往往夸大这些作者所代表的威胁，甚至把自己——尽管是开玩笑——想象为像伽利略那样对抗宗教裁判所的英雄人物。他们自认为是专业人士，无法容忍自己与信仰《圣经》的作者相提并论，他们将这视为最大的威胁。塞奇威克用了最为刻薄的咒骂来批评科学讲师安德鲁·尤尔（Andrew Ure）。在当选为地质学会会员后，安德鲁·尤尔通过发表《新地质学系统》（*New System of Geology*，1829）表明了自己的真实喜好：这本书声称调和了科学与《创世记》之间的关系。但在科学圈的学者看来，他的做法存在严重的不准确性。然而，边界并不总是那么清晰。业余化石收藏家乔治·扬（George Young，长老会牧师）和约翰·伯德（John Bird）在约克郡海岸进行地质调查时（1822年），对当地岩层和化石做出了有见解的描述，因此不能不假思索地贬斥他们的工作，尽管他们对"年轻地球"的解释令人想起伍德沃德一个多世纪以前的想法，这对地质学家来说是难以置信的。

地质学会的成员具有强烈的集体认同感和集体目标，与他们形成鲜明对比的是思考地质学与《创世记》之间关系的其他人，二者的背景差别非常大（我们今天之所以能知道这些人，主要是因为他们中的很多人都出版过书籍和小册子，而且他们的读者群也更广

> 为了鼓励我丈夫的工作，我们在圣母马利亚教堂聆听了班普顿讲座的这位演讲人喋喋不休地攻击所有的现代科学（实在不应该说，但他真是愚昧透顶），更特别的是，他还详细讲述了地质学家的异端邪说和不忠行为，谴责所有不相信上帝花了六天创造世界的人是顽固派和无信仰者……唉！我那可怜的丈夫——如果是在一个世纪之前，迎接他的将是烈火。我敢说，这位演讲人会认为从旁协助执行火刑是他的职责。而且，我作为传播这种异端邪说的帮凶也可能面临同样的命运。

图 7.1　玛丽·巴克兰（Mary Buckland）在写给威廉·惠韦尔（William Whewell，同代人中最杰出的英国博物学家之一，也是塞奇威克在剑桥大学的同事）的一封信（1833 年）中评论了当时在牛津大学的圣母马利亚教堂举办的一个享有盛名的讲座。她在信中批评的那位主讲人是英国圣公会的教士弗雷德里克·诺兰（Frederick Nolan）。她在信中夸大其词，竟然说宗教裁判所火烧异端距离自己所处的时代只有一个世纪而不是三个世纪！惠韦尔、塞奇威克和玛丽的丈夫威廉·巴克兰都是虔诚的基督徒，而且他们也确实是"牧师教授"，但他们经常将自己和其他地质学家描述为当代的科学殉道者，尽管是玩笑性质。此类事件表明他们与拘泥于字面意思的《圣经》学者的对立并不是简单的"科学"和"宗教"之间的冲突

泛）。这些人有的是神职人员，有的不是。有些人属于圣公会（忠于英格兰而不是苏格兰的教会，与政府关系密切），其他人属于其他各种新教教派，还有些信奉天主教。他们的著作远非一致对抗新科学。他们中一些比较极端的成员，比如巴格，确实对地质学充满敌意，他们认为这一学科具有颠覆《圣经》的倾向。地质学家认为地球的前人类历史极为漫长，他们对这一点展开了猛烈的抨击。他们声称，地质学家公然挑衅《创世记》中关于上帝创造万物的叙述，必然会破坏《圣经》的可信性。但是，鉴于地质学家惊人的新

发现，许多作者以一种相当传统的方式论证说自然界中的"上帝的作品"可以而且应该被用来补充《圣经》中的"上帝的话语"，这两种人类知识的来源方式可以融洽地"一致"或"调和"。这些各种各样的出版物表明，认为《创世记》（或任何其他《圣经》文本）只有一种无歧义的解释（按照"字面"意思来理解）是非常荒谬的。大多数作者——像许多著名的地质学家一样——确实认为《圣经》在某种意义上是神启，但与此同时，许多人也都认识到，要想明确无误地理解最初用古代语言书写的《圣经》文本是不可能的，因此任何天真地直译《圣经》的方式都有问题。

这些作品具有多样性，不仅面向严谨的学者，而且还有意将读者群延伸到大众以及青少年。例如，伦敦的公务员格兰维尔·佩恩（Granville Penn），他同时也是古典学家和语言学家。他发表了《矿物地质学和摩西地质学的比较性评估》（*A Comparative Estimate of the Mineral and Mosaical Geologies*，1822）。虽然他确信摩西是比地质学家更可靠的历史学家，但他的学术评估认为对手的观点同样值得认真考虑。科学讲师詹姆斯·伦尼（James Rennie）匿名撰写的《地质学对话》（*Conversations on Geology*，1828）简单明了地将佩恩的观点与赫顿和维尔纳的看法、"巴克兰教授的最新发现"以及其他地质学家的观点进行了比较，而且宣称自己在比较中坚持了不偏不倚的客观标准。

在传统的公共文化中，特别是在像英格兰和苏格兰等虔诚信奉新教的地区，人们认为自己与任何自封的专家一样有资格发表观点，无论是在岩石和化石领域，还是在《圣经》文本领域。相比之下，在他们看来，地质学家总是自负地认为只有身处地质学小圈子的专业人士才拥有接近更深层真理的特权。对一些人来说，这令人想起早年间的教士和其他的教会权威声称对《圣经》拥有专属解释

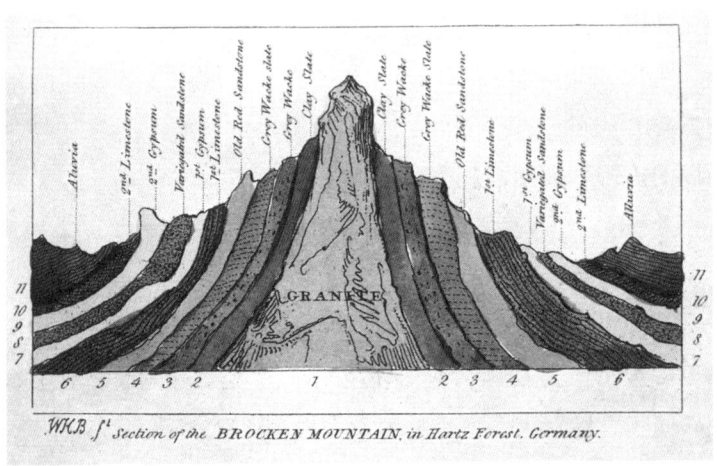

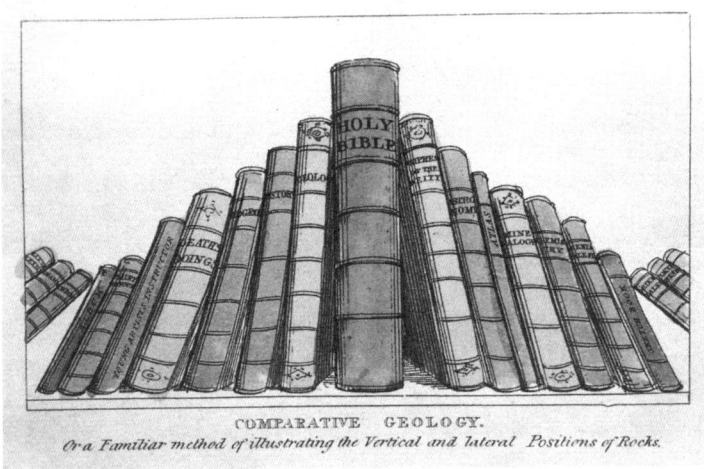

图7.2 詹姆斯·伦尼匿名撰写的《地质学对话》中的一组插图,旨在使科学容易理解且能够吸引儿童。贯穿德国北部的哈茨山的截面图(上图)显示了由花岗岩构成的作为基岩的第一纪岩层被一系列各种过渡岩层和第二纪岩层包围,最外面是冲积层。在相匹配的图片(下图)中,《圣经》体量巨大,它是一堆各种其他书籍的稳定基础。(或许也可以理解为周边图书的世俗知识正在支撑《圣经》?)这种类比将"自然之书"的传统概念应用于新的地质科学。它本身并没有与地质学家提出的地球漫长的时间尺度或《圣经》学者认为的非常简短的时间尺度有关联。正因如此,作者虚构的"R太太"可以舒适地、不带倾向性地以中立的观点,向她顺从而又专注的儿女解释地质学

权。因此，在自己出版的流行读物中，地质学家必须解释他们是如何以自己看到的事实（特别是在野外实地考察发现的新事实）为依据提出新想法的，而这些新发现要求修改以前似乎是常识的东西，而且它们原则上是每个人都应该平等获取的知识。

然而，关于地质学和《创世记》之间纠缠不清的关系几乎只是英国和美国（尽管美国为自己的政治独立感到自豪，但它在文化方面仍然非常接近英国）面临的问题。相比之下，欧洲其他地区的地质学家大多都会愉快而又轻蔑地指出，他们在从事科研工作时不必与普遍无知的批评者做斗争，不必为自己辩护。不过，在实践中，他们的英国同事也是这样做的：他们为彼此书写科学书籍，在圈内的会议上阅读论文，然后将论文发表在不断涌现的各种科学期刊上。事实上，地质学家团结在一个国际科学网络中，该网络正在形成对地球历史的广泛共识。英国地质学家偶尔确实有充分的理由担心他们的学科与大众的关系，但他们并不担心地质学的可靠性，这种态度是对的。在19世纪早期，地质学和《创世记》之间的问题只不过是英美两国人的小题大做。

从长远来看，更重要的是一种广为流传的普遍意识，即自然世界之所以能够存在是因为背后有神的关怀、意志和规划，通俗来讲，是由于天意。然而，主流的基督教思想一直将这种"自然神学"作为"启示神学"的附属或理论先导。"启示神学"认为，上帝的启示可以通过人类历史中的事件自我显现。例如，在19世纪早期的英国，威廉·佩利（William Paley）在其经典著作《自然神学》（*Natural Theology*，1802）中雄辩地对传统的"宇宙设计论"进行了著名的阐述。他认为，大自然是上帝有目的地设计而成。但这部作品仅仅被视为对其早期的《天道溯源》（*Evidences of Christianity*，1794）的补充，该书为特定的基督教信仰提出了更为重要的历史基础。

在英国,著名的系列图书《布里奇沃特论文集》(*Bridgewate Treatises*)旨在根据当时在自然科学领域取得的惊人进展来更新佩利的论点,该图书由富有的贵族学者(同时也是神职人员)布里奇沃特(Bridgewate)资助,并在其死后出版。惠韦尔受委托撰写了该书关于天文学的内容,而巴克兰负责撰写地质学内容。巴克兰的《地质学和矿物学》适时地面向其他地质学家和广大的普通读者,对自己的学科进行了令人印象深刻和权威的评论。同时,他运用"深史"这一新维度更新了佩利的观点。例如,他对早已经灭绝的三叶虫(当时已知最古老的化石)的解剖学分析表明,这些动物都经过了精心设计,因此很好地适应了特定的生活方式,甚至在最深远的过去也是如此。(这种对化石的分析方式,远远没有因为其宗教根源而延缓科学进步,反而继续支持着现代科学家对化石进行功能性重建。现代科学家也会很随意地谈论生物的设计,并不怀疑其背后的原因是通过自然选择产生的进化。在成为历史学家之前,我在从事古生物学研究时也是如此。)

与上帝设计了自然世界这种意识密切相关的是,人们对地质学家正在揭示的已经消失的深远过去中所呈现的浪漫色彩惊叹不已。例如,曼特尔(他发现了禽龙,这是第一种被归类为恐龙的爬行动物化石)通过《地质学奇迹》中的描述为流行科学创立了一种有益的风格。地球悠久历史的时间尺度之大和意想不到的奇异之处被视为伟大的上帝造物的可喜新证据。地质学与宗教信仰并非具有内在冲突,科学在19世纪早期反而被广泛视为宗教信仰的盟友和支持者。

图 7.3 "禽龙的家园":吉迪恩·曼特尔所著《地质学奇迹》(Wonders of Geology,1838)的卷首插图。书中描绘了一种巨大的怪物。作者首先在位于英格兰南部的萨塞克斯发现了它们支离破碎的化石。他在画中设想当时该地区处于热带。正如其他地质学流行读物的作者一样,曼特尔强调地球及寄居其上的生命的深史中发生过浪漫的"奇迹",而这正是这种令人兴奋而又陌生的科学正在揭示的内容。这个"来自深时的场景"由艺术家约翰·马丁(John Martin)绘制。马丁早已因绘制夸张的人类历史场景画而扬名,他既绘制宗教场景,如"巴比伦陷落",也绘制世俗场景,如摧毁庞贝城的维苏威火山爆发

令人不安的局外人

对于地球及寄居其上的生命的历史,地质学这门新学科选取了一些主要轮廓进行了极具说服力的重建。然而,在有关这一点的叙述中,有一个很明显的重要人物却被忽略了,他就是查尔斯·莱伊尔(Charles Lyell)。与他同时代的所有地质学家相比,如今他名气最大,至少在现代地质学界是这样的。他经常被描绘成地质学的"开山祖师"和地质学界的英雄人物。人们认为,继赫顿之后他

首先展示了地球的巨大时间尺度，击败了宗教中的保守势力，并为他的年轻朋友达尔文的进化论铺平了道路。莱伊尔确实是他所处的时代最优秀的地质学家之一，他的工作对他的学科产生了持久的影响，但是世人应该以更加历史性的眼光来看待他，而不是像粗略的圣徒传记那样描绘他。

莱伊尔年轻时就被公认为地质学界的后起之秀。在牛津大学读书时，他去听了巴克兰的讲座，讲座内容令他印象深刻。之后，他在伦敦接受了律师培训，并加入了地质学会，成为其中的积极分子。在写给有影响力的《评论季刊》的文章中，他面向聪慧的英国读者概述了一些地质学家的最新发现和观点，这表明他是地质学界的主流学者。他还详细阐述了他的年长同事正在忙着重建的具有方向性的地球历史。莱伊尔也读过普莱费尔的著作，并对他关于"现实原因"或现在地质进程拥有巨大力量的论点印象深刻。居维叶认定这些不足以解释大规模的灭绝事件和其他突如其来的"革命"，虽然莱伊尔很钦佩居维叶，但他认为居维叶的看法过于鲁莽。莱伊尔访问巴黎时，法国地质学家康斯坦·普雷沃（Constant Prévost）带他现场观看了巴黎著名的第三纪地层序列，并说服他，淡水地层在"先前世界"的形成条件与现有淡水地层的形成条件是相同的。莱伊尔随后亲自确认了这一点，因为他在位于苏格兰的自家附近一个新近干涸的湖泊中发现了与现在的世界的沉积物极为相似的沉积物。与他几乎同龄的乔治·波利特·斯克罗普（George Poulett Scrope）详细描述了法国中部著名的死火山，他认同德马雷对它们的解释，认为它们是一系列非常漫长而复杂的火山喷发事件的记录。莱伊尔与他的观点相同，都认为地质学家未能完全理解他们公开接受的巨大时间尺度的含义。如果时间足够漫长，普通的自然进程可能会产生巨大的自然效应。

> 我们非常狭隘地理解的时期概念、我们短暂的生命以及看似无法估量的漫长时段，在自然日历中十有八九都是微不足道的。在所有学科中，正是地质学让我们了解了这个重要的、令人感到羞辱的事实。我们在探求地质学真理的道路中所走的每一步都令我们能从"古代"这个银行中取出无穷无尽的时间"汇票"。在我们的研究中最重要的观念伴随了我们每一次的新观察，对于大自然的学生来说，大自然的各个角落都回荡着这种观念的响声，那就是：时间！——时间！——时间！

图 7.4　斯克罗普所著《法国中部地质学》(Geology of Central France，1827) 的著名引文。这段话表达了他的信念：虽然地质学家声称接受地球的时间尺度几乎漫长到不可思议，但在实践中他们并没有真正理解这一点，他们从可观察的现代进程来解释地质特征时也没有运用这一点。斯克罗普是议会议员，撰写了大量有关政治经济的文章，包括货币改革。引文中所说的"汇票"象征着"深时"正如可以从无限制的银行账户中取钱一样无穷无尽。莱伊尔热切地采用了这种关于"深时"无限制的解释力量，而且这成为他所有作品中的主题

斯克罗普说服了莱伊尔，至少在这个典型地区没有地质近期暴发过大洪水的任何明显迹象。莱伊尔开始怀疑巴克兰的洪积理论，他对巴克兰将所谓的地质事件等同于《圣经》记载的大洪水尤其表示怀疑。他的这种怀疑不断加深，但并不是对宗教信仰本身越来越反感，而是越来越反感英格兰教会的政治和文化权力过大，尤其是它们对英格兰高等教育的垄断。莱伊尔打算不仅否定《圣经》大洪水和地质大洪水的所谓证据，而且还打算否定更早期发生的任何此类"大型灾难"具有真实性的广泛论据。相反地，他致力于说服地

质学家认识到"现实原因"或现在的地质进程的绝对力量在解释相同的证据时会更令人信服。

在欧洲大陆进行的第一次主要地质之旅中，莱伊尔将法国的死火山作为考察重点。他在考察现场完全被斯克罗普对它们的诠释所折服。在遍访意大利的进一步考察中，他还探访了活火山维苏威火山。这些考察使他确信目前的地质进程比大多数地质学家所认识到的要强大得多，而对它们的更全面的了解将是真正理解地球历史的关键。在西西里岛上，他考察了巨大的活火山埃特纳火山。这座火山坐落在厚厚的第三纪地层堆之上，由层层叠叠的熔岩流积聚而成，这坚定了他的观念：地球历史无比悠久，而现有进程在无比漫长的"深时"中可以发挥最大效用。例如，高大的山脉可能不是被仅仅一次超级大地震抬升起来的。正如埃利耶·德博蒙和其他人所建议的那样，这些山脉可能是在漫长的岁月中由多次普通量级的地震逐渐抬升起来的，这些地震并不比人类历史中曾经记录下来的那些量级更大。

英国当时的政治改革运动如火如荼，在扩大投票权方面迈出了第一步。莱伊尔决心在地质学领域搞一场相似的改革。他在野外考察现场告诉默奇森，他打算写一本书，重点阐释地质学中两个基本的"推理原理"。第一个是"从最早的时间开始一直到我们可以回顾的过去，除了现在依然发挥作用的原因外，没有任何其他原因发挥过作用"（其中的重点是他所说的原因）。通过排除过去的进程可能不再活跃或者在当前世界中可能尚未被看到的可能性，莱伊尔的现实主义原则比地质学家此前通常所坚持的要严格得多，也缜密得多。莱伊尔的第二个原则更为严谨："它们（现在的进程）在过去发挥作用时具备的能量与它们现在发挥作用时所具备的能量等级相同。"这点更加令人怀疑。它意味着，无论是什么自然进程引发了海啸，它们在遥远的过去也不会以更大的强度发挥作用，在有记载的人类历史中不会引发规模空前的超级大海啸。这必然会导致他拒绝认同同时代人对地球历史的看法，转而采纳类似于赫顿先前的稳态系统的观点。正如他所说，它将是一个基于"绝对一致性"的系统：整体上没有方向性趋势，也没有超乎寻常的大灾难。

从欧洲大陆回国后，莱伊尔写了三卷本的大部头著作《地质学原理》(*Principles of Geology*，1830—1833)，旨在建立这种系统。他尝试用"现在发挥作用的原因"来解释遥远过去的所有痕迹，例如侵蚀和沉积、地壳抬升和沉降、火山和地震、植物和动物的自然影响等。他在前两卷中详尽罗列了人类历史上曾经记载的这些自然进程所产生的结果。莱伊尔借用了德国公务员兼历史学家卡尔·冯霍夫（Karl von Hoff）汇编的一份内容繁多的材料中的大部分（莱伊尔为了阅读这些材料而学习了德语）。他利用这些证据论证潜在的进程一直处于动态平衡状态：侵蚀被沉积平衡，地壳隆起被沉降平衡，新物种的形成被旧物种灭绝平衡，等等。变化是循环出现的，从长远来看，地球保持着稳定状态。他的大作的卷首插图是对其整体论点的视觉化总结。这幅画展示的不是一些引人注目的地质特征，而是古典废墟，这点令人惊讶。这个场所是有记载的人类历史中地球稳定状态的缩影。

莱伊尔声称，他在书中罗列的数量繁多的现有进程向世人提供了地质学的基本"字母和语法"。在他著作的第三卷，也是最后一卷中，他认为掌握了"字母和语法"，地质学家就能够破译自然的"语言"，而这些语言记录了地球自己的历史，通过破译它们就能重建地球深史。他的比喻性说法借鉴了让·商博良（Jean Champollion）当时破译古代埃及象形文字的行为，将地质学和人类历史进行了类比。莱伊尔从居维叶以及自斯坦诺以来的其他地质

图 7.5 莱伊尔《地质学原理》第一卷的卷首插图,它可以被视为整部作品的视觉化总结。那不勒斯附近荒废的塞拉匹斯神庙(后来被重新认定为市场建筑)的石柱有一个很明显的特征,就是柱体的某个部分被海洋软体动物打过洞。这显然发生在几乎无潮汐的地中海水位更高时。莱伊尔以这座荒废的建筑为证据,想表明自罗马时代以来的两千年中,这个容易发生地震的火山地区的陆地曾经沉降,后来再次上升,几乎达到其早期水平(只是大理石路面仍然被海水淹没),这些变动并不猛烈,所以这么多年来柱子依然保持直立。这是莱伊尔对地球没有经受过猛烈事件破坏,处于稳定的动态平衡状态的解释的缩影,是以全部人类历史所跨越的时段为钥匙来了解更深层次的过去。版画复制于一位那不勒斯古文物收藏家出版的作品,但莱伊尔在意大利旅行期间亲眼见到了这些建筑遗迹

学家那里得到提示，回顾性地重建了地球历史，从可观察的现在进入不可观察的、越来越陌生的过去，并专注于将最近的部分（第三纪）作为证明自己策略的例子。第三纪的最佳证据来自其丰富的贝壳化石。莱伊尔采纳了布罗基提出的软体动物处于渐变之中的理论模型，将其与英国每十年进行一次的人口普查进行了类比。分散在欧洲各地（在巴黎、伦敦和其他地方的"盆地"）的第三纪地层可以按时间顺序排列——并且可以定量，虽然并不是以年为计量单位——通过计算化石中已知仍然存活的物种和那些未知的活着的物种以及可能已经灭绝的物种之间的比例来确定年代：依然存活物种的比例越高，地层的年代越晚近。（一位专业知识丰富的巴黎博物学家帮他识别了数百个物种。）惠韦尔随后为莱伊尔提供了适当的经典标签来命名第三纪的这些时期，命名的方式是看这些时期中有哪些物种恰好被保存下来。他们命名了始新世（"近代开端［即现存］的物种"）、中新世（"近代中期"）以及上新世（"完全近代"；现代地质学家仍在使用这些名称以及后来插入的其他名称）。

莱伊尔注意到始新世（第三纪下层）的化石与第三纪紧邻的第二纪最年轻地层（位于马斯特里赫特的白垩）中的化石几乎完全不一致。他认为，这显而易见是由于化石记录中缺失了一部分，这段空白源于有些化石没有保存下来，这段空白期与随后到来的整个第三纪一样漫长。无论是对当时的地质学家还是对现代地质学家来说，这种推论都是惊人的，但这符合莱伊尔的一贯看法。他认为，变化速率从统计学上看自始至终都是一致的：稳定的灭绝速率被新物种出现的稳定速率所平衡。这表明了他的"绝对一致"原则正在发挥作用。这还意味着，化石记录远非像大多数地质学家所认为的那样是完整的生命史清单，实际上，它们不仅不完美，而且还是支离破碎的。

在对第二纪地层进行简要调查之后，为了解决未来如何将相同类型的分析进一步运用到回溯更加古老的过去，莱伊尔的《地质学原理》以他对地球历史模型的总结结尾：从得以幸存下来的有记录的遥远过去算起，变化一直很稳定或呈周期性；在变化过程中，并没有什么总体的方向性趋势，也没有异乎寻常的"变革"或"灾难"。

灾变还是渐变？

莱伊尔的模型其实是赫顿的稳态地球理论的升级版。它与地球缓慢冷却的方向性模型和"渐进式"的生命历史观不相容，而几乎所有其他地质学家都接纳了"渐进式"的观点。包括普雷沃和斯克罗普在内的许多人——尽管他们完全赞同莱伊尔关于地球时间尺度极大的观点，也认同他将现有进程视为理解深远过去的最佳钥匙——坚信地球及寄居其上的生命并非总是大体上处于相似的状态，所以莱伊尔不得不努力辩解。莱伊尔确信化石记录非常零碎且不完美，因为动植物能够完好保存的概率一直非常低。因此，他认为第三纪地层与第二纪地层之间存在未能保存下来的巨大空白，而且他还认为论证这一点是毫不费力的。同样地，其他地质学家认为侏罗纪地层中的小型和非常罕见的有袋类哺乳动物可以为整部四足动物历史具有方向性提供进一步的证据，因为它们比任何其他哺乳动物的出现要早得多，可以说更原始。但是对于莱伊尔来说，在这类地层中发现任何哺乳动物都表明在更久远的过去可能就已经存在各种各样的哺乳动物，只是没有任何化石保存下来而已。可以看到，化石记录在一种非常古老的地层中从整体上逐渐消失了，不久之后，塞奇威克将这种地层命名为"寒武系"。而莱伊尔认为比

图 7.6 德拉贝什的讽刺漫画（1830 年）嘲笑了莱伊尔的观点，即在地球漫长的变化周期中，当适当的环境条件重现时，著名的侏罗纪爬行动物（或者至少是与它们非常相似的动物）可能会在人类灭绝后的遥远未来回归。"鱼龙教授"正在向其他爬行动物讲课，它对听众解释说，人类头骨化石是一种比自己低级的早已灭绝的动物的遗骸。在其他地质学家看来，莱伊尔对地球长时期历史呈现的循环或稳定状态的解释是完全不可信的

寒武系更加古老的地层（后来被命名为"前寒武系"）中原本存在化石，但这个极端古老的地层被地球深处强烈的热量彻底改变，导致这个地层中所有化石痕迹都被摧毁了。他将这种岩石称为变质岩石。莱伊尔非常严肃地提出，巨型爬行动物的时代可能最终会回归，因为在地球稳态历史的广阔周期进程中，曾经在遥远的过去盛极一时的侏罗纪的全球自然条件在遥远的将来会重新降临。这令他的同时代人难以接受。

莱伊尔对地球历史的解释与大部分专家的观点背道而驰，这严重扰乱了地质学家之间达成的共识。面对这种情况，惠韦尔认为地质学家现在被分成两个对立的阵营，他暗指的是当时搅动英国公众生活的激烈宗教争论。莱伊尔对地质进程"绝对一致性"的坚持使人们认为他是"均变论者"，不过，惠韦尔指出这实在是一个非常排外的宗派。年轻的地质学家查尔斯·达尔文很快就结束了搭乘"小猎犬"号环游全球的旅行，他成为莱伊尔极少数重要的支持者之一。莱伊尔的批评者则形成了一个人数众多的派别，惠韦尔称之为"灾变论者"（灾变论者不仅认为地球及寄居其上的生命的历史具有方向性，而且这一历史进程似乎偶尔会被他们称为"变革"或"灾难"的突发自然事件打断）。两个地质派别都认可现在被称为现实主义的学说，即从总体上看现在是了解过去的最佳钥匙；他们的分歧只在于，他们说的"现实"或者现在的进程在目前的强度下是否足以解释遥远过去的一切。地球时间尺度的量级也不是争论的重点，尽管莱伊尔经常夸张地强调这是争论的重点。莱伊尔表示，他的批评者在论证中援引大型灾难是因为他们在时间尺度问题上感受到压力；对此，科尼比尔抗议说，如果能够证明确实具有必要性，他和其他"灾变论者"将乐意接受"千万亿年"（远远超出现代对地球年龄数十亿年的估计）的时间尺度。但是他也指出，无论时间尺度有多大，也不可能仅凭这一点就消除地球历史具有方向性的证据。

塞奇威克公开抱怨莱伊尔在《地质学原理》中使用了太多"辩护律师的语言"（莱伊尔本人确实是一名称职的大律师）。不过，塞奇威克也不遑多让，他本人是一位雄辩的传教士，同样在语言艺术方面成就斐然。双方都以最有说服力的方式妥善地利用了自己的证据，尽最大可能让自己的观点更有说服力。但事实上，这种通常在友好氛围中展开的激烈辩论最终是以平局告终。其他地质学家从莱伊尔那里更好地理解了当前进程在跨越漫长的"深时"中所具备的力量。他们承认，在某些情况下，他们所认为的灾难性变革可能确实是缓慢而渐进地发生的。但他们拒不认同莱伊尔将地球解释为循环系统或稳态系统。相反地，他们的研究发现，越来越多的证据证明地球具有方向性和历史性，无论这是否归因于地球稳定的冷却进程或其他原因。对于在深远过去偶尔发生的自然灾害的所有证据，莱伊尔均试图加以否定。他们对莱伊尔的这种辩解也表示高度怀疑。这场辩论主要发生在英国地质学家之间。莱伊尔在法国的主要盟友普雷沃曾计划翻译他的《地质学原理》，但七月革命中的政治事件打乱了他的这一计划，从此便再无下文。后来被翻译成法语和其他语言的是莱伊尔整理的一份宝贵清单，它涵盖了有记录的人类历史中地质进程发挥效用的一些直接的观测结果。这鼓励世界各地的地质学家尽可能地尝试根据普通进程来解释地球的历史，而不是过早地、匆忙地引用异常事件，除非他们握有压倒性的证据。值得一提的是，从《地质学原理》中分离出来、反映莱伊尔地球稳态历史观的作品（《地质学纲要》[Elements of Geology，1838]）即使在英语国家也未得到过如此多的关注，在其他地区更不为人所知。

与此同时，在英国，莱伊尔雄辩的文风使他的《地质学原理》易于接受，不管是对他的地质学家同行还是对受过教育的其他公众来说都如此。他对地球浩瀚的时间尺度给出了有说服力的证据，他轻蔑地否定了《圣经》学者，斥责他们愚昧无知、一无是处，这些都让公众印象深刻。然而，莱伊尔作为律师所拥有的语言技巧给公众一种印象，即在地质学上真正具有科学性的是像莱伊尔这样的学者或"均变论者"，而"灾变论者"则比《圣经》学者好不到哪里去。他的批评者自然会抗议，认为这是非常不公平的。

矛盾的是，一个最具挑战性的明显的灾难案例不是发生在深远的过去，反而距离现在并不遥远。地质学意义上最近的过去或者人类历史开端时期所发生的事情，比深远得多的过去所发生的事情更加令人费解。被称为洪积物的表层沉积物令人难以理解，特别是独特的冰碛物或冰川泥砾，它们不同于目前已知的正在形成的任何东西，也不同于更遥远的过去形成的已知的任何东西。所谓的地质大洪水自然首先被认为是《圣经》中记载的大洪水，这是人类历史上记载的唯一规模足够大的自然事件。但是，对欧洲各地的洪积层进行的进一步实地考察很快就表明，这些沉积物或者说其中的大部分几乎肯定是在更加遥远的过去形成的，因此不可能来源于《圣经》中记载的大洪水。实际上，地球历史上可能存在不止一个洪积时代。塞奇威克称他自己在这一点上的转变是"公开放弃信仰"，但这实际上只是一个相当小的转变。巴克兰曾经非常强烈地将地质大洪水确认为《圣经》中记载的大洪水，后来也改变了观点，而且并没有表现出任何痛苦或尴尬。莱伊尔认为，这应该能迫使他的批评者放弃将地质学与《圣经》中所记载的事件相关联。当然，他们仍然愿意将大洪水的故事视为人类历史上可能发生的地方性事件的模糊记录（就像当时最优秀的《圣经》学者所认为的那样）；同时，他们继续坚持认为早期的地质大洪水需要一个合理的解释。正如前面所提到的那样，洪积理论的合理性不仅未被削弱，反而随着漂砾、划伤的基岩以及其他地貌在欧洲和北美更广泛地被发现而更具说服力。

莱伊尔试图通过援引他所谓的新气候理论来辩驳所谓的地质大洪水的所有痕迹。他指出，当地的气候不仅取决于所处纬度，还取决于所处陆块和洋流的状况。例如，英国的气候温和，但它与北大西洋对面的拉布拉多的寒冷气候形成鲜明对比，尽管它们处于同

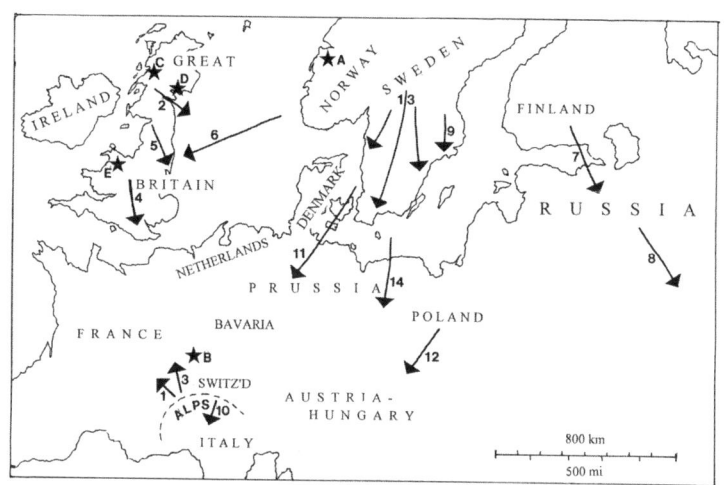

（图中地名：IRELAND，爱尔兰；GREAT BRITAIN，大不列颠；NORWAY，挪威；DENMARK，丹麦；NETHERLANDS，荷兰；FRANCE，法国；PRUSSIA，普鲁士；BAVARIA，巴伐利亚；POLAND，波兰；AUSTRIA-HUNGARY，奥匈帝国；RUSSIA，俄罗斯；FINLAND，芬兰；SWITZ'D，瑞士；ALPS，阿尔卑斯山；ITALY，意大利）

图 7.7 19世纪早期在整个欧洲探索到的"洪积"流的踪迹地图，依据是漂砾、划伤的基岩以及其他地貌。每一处都由一位特定的地质学家描述：1由奥拉斯－贝内迪克特·德索叙尔（Horace-Bénédict de Saussure）描述，2由霍尔（Hall）描述，3由冯布赫描述，4、5、6由巴克兰描述；7和8由格列戈尔·拉祖莫夫斯基（Gregor Razumovsky）与威廉·福克斯－斯特朗韦斯（William Fox-Strangways）描述，9由亚历山大·布隆尼亚（Alexandre Brongniart）描述，10由德拉贝什（De la Beche）描述，11由约翰·豪斯曼（Johann Hausmann）描述，12由格奥尔格·普施（Georg Pusch）描述，13和14由尼尔斯·塞夫斯特伦（Nils Sefström）描述。就像这些名字所显示的那样，这项研究非常国际化。所有这些案例后来（从19世纪40年代开始）被重新解释为更新世"冰期"的巨大冰盖痕迹。这个巨大变化的关键在于那些分布着更小的局部山谷冰川痕迹的区域，在这幅图中用五角星显示（A，挪威；B，孚日山脉；C和D，苏格兰高地；E，北威尔士）

一纬度。如果形成现在欧洲的地区以前无法受到墨西哥湾暖流的影响,那么来自北极地区的冰山可能会漂流到比现在更偏向南方的地区。如果同时海平面更高,冰山可能会在现在地势低洼的北欧地区的融化过程中抛下所携带的漂砾(用现代术语来说,即坠石)。对于这些北方的漂砾来说,莱伊尔的解释是相当合理的,但是将这种解释应用于阿尔卑斯山脉的那些通常在更高纬度发现的漂砾则是不合适的。而且他并没有令人满意地解释带有划痕的基岩广泛出现的原因,也没有合理解释同样广泛存在的冰碛或冰川泥砾等特殊沉积物。尽管存在这些缺点,莱伊尔重新解释了作为地质大洪水最有力证据的漂砾。他认为它们是从漂流的冰山上分离出的坠石,他还将洪积层解释为作为一个整体的"漂移"的沉积物。通过这种方式,他的漂移理论巧妙地消除了地质意义上较近的过去发生任何"灾难"的迹象。这一理论还在全球层面保持了稳态气候的整体"一致性"。

莱伊尔的漂移理论获得了一些新证据的支持,例如,英国一些最年轻的第三纪(他称之为"更新的上新世")沉积物中包含一些贝壳化石,现在这些贝类只生活在更冷、更偏向北方的水域。莱伊尔后来将"更新的上新世"重新命名为"更新世"(意为"最新",他还将自己早期所称的"更老的上新世"重新命名为"上新世")。这个微小的名称变化巧妙地将所谓的洪积时期转变为第三纪的一个普通时段,暗中削弱了如下观点:地质意义上最近的过去曾发生过性质根本不同和具备"灾难性"特征的事件。然而,在批评者看来,莱伊尔的漂移理论无法令人满意地解释很多现象,而大多数地质学家依然支持洪积理论。

影响力大的"冰期"

在瑞士,有学者给这些令人费解的地貌提出了另一种解释,这种解释最终证明比洪积理论或莱伊尔的漂移理论更令人信服。瑞士土木工程师伊尼亚斯·维纳茨(Ignace Venetz)报告说,居住在阿尔卑斯山谷的人们都知道冰川的规模和范围在有记录的历史时期中发生过变动。冰川边缘和冰川末端的冰碛或石脊将这些变化展示得尤为明显:冰川在这些地方融化,原本冻结在冰川之内的岩石碎片从冰川中分离。维纳茨描述了类似的冰碛物,他不仅在山谷这样的低处发现了它们,并且在山谷两侧的高处也见到了它们的痕迹(通常被森林掩盖)。他曾主张阿尔卑斯山的冰川在"湮没于时间长河的某个时代"中必定要比现在的规模大得多。但是,其他瑞士学者要么忽视了这一说法,要么将其视为疯狂的猜想。但地质学家让·德沙彭蒂耶(Jean de Charpentier)后来相信,只有维纳茨的理论才能解释他所了解的阿尔卑斯山脉的一些特征:罗讷河上游山谷两侧的高处存在一些冰碛,还有一些巨大的漂砾;在那个高度上,有些基岩表面存在划伤或抛光的痕迹。至关重要的是,德沙彭蒂耶知道在很远的山谷高处那些现存冰川的下方依然可以看到类似的岩石表面,它们显然是被包裹着巨砾的滚动冰块划伤(就像粗糙的砂纸摩擦木材表面一样)的。德沙彭蒂耶追踪了这个地区的冰碛和划伤的基岩,并耸人听闻地说,一个巨大的冰川之前一定填满了整个罗讷河上游山谷,然后扩展到阿尔卑斯山以外低洼的瑞士平原上,甚至向上推进到北边的汝拉山,并在那里留下了一些著名的巨大漂砾。在这种历史性重建中,即使是现存最大的阿尔卑斯山脉冰川,在德沙彭蒂耶看来,也只不过是曾经规模极大的"巨型冰川"留下的很少量的残余。

这意味着最终压实成为冰川冰的阿尔卑斯山降雪在地质意义上最近的过去规模一定非常大。什么原因导致的这种情况？像大多数地质学家一样，德沙彭蒂耶无法想象全球气候当时可能会比现在冷得多，因为地球长期降温的所有证据都表明，如果气候发生过变化的话，当时也会比现在更温暖一些。然而，如果那时的阿尔卑斯山脉和现在的安第斯山脉或喜马拉雅山一样高，那么它们甚至可能在跟现在相似的全球气候条件下产生了巨型冰川。但这需要阿尔卑斯山海拔急剧攀升（德沙彭蒂耶清楚地记得埃利耶·德博蒙的周期性"海拔新纪元"理论）随后再沉降到现在的高度，所有这些都在地质意义上很短的时间内完成。其他地质学家认为这种解释无法令人信服。此外，尽管该理论对阿尔卑斯山漂砾形成原因的解释远远优于冯布赫早先提出的某种超级大海啸的观点，但它不适用于欧洲北部和北美地区其他相似的漂砾：它们并不靠近任何一支山脉，要用高海拔山脉来解释它们为何分布广泛更无可能。因此，德沙彭蒂耶关于此前罗讷河冰川规模巨大的理论，在其他持慎重态度的地质学家看来是可疑的。

然而，德沙彭蒂耶的理论很快成了一个更加具有轰动性的理论的催化剂，它是由阿加西斯于1837年在瑞士博物学家年会上提出的，此次年会当时在他的家乡纳沙泰尔举行。阿加西斯此时已因自己在鱼类化石领域的成就而声名卓著并广受尊重，但在这里，他开始进入一个自己没有任何相关经验的不同领域。他提出，在地质意义上最近的过去，地球一直处于严酷的"冰期"。他认为处于冰期的地球非常寒冷，以至于一大片静态的雪或冰覆盖了整个北半球，或者至少向南一直覆盖到北非的阿特拉斯山脉。他当时甚至可能认为冰雪实际上延伸到了热带地区——他后来确实持这种观点，这催生了后来（与当时的背景不同）被称为"雪球地球"的理论。在这

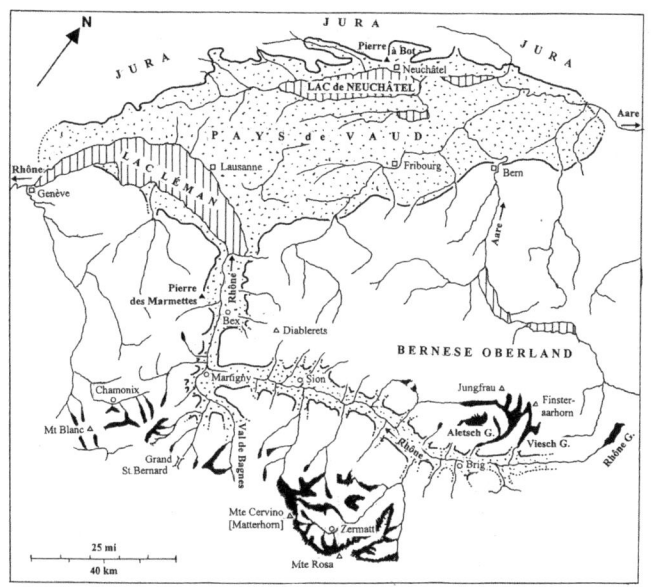

(图中词语:JURA,汝拉山;PAYS de VAUD,沃州;Aletsch,阿莱奇冰川;Pierre des Marmettes,蒙泰石;LAC de NEUCHÂTEL,纳沙泰尔湖;Rhône,罗讷河;Genève,日内瓦;LAC LÉMAN,莱芒湖;Lausanne,洛桑;Fribourg,弗里堡;Bern,伯尔尼;Aare,阿勒河;Bex,贝城;Diablerets,迪亚布勒雷山;BERNESE OBERLAND,伯尼兹奥伯兰;Chamonix,沙莫尼;Martigny,马蒂尼;Jungfrau,少女峰;Finsteraarhorn,芬斯特拉峰;Viesch,费尔施;Mte Cervino(Matterhorn),马特洪峰;Zermatt,采尔马特;Mte Rosa,罗莎山;Grand St Bernard,圣伯纳德山;Mt Blanc,勃朗峰;Sion,锡永;Val De Bagnes,巴涅河谷;Pierre à Bot,伯特石)

图 7.8 让·德沙彭蒂耶绘制的瑞士西部地图(1841年出版),显示他重建了一个之前的"巨型冰川"(点状区域)。该冰川填满了整个罗讷河上游河谷,扩展到现在的莱芒湖(日内瓦湖),覆盖了低洼的瑞士沃州,并向上推进到汝拉山的山峦。实际上,他声称取代了冯布赫先前对基本相同的地貌提供的解释(冯布赫的解释依据是洪积流和巨型海啸)。德沙彭蒂耶的这一重建基于他对整个"漂砾区域"的详细绘图,特别是山谷两侧的冰碛(点状区域两侧)。现有的冰川,包括阿尔卑斯山脉中最长的阿莱奇冰川(黑色区域),被描绘为消失的巨型冰川的相对微小的残余。两个著名的巨型漂砾的位置也有标记,一个靠近德沙彭蒂耶的家乡(蒙泰石),另一个在汝拉山脉的纳沙泰尔上方(伯特石)。为方便阐明他的理论,他绘制的这幅巨大且内容详细的地图已经使用现代方法加以重新绘制(并且尺寸被大幅缩小)

个极其寒冷的冰期,阿尔卑斯山已经被抬高了(就像德沙彭蒂耶一样,他明显也知道埃利耶·德博蒙的理论),产生了一个结满冰的斜坡,阿尔卑斯山的漂砾沿着这个斜坡一直滑到汝拉山(在博物学家开会地点的山脚下)。直到后来,随着全球气候从冰期起出现变化,静态的冰雪融化,留下作为微弱残余的现代冰川在缓慢移动。阿加西斯最大限度地减少了他对德沙彭蒂耶理论的借鉴,声称他的理论完全不同,事实上也是如此。与他的竞争对手不同,他并不认为漂砾是被冰川的移动冰搬运的,他提出,它们只是沿着静态冰的倾斜表面滚动。

阿加西斯还别出心裁地将他时间短暂但极端冷酷的冰期理论与地球整体缓慢降温的设想结合起来。与大多数地质学家(莱伊尔除外)一样,他也认为地球降温的设想是非常合理的。他推测地球并没有逐渐降温,而是通过一系列的步骤,每一步都提供了一段时期的稳定环境,而在每一个稳定环境中都有一组特定的动植物可以很好地适应它。全球温度突然暂时性暴跌导致稳定时期被分隔开,对于温度骤降的原因,他表示并不明确。他的观点可以解释反复出现的大规模灭绝事件,这些事件使得这些连续时期中的每一个都有其独特的动物群和植物群化石记录。结合地球长期降温的趋势,只有在最近的这些突然降温的时段,地球温度才能够下降到足以导致冰期出现。因此,一个非常漫长的趋势在最近的过去产生了一个独特事件。

这是一种规模宏大的理论推测。出席纳沙泰尔会议的很多资深和清醒的地质学家对此表示高度怀疑,冯布赫就是其中之一。其他人则直截了当地表示阿加西斯应该继续做鱼类化石研究,但是有些人被激发起再次考察自己家乡的兴趣。例如,生活在孚日山脉附近(在距离阿尔卑斯山更远、位于汝拉山北部的阿尔萨斯)的地质学

图7.9 阿加西斯描绘的纳沙泰尔附近的汝拉山脚下被划伤的基岩表面的图片,发表在他的《冰川研究》(Études sur les Glaciers,1840)中。他利用这幅图解释地质学意义上最近的过去发生了严酷冰期的理论。事实上,相比阿加西斯的理论(漂砾只是从静态冰川的斜坡滑下),这样的证据更适合德沙彭蒂耶的理论——一个挟带着漂砾的巨型冰川从阿尔卑斯山一直向外延伸,正是这些漂砾在嵌入冰层时擦伤了基岩。和漂砾、冰碛或者冰川泥砾一道,像这样被划伤的岩石表面成为横跨北欧和北美大片地区的前冰川甚至冰盖存在的关键证据

家在深谷中发现了大量小型的前冰川的证据,靠近现在生产高质量阿尔萨斯葡萄酒的气候温暖的山坡。没有迹象表明,孚日山脉在地质意义上最近的过去曾经被抬升起然后再次沉降,所以德沙彭蒂耶对阿尔卑斯巨型冰川的解释在那里很难适用。要想运用这些证据,似乎需要证明至少在地区范围内出现过真正的寒冷时段。

阿加西斯访问了英国,他此行主要是为了研究鱼类化石藏品。但他也在英国"科学绅士"(men of science,当时的英国通常使用这个术语,而不是科学家,该术语虽然突出性别差异但准确反映了

当时的事实）会议上解释了他的冰期理论。当他被巴克兰带去参观苏格兰高地时，他们在那里也辨认出了已经消失的山谷冰川的大量证据。他们还相信，自己看到了分布更为广泛的冰覆盖苏格兰大部分低地的痕迹。例如，阿加西斯耸人听闻地声称最高处为一座城堡的爱丁堡老城中心曾经是一座岩石岛屿（用现代术语来讲是冰原岛峰），并且被一片冰川包围。莱伊尔最初也相信。当他和巴克兰一起考察时，他在位于苏格兰高地南部边缘的家中看到了类似的冰盖证据。但是在深入思考后，他认为这并不是冰川，他退缩回一个更加稳健的理论立场上。高地地区的山谷冰川，如现在阿尔卑斯山脉高海拔地区的冰川，对他来说是更可信的，但是，扩展到低地地区的冰盖，对他来说并不可信。小型局部冰川与他的气候理论相容，因为它们的变化与区域地理变化相一致；但是低地冰盖存在的前提是地球处于全球性极度寒冷的时段，而这严重背离了他在《地质学原理》中坚持的严格的一致性。这种冰期看起来像他的批评者所说的"灾难"，这令他感到不安。

事实上，其他地质学家，包括主要的"灾变论者"，也认为"巴克兰－阿加西斯的世界性冰川"（这是科尼比尔的调侃性称呼）确实难以置信。然而，在诸如威尔士北部等其他丘陵地区发现的已经消失的山谷冰川的证据（达尔文在威尔士北部发现了相关证据，这也令他感到意外）使得某种"冰川时期"（大概相当于莱伊尔的更新世时期）越来越具有可信性，至少对于北欧这样的温带地区来说是如此。阿加西斯在其再版的《冰川研究》的结尾部分强调了他更加引人注目的"雪球地球"理论。但这主要是对阿尔卑斯山冰川的描述，因此它的价值主要在于使目前的冰川活动为更多人所知。在接下来的几年里，人们开始将温和的"冰川理论"与莱伊尔的漂移理论相结合。大多数地质学家都认为，地球或者至少北半球最近经历了一段更寒冷的气候,但所谓的"冰期"远没有阿加西斯认为的那么严酷。中纬度地区的气候寒冷到足以产生小型山谷冰川。靠近海岸的地区会产生冰山,它们会挟带着岩石漂流,这些岩石随着冰山的融化会散落在非常广泛的区域。如果陆地随后上升(或海平面下降),这些坠石就会成为漂砾散落在低洼的地区。这种解释依然被用于现代的类似事例,例如位于北半球的斯匹次卑尔根岛和位于南半球的南佐治亚岛,这两处的山谷冰川延伸到了海平面,当它们融化时,崩解的冰山会直接落入海中。作为所有早期"大洪水"证据的某种超级大海啸,现在可以在非常寒冷的气候条件下重新加以解释。洪积理论可以很容易地转化为冰川理论。

  冰川理论打破了早期的地质学共识,因为它完全出人意料:大多数地质学家认为地球在悠久的历史中一直缓慢而稳定地降温,而莱伊尔则认为地球一直保持着相当平静的稳定状态。几乎没有地质学家预料到地球最近经过了一段极端寒冷的短暂地质时期,然后再次升温。那些认为冰川理论证明了自己观点的正确性的地质学家只能是灾变论者。冰川理论强化了灾变论者一直强调的更深刻的意义,即地球历史从根本上来说具有偶然性,因此即使回过头来看也是不可预测的。到目前为止,地球历史与人类历史之间的类比被认为是理所当然的,地质学家不再明确地使用这种类比(他们面向大众书写的东西除外),但实际上这正是冰川理论所确认的。为了重建地球历史,地质学家需要像历史学家一样思考,在回顾历史时要期待意外。下一章将进一步追踪这一点的含义。

第八章
自然历史中的人类历史

破解冰期之谜

在19世纪下半叶，学者们重建的地球历史可以一直追溯到寒武纪岩石中化石记录的开端，这种重建在接近结束时，也就是在重建最近的过去时反常地变得神秘难解。在较年轻的第三纪地层与现代地层之间存在一个令人费解的时间段，地球及寄居其上的生命在这段时间内发生了什么？为了填补这一空白，严酷冰期这种出人意料的想法冒了出来，而冰期就像它所取代的地质大洪水一样具有"灾难性"特征。其他地质学家很快就忽视了阿加西斯那惊人的"雪球地球"概念，尽管他持续为此辩护（在离开瑞士并作为哈佛大学教授在美国定居后，他声称在热带的巴西发现了冰川活动的痕迹）。大多数地质学家认为，在莱伊尔命名的"更新世"时期——以分布广泛的山谷冰川和遍布冰山的海洋为特征，冰川作用比较温和，但即使是这种并不激烈的冰川作用依然出人意料地足以凸显整部地球历史所具有的偶然性特征。

大约在19世纪中叶，在极地探索中地质学家见识到了莱伊尔所说的"现在正发挥作用的"冰川的力量有多强大。在北美洲北部的北极地区寻找具有商业和战略价值的西北航道的探险活动，以及为捕猎数量不断减少的鲸群而进行的航行，都确认了北大西洋航道上漂浮的危险的崩解冰山来自格陵兰岛的冰川。后来的科学考察发现，这些不仅是山谷冰川，它们是从覆盖着辽阔大陆内部的巨大冰盖中分离出来的。在地球南部，探险队试图找到磁极，以帮助了解地球的磁场，用于全球导航的磁罗盘就依赖于磁场。他们穿过了散布着类似冰山的南冰洋中的大片海域，并发现了一个巨大的南极大陆。人们一直猜测它的存在，但从未有人见过。这块大陆几乎被冰盖完全覆盖，它的冰盖比覆盖格陵兰岛的冰盖更大。

这些发现表明，更新世冰期的严酷程度和规模之大超出人们之前的想象，需要对其进行更大胆的重建。格陵兰岛和南极洲，而不是阿尔卑斯山，成为现代世界中跟过去类似的地点。北欧和北美洲北部在地质上最近的过去大概就跟格陵兰岛与南极洲的现状相似。消失的小型山谷冰川，例如苏格兰的冰川，可能只是以前蔓延到低地地区的大型冰盖的最后残余。我们之前曾提到过这样的冰盖，并用它解释在斯堪的纳维亚半岛和德国出现的漂砾；但就像阿加西斯对苏格兰所发现的证据的类似解释一样，这个想法似乎太疯狂了，不值得认真对待。然而，1875 年，在斯匹次卑尔根岛实地研究了北极冰川和冰盖的瑞典地质学家奥托·特雷尔（Otto Torell）说服了位于柏林的德国地质学会的主要成员，像格陵兰岛冰盖一样巨大的冰盖不仅覆盖了整个斯堪的纳维亚半岛，还向南延伸穿过波罗的海和德国北部平原，而且这个冰盖还挟带着之前被认为来自巨型海啸或漂流冰山的所有漂砾。最终，到 19 世纪末，基本所有的地质学家都认同，之前有一个相似的但扩展范围更广的冰盖曾覆盖了北美洲北部的广袤区域。

冰期，就像它所取代的地质大洪水一样，最初被认为是地球近代史上的一个独特事件。学者认为，在冰期出现之后，全球气温出现了异常的"灾难性"下降。但是早期的野外证据表明，地球历史上出现了不止一次洪积事件，这些证据很容易被重新解释为地球历史上出现过多次冰川事件的证据。事实上，这一点也得到了确认。在19世纪70年代的欧洲和北美洲，专家发现，化石土壤、林木的遗骸夹在不同的冰碛物或冰川泥砾沉积物之间，像三明治一样。德国和奥地利地质学家进行的密集野外调查重建了冰盖多次扩张和消退的历史：不仅是从斯堪的纳维亚半岛向南延伸的那些冰盖，还有那些从阿尔卑斯山向北推进的冰盖（这虽然是一个迟来的发现，但证实了德沙彭蒂耶重建罗讷河巨型冰川的正确性，并将该冰川置于一个更广阔的背景中）。例如，阿尔布雷希特·彭克（Albrecht Penck）在《冰期的阿尔卑斯山》（*Die Alpen im Eiszeitalter*，1901—1909）中综合分析了19世纪后期在阿尔卑斯山进行的大量的野外调查。他描述了在至少四个冰川时期形成的沉积物，按照奥地利的四条河流的名字依次将这些冰期命名为恭兹冰期（Günz）、民德冰期（Mindel）、里斯冰期（Riss）和维尔姆冰期（Würm）。这些冰期被三个"间冰期"分隔，通过化石可以推断出其中一个间冰期的气候比如今的欧洲还要温暖。在欧洲和北美其他地方进行的类似研究证明了更新世时期的地球历史绝对是充满变故的。更新世形成的沉积物似乎只是覆盖在厚厚的第三纪地层上的覆盖层，但它显然代表着极其漫长的时间跨度。

这些冰期出乎地质学家的意料，增强了他们的历史偶然性意识，不过，这并没有阻止其他人寻找造成冰期出现的自然原因。人们越来越清楚地认识到，整个冰期包含不止一个冰川时代。重要的是，对冰期出现原因的这种追寻开始超出了地质学范畴。自学成才

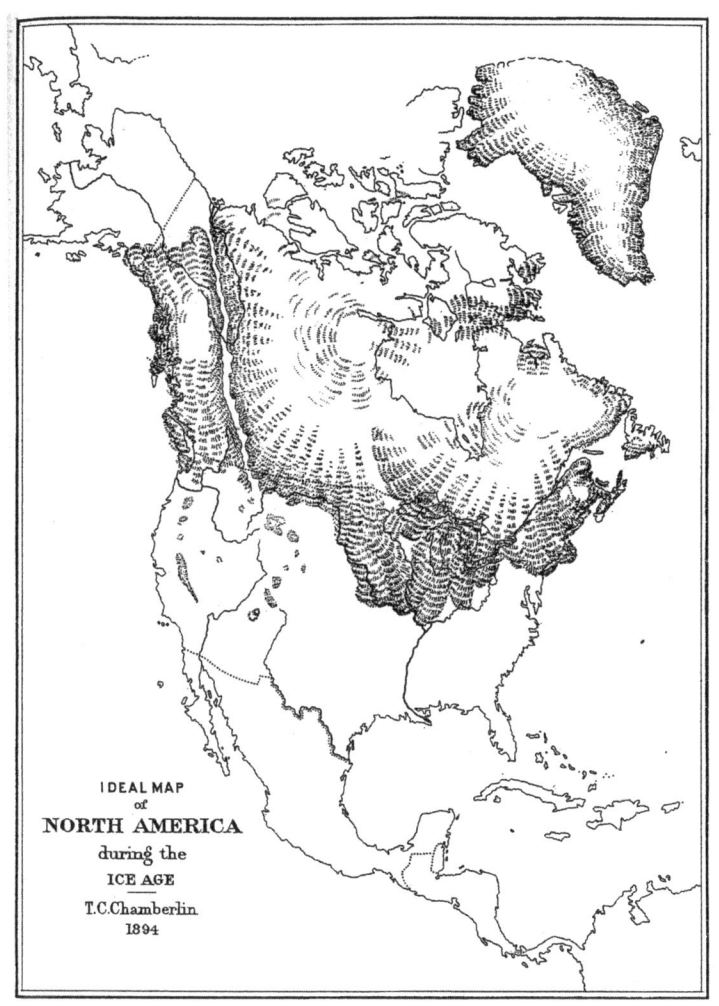

图 8.1 托马斯·钱伯林（Thomas Chamberlin）的《北美冰期设想图》，于 1894 年发表在詹姆斯·盖基（James Geikie）的《大冰期》（*The Great Ice Age*）上。对这个巨大冰盖（在面积最大时曾覆盖了北美大陆北部）的重建，是基于 19 世纪晚期美国和加拿大许多地质学家对冰碛和其他冰川地貌的描绘。地图显示冰盖从加拿大北部向南延伸穿过新英格兰和五大湖地区，向西延伸到落基山脉（一条从无冰雪覆盖的阿拉斯加延伸出的狭窄走廊，它表明了动物从亚洲迁徙到北美其他地区的可能的途径）。该地图还显示格陵兰岛被另一块巨大的冰盖覆盖（现在仍然如此），这有助于使冰期——无论多么令人吃惊——看起来并非完全不同于现在的世界

的苏格兰人詹姆斯·克罗尔（James Croll）是最早将地球上可测量的长期变量（如轨道偏心率和分点岁差）纳入天文学研究的人。在《气候与时间》(*Climate and Time*) 中，克罗尔认为，由于地球运动相对于太阳运动来说周期性变化相对较小，可能会反复触发严酷的冰期。他的气候循环变化理论叠加定期周而复始的冰期，初看起来似乎是合理的。他经过计算认为，上次冰期结束距今约有8万年，但北美地质学家得出的结论是，他的计算结果与他们自己实地调查发现的证据不符，他们认为这些冰盖最后一次消融的时间比他计算的时间要晚近很多。

19世纪末，克罗尔的理论总体上已名誉扫地。因此，更新世冰期的出现原因仍然像以前一样模糊不清，但冰期作为地球历史上的一次重大事件或一系列重大事件的现实性已经牢固确立了。地质学家并非首次当然也不是最后一次认识到，确定某事实际上发生过和令人满意地找出它的发生原因之间存在重要区别。实际上，这是研究历史和研究自然之间的区别。更新世历史由冰期导致的极端复杂性，让更新世与地球历史的其他时期具有了同样的特性。原则上，学者可以像理解地球历史上其他任何时期一样理解更新世。学者们将冰期融入更新世。（自冰期结束以来的时期被称为"全新世"；更新世和全新世一起被称为"第四纪"，因为两者本质上都位于第三纪之后。）

与猛犸象共处的人类

更新世冰期令相对晚近的地球历史中的其他谜题更加难解。居维叶首次重建了大规模灭绝的猛犸象和其他大型哺乳动物，它们的灭绝是如何与冰期主要的气候变化相关联的？它们是死于不适应冰川环境吗？或者正如猛犸象的皮毛所暗示的那样它们已经很好地适应了寒冷？冰期是如何与人类的起源和其早期的历史相关的？第一批人类跟猛犸象生活在同时代吗？或者他们只是在冰期最终结束、猛犸象已经灭绝之后才出现？从地球历史的更广博的视角来看，冰期或更新世是否标志着人类世界与前人类世界之间的界限？如果是这样的话，那从人类的角度来看，这一时期肯定是整个故事中最具决定性的时刻，也是需要理解的最重要的时期。

为了给后来的一些轰动性进展提供背景，这里需要简要介绍一下 19 世纪早期的情况。当时，人类和猛犸象处于同一时代的说法遭到深刻怀疑，这其中居维叶的观点最有影响力，而且他有充分理由怀疑为他所知的所有人类化石的真实性。即使人类的骨头和已灭绝哺乳动物的骨头在一起被发现，他仍然持怀疑态度，因为有很充分的证据（例如"红色女士"）表明，它们来自不同的时代。他确信大型哺乳动物的大规模灭绝不是由任何人类活动引起的，而是由某种自然灾害引起的，这意味着它必定发生在人类出现之前，或者至少在他们成为自然世界的重要因素之前。但是在晚年，面对越来越多的可靠的人类化石的报告，居维叶原本正当的怀疑主义变成了不合理的教条主义。例如，在法国南部的几个洞穴中，年轻的博物学家朱尔·德·克里斯托尔（Jules de Christol）和保罗·图纳尔（Paul Tournal）发现了一些跟大量动物骨骼混合在一起的人类骨骼，这些骨骼保存在相同的沉积物中。他们的报告让科学界形成了对立的两派，而且不仅仅是在法国。

1832 年居维叶去世，此后不久最好的此类案例被报告出来。医生菲利普－查尔斯·施梅林（Philippe-Charles Schmerling）表示，他在列日（在当时新近独立的比利时境内）自家附近的默兹河谷的洞穴中，发现了两个人类头骨（其中一个位于一个猛犸象的牙齿附近）和打制过的燧石以及用骨头做的人工制品。它们与多种已灭绝的哺乳动物的骨头混在一起，全部埋藏在洞穴底部深处的沉积物中，并且都以同样的方式保存下来。施梅林清楚地知道居维叶和其他人对早期所发现的证据持怀疑态度，因此，他强调自己极其谨慎地挖掘了关键标本。他坚持认为没有证据表明人类遗骸的埋葬时间比动物骨头埋藏在这里的时间要晚。

然而，即便是这一有力证据也未能说服其他地质学家。例如，莱伊尔拜访了施梅林，看到了他的标本，并承认该案例"比以往任何一个案例都难以推翻"，但他后来还是推翻了它。他对任何人声称的（尽管施梅林并没有这么说过）用来支持《圣经》真实性的新的"大洪水的见证人"都极为抵触。同样造访过施梅林的巴克兰对具有欺骗性的"红色女士"有着清醒的认识，他也认为这个新案例可能跟以前有问题的证据具有相似性，其中的人类被埋葬的时间要远远晚于那些哺乳动物化石。还有一些地质学家在没有访问发掘现场的情况下仍然持怀疑态度，施梅林痛苦地预测，总有一天这些"只待在博物馆的人"和"空头理论家"会被证明是错误的。正如图纳尔所指出的那样，只有最谨慎的实地调查才能说服他们，但前提是他们首先必须放弃自己坚信不疑的教条——人类与已灭绝的哺乳动物存活的时间没有重叠。可悲的是，施梅林很快就去世了，他的先见之明要等到很久之后才能得到证实。

事实上，克里斯托尔和图纳尔赋予人类遗骸一个至关重要的新研究维度。他们提出他们各自发现的洞穴化石来自有争议的洪积期（人们当时依然使用这一术语）的不同时段。克里斯托尔发现的洞穴（位于蒙彼利埃附近）有许多常见的灭绝物种的骨头。当巴克兰拜访他时，他同意其中一个洞穴是一种已灭绝的鬣狗的巢穴，就像柯克戴尔洞穴那样。相比之下，图纳尔发现的洞穴（位于纳博讷

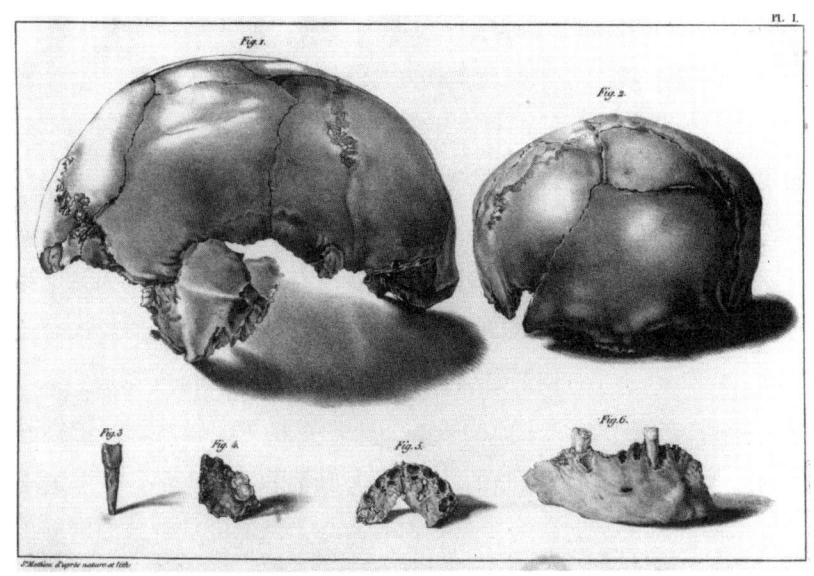

图 8.2 菲利普-查尔斯·施梅林描绘的人类头骨和下颚碎片的插图（1833 年），在这些人类遗骸的发掘现场还发现了打制过的工具，以及经过人类加工的动物骨骼。这些人类遗骨发现于比利时默兹河谷的洞穴下面的沉积物中，和猛犸象以及其他已灭绝动物的骨头与牙齿混在一起。施梅林表示，这清楚地表明人类在洪积期（十年之后，有人重新解释为更新世冰期）与后来灭绝的哺乳动物是共存的，但他的同时代人普遍对此持怀疑态度

附近）的骨头则包括几个已知的仍然存活的物种。因此，图纳尔提出，这一洞穴中骨头的年代是相对居中的。从一些哺乳动物灭绝的时期开始，人类可能不断地占领了法国南部，而哺乳动物的种群由于某些物种的零星灭绝而逐渐发生变化，这可能是由于狩猎或砍伐森林等人类活动造成的。这种重建没有给任何大洪水之类的事件留下空间。图纳尔放弃了他早期使用的术语"洪积期"。他认为处于地球全部历史末尾的人类时期包括两个不等长的时期：短暂的有文字记载的人类历史时期以及之前时间极为漫长的"史前时期"（他

称之为 antehistoire)。

史前史的观念并不新鲜。历史学家自18世纪晚期就开始使用这个词,但实际上,他们只是用它定义那些未知的东西,因为它们超出了最早的书面记录(古埃及和中国王朝的书面记录)。人们默认已知的东西是有文字记载的文明史。图纳尔认为文字出现以前的时期也是可知的,但当时他的这种观点没有什么影响力,因为他当时很年轻,又是巴黎之外的外省人。但从长远来看,他的想法至关重要。正如居维叶希望通过让地球的前人类历史变得可知来"突破时间限制",文字出现之前的人类历史现在也可以被认识,依据就是人类骨骼和有历史价值的人工制品。成熟的"考古学"实际上主要聚焦古代有文字记载的文明的物质遗存(例如庞贝古城的发掘),但是到了19世纪中期出现了一种新的"史前考古学",致力于研究有文字记载之前的人类历史。

人们相信任何此类历史都是可知的,可以自信地对其加以重建,这在当时是一种非常新颖的想法。地质学家在过去几十年中取得了越来越多的成功,为这种想法打下了坚实的基础。因此,地质学早先虽然借鉴了人类历史的研究方法,但现在它正在反哺人类历史研究。地质学方法现在已被应用于最早的人类历史研究,新的史前考古学的许多领军人物最初都是地质学家,这点并非巧合。史前史研究开辟了一个新的概念空间,它介于由地质学家新近重建的地球的前人类历史与历史学家描述的传统的有文字记载的人类历史之间。史前史研究有潜力为这两者提供联系,并将它们统一进单一的历史叙事中。

这就是19世纪中期一次轰动性突破的背景,而这次突破首先确立了漫长的石器时代与已灭绝的更新世哺乳动物所处的时代有重叠。施梅林的悲惨经历表明,如果证据仅仅局限于洞穴中,那么怀疑论者可能永远都不相信人类确实曾和猛犸象生活在同一时代。洞穴沉积物总是可能受到人类墓葬的侵扰（例如，像巴克兰发现的"红色女士"），因为洞穴曾经是生活在周围的人类的理想住所（在19世纪的欧洲，洞穴依然是一些"穴居人"的家园）。只有在发掘洞穴时比以往任何时候都更加谨慎和小心，这类证据才具有决定性的意义。或者说，如果证明人类和猛犸象处在同一时代的证据远离任何洞穴，如果能够在之前被归类为洪积世、现在被重新解释为更新世的河流砾石沉积物中发现它们，则更具说服力。事实证明，这次突破正来自这两种类型的场所。

在距离法国北部海岸不远的索姆河谷中，一些当地的古文物收藏家发现并描述了各种史前石器。它们通常都是发现于河谷表面，因此无法确定年代。但在19世纪40年代，身为公务员的雅克·布歇·德佩尔特斯（Jacques Boucher de Perthes）声称在阿布维尔自家附近的砾石坑深处发现了一些类似的石器。砾石坑中已经发现了大量常见的已灭绝哺乳动物的骨骼化石，所以这显然说明这些动物和石器处于同一时代。然而，布歇在他的《凯尔特人和大洪水之前的遗迹》（*Antiquités Celtiqueset Antédiluviennes*，1857）中对自己的发现给出的解释必然会被地质学家和考古学家否定。布歇认为，这些石器并非普通人（例如罗马人到来时居住在那里的"凯尔特人"）制作的，它们的制作者是和那些大型哺乳动物一起被《圣经》中记载的大洪水完全灭绝的亚当之前的人类，被他称为大洪水之前的种族。对他的读者来说，这种理论似乎是退回到伍德沃德和佘赫泽生活的时代，而不是他们自己所处的更开明的时代。这让他们很容易将布歇视为一个无知的守旧派。虽然他进行了良好的地质实践，记录了砾石沉积物序列中燧石工具的确切位置，但他的许多古代遗物都很可疑，因为它们不是由他发现的，而是由工人发现的，他们很

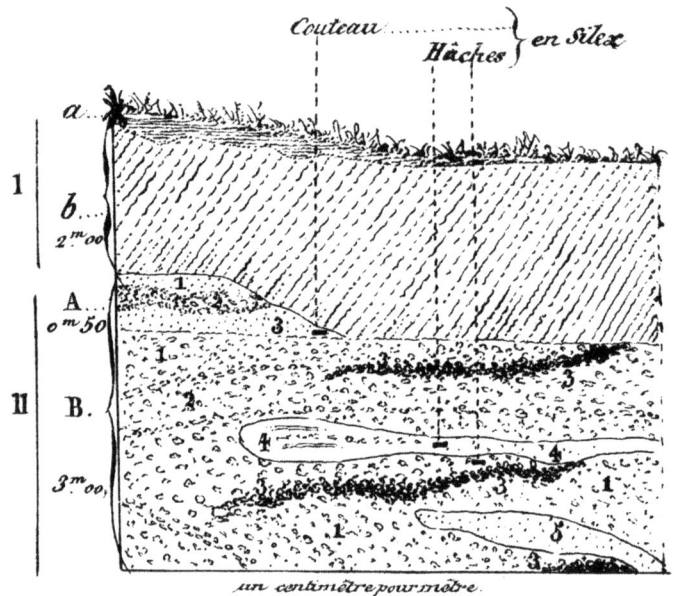

图 8.3 雅克·布歇·德佩尔特斯绘制的阿布维尔附近一个砾石坑的截面图（1847年），显示了一个燧石刀（Couteau）和两个燧石斧（Hâches）的确切位置。他发现，这些石器嵌入与已灭绝哺乳动物骨骼相同的更新世地层中，位于地表以下数米处。虽然大多数地质学家和考古学家最初对这一发现表示怀疑，但是学者后来认为，此类"人类遗物"证据具有决定性价值

可能误导了他甚至是故意欺骗了他。最重要的是，在所有的动物骨骼中都没有发现任何人类骨骼。

不出所料，布歇的主张要么被否定，要么被忽视，即使那些对早期人类和已灭绝哺乳动物处在同一时代持开放态度的地质学家对他也是如此。但是，由于在索姆河谷更远的上游发现了类似的证据，一位有声望的怀疑论者改变了看法。马塞尔-热罗姆·里戈洛（Marcel-Jérôme Rigollot）医生早先曾是居维叶在外省的骨骼化石信息提供者之一，他在位于亚眠市的圣阿舍利（St-Acheul，就在他

自家附近）埋有骨头的砾石坑中发现了燧石工具，而且他认为它们一直处于原来的位置，未被移动过。可悲的是，在他去世时，地质学家或考古学家并未充分讨论过他就此发表的著作，他们依然认为这个问题是不确定的，而且没有得到解决。布歇在他的《凯尔特人和大洪水之前的遗迹》的第二卷中吸收了里戈洛的论点，放弃了自己早期许多异想天开的解释，以便他的观点更容易为人接受，但他的新著作也未能撼动诸如巴黎和伦敦等科学中心的权威意见。

　　这一僵局很快就被打破了。令人惊讶的是，证据竟然来自洞穴。位于英格兰南部海岸的托基附近的布里克瑟姆洞穴于1858年被发现，其中含有丰富的动物骨骼化石。英国地质学家很快发现了它的潜力：可用于弄清楚更新世哺乳动物被现代物种取代的一系列历史事件，而非解决人类遗迹的问题。地质学会专门筹措资金确保能够以空前谨小慎微的方式对其进行发掘，从而保证每一个细节都能精确无误。发掘行动由一个卓越的委员会来监管，成员包括莱伊尔等地质学家、解剖学家理查德·欧文（被称为"英国居维叶"，他定义并命名了恐龙）以及考古学家。在后来沉淀的石笋硬壳下面（就像在柯克戴尔和巴伐利亚的那些洞穴那样），人们提取到了大量的动物骨骼，并在连续的洞穴沉积层中保留了它们位置的精确记录。一个意外收获是发现了一些无可争议的残缺的工具。很显然，它们就在完好无损的石笋外壳下面原封不动地保存着。这些工具的制作者一定与已经灭绝的鬣狗和犀牛生活在同一时期，这一点看起来无可争辩。

　　然而，布里克瑟姆洞穴仍然不足以消除地质学家长期以来对从洞穴中获取的证据的担忧。因此，在接下来的几个月里，参与发掘布里克瑟姆洞穴的几名学者（包括莱伊尔）从英国赶到法国访问布歇，并亲自探访他和里戈洛在索姆河谷发现的砾石坑。他们在现场考察后，确信法国人的发现是令人信服的。他们看到一个新发现的燧石工具仍然嵌在地表深处的砾石坑中，让人几乎没有怀疑的余地。1859年，多名学者发起了一场经过协调的运动，旨在改变英国科学界的观点，他们在几次科学会议上向地质学家、考古学家和其他"科学绅士"报告了自己的结论。莱伊尔得出了一个历史性结论：制作石器化石的时代与罗马人入侵高卢（法国）的时代之间有一段漫长的时期。拥有更高超技术（19世纪的人们依然运用这种技术为燧发枪制作燧石）的人类在更新世冰期或者至少在其较温暖的间冰期曾经生活在欧洲。

在巴黎，有些学者仍然抵制这个结论，例如，法国科学院的强势人物埃利耶·德博蒙。但是，其他法国人越来越多地支持布歇的重建工作及其所暗示的一切。那时尚不清楚到底是什么样的人类制造了这些燧石工具。当在索姆河谷的砾石中发现第一个类似人类的化石时，这个问题变得更加混乱了。1863年在穆林–基尼翁（Moulin-Quignon，位于阿布维尔附近）发现的下颌骨引发了极大的争议。大多数相关的法国博物学家声称它是真实的，但大部分英国人都怀疑它是由一位工匠事先埋藏好的。（当时，确实有些工匠四处巡游，参与了有利可图的"复制"燧石工具的产业。）科学家就此展开了一场"下颌骨审判"，两国的主要专家分别陈述了自己的论点，首先是在巴黎，然后是在诺曼底的发掘现场。虽然这场辩论的正式结果是支持其真实性，但怀疑仍然存在，最终穆林–基尼翁的下颌骨被认为是伪造的。因此，能够制造工具的到底是什么样的人依然无法确定。

提议举办这场国际"审判"的地质学家伊杜阿尔·拉尔泰（Idouard Lartet）认为，需要制定史前史的相关年表，以匹配地质学家为地球历史深远的过去所构建的体系。在图纳尔早期建议的基

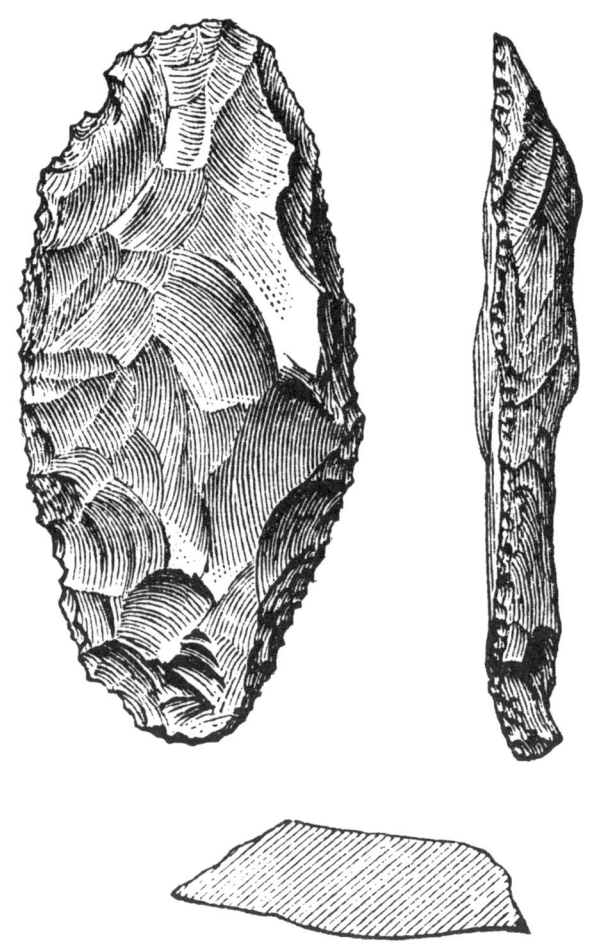

图 8.4 1858 年，在英格兰南部布里克瑟姆洞穴下面发现的残破的史前燧石工具（图中为两种视角和一个横截面）。被发现时，它们和一些已灭绝哺乳动物的骨头在一起。这幅图取自伦敦地质学家（同时也是富裕的葡萄酒商人）约瑟夫·普雷斯特维奇（Joseph Prestwich）出版的挖掘报告（1873 年）。人们空前谨慎地、精确地记录的这些发现，有助于消除人们对人类和更新世动物曾经共处于同一个时代的残存的疑虑。它们证明，人类历史可以很好地延伸到以前被认为是前人类的时代，尽管人类在地球的全部历史中仍然是一个相对较新的登场者

础上，拉尔泰根据与早期人类共存（至少在西欧）的连续出现的不同哺乳动物种群的概况确定了四个时期的暂定序列。它们分别是洞穴熊时代、大象和犀牛时代、驯鹿时代，以及最后的古代野牛（一种已灭绝的野牛）时代。这个序列显然反映了早期哺乳动物逐渐灭绝的情况，人们强烈怀疑早期的人类活动可能导致了它们的灭绝。

此前，已经有人提出了类似序列来解释最早的人类文明留下的工具。1837 年，丹麦古文物收藏家克里斯蒂安·汤姆森（Christian Thomsen）认为，人类使用的工具形成了一个序列，反映了从石器时代到青铜器时代再到铁器时代不断提升的技术水平。这种"三个时代的体系"是汤姆森为自己所负责的博物馆分类和展示各种人工制品而制定的原则。它是基于对人类技术进步的合理假设，但即使是以光滑的石头工具或石头武器为特征的石器时代，显然也比制造那些打制燧石工具的时代更晚。因此，伦敦一位年轻的"科学绅士"（同时也是银行家）约翰·卢伯克（John Lubbock）在《史前时代》（*Prehistoric Times*，1865）中建议，汤姆森提出的最早的时代应该更名为"新石器时代"，而制造带缺口的石头工具的更早时期应该称为"旧石器时代"。布里克瑟姆洞穴和索姆河谷砾石坑后来成为旧石器时代的遗址，它们毫无疑问远比史前古迹（如巨石阵）更古老。1872 年，旧石器时代被法国考古学家加布里埃尔·德莫尔蒂耶（Gabriel de Mortillet）划分为一系列的阶段，这些阶段的特点是打制技术更加熟练，而且不断进步（最早的技术被称为阿舍利[Acheulian]，得名于里戈洛所在的圣阿舍利地区）。我们可以尝试将依据工具划分的时代与拉尔泰命名的时期相关联，因为拉尔泰命名时期时是基于它与这些制造工具的早期人类共处的哺乳动物种群的变化。

这些所谓的"原始石器"是有打制痕迹的燧石，但没有明确的整体设计，它们都是在含有上新世化石的沉积物中被发现的。对于它们，学者展开了长期而激烈的争论。如果它们真的是人类制造的工具，甚至会将人类遗物的年代推回到更新世之前。但是在现代海滩和现代河流中也发现了类似的带有随意敲打痕迹的燧石，而且它们肯定是天然形成的。最后，大多数地质学家得出结论，原始石器不是人类特意制作的，因此早期人类生命的痕迹被限定在更新世，但这也足以引起轰动。

在19世纪剩余的时间里，至少在西欧，学者在重建更新世的历史时，信心不断增加。这个故事融合了多种元素：冰期和间冰期交替的气候，伴随着一个不断变化的动物群和一系列缓慢发展但明显尚未使用文字的人类文明。当时，莱伊尔的《人类古老性的地质学证据》(*Geological Evidences of the Antiquity of Man*，1863)融合了地质学家和考古学家之间正在形成的广泛国际共识。他概括了一个历史序列，从第三纪后期的上新世（如果不考虑有争议的原始石器，这可以算作前人类世界）开始，贯穿了生活着现已灭绝的哺乳动物和早期人类的更新世，直到冰期后世界和有文字记载的人类历史时期。到19世纪末，莱伊尔推定的"不同时代之间的漫长时间间隔"已经被填充了一系列人类文明，至少从轮廓上，将已经灭绝的猛犸象的同时代人和铁器时代的人（当罗马人征服北欧并为该地区带来有文字记载的历史时遭遇了他们）之间的空白填补上了。

进化的疑问

人类古老性的确立被默奇森称为"伟大而突然的革命"，它将人类锚定在地球更深层的前人类历史的结尾处。这场革命的决定性时刻发生在1859年。正如之前提到的那样，"科学绅士"中的领军人物在这一年普遍认同在索姆河谷砾石中发现的已灭绝哺乳动物骨头旁的燧石是人造工具。但是1859年这一年份如今广为人知是因为达尔文的《物种起源》(On the Origin of Species)在这一年首次出版。回过头来看，生命的历史迫切需要从化石记录中的所有植物和动物——最终是人类——逐渐进化的角度来解释。然而，事实上，从进化的角度对历史展开的解释并未被"科学绅士"或受过教育的公众广泛接受，直到达尔文的《物种起源》使其看起来更合理。由此可以很容易地得出结论，学者没能更早提出进化论，公众没能更早接受这一理论，要归咎于"宗教"或"教会"这一保守力量的阻止。但这是对史实的严重误读。

简单回溯18世纪可以发现，除了"地球理论"和类似的推测性作品，那时"自然史"作为描述性科学根本不具备任何历史维度。在研究自然史的日常工作中，矿物学家将矿物分类为不同种类的"物种"，就如同植物学家为植物分类和动物学家为动物分类一样。被称为"雏菊"和"狮子"的物种被视为世界多样性的永恒特征，正如被称为"石英"和"盐"的"物种"一样。它们的起源问题可能是一个重要的形而上学问题，或者，对于一些宗教信徒来说，是关乎上帝在开天辟地时（创世记那几"天"）的行为的问题。但这个问题在这些描述性学科中似乎既没有用处又无法解决。如前几章所述，地球及寄居其上的生命具有自身历史这一观念是在不断发展的。最重要的是，学者们认识到灭绝具有现实性，这点使人们第一次意识到过去的世界具有自己的特色，与现在的世界并不相同。只有在这种历史观下，追问各种形式的、现存的和已灭绝的物种的起源问题才开始变得有意义。此后，物种的起源成为相关学科中的一个重大问题。"科学绅士"中的领军人物之一约翰·赫舍尔（John Herschel）后来称其为"谜中之谜"，这意味着它是一个亟待解决的突出难题。

只有在 19 世纪初，尝试用不同的方法而不仅仅是依靠猜测来构建现在所说的进化论才具有现实性。然而，如前面几章所述，拉马克的基本观点是，尽管速度极慢，但所有形式的生命都在不断变化或"转化"，因此"物种"这一概念最终是不真实的，具有随意性，后出现的物种起源于前面的物种只是一个时间推移问题。然而在实践中，在他对巴黎周围第三纪地层中的贝壳化石进行精心研究时，拉马克已将软体动物视为真实的自然单元，正如居维叶对待活着的哺乳动物和哺乳动物化石一样。拉马克的进化论与他在描述以及命名物种方面的实际工作之间几乎完全脱节。19 世纪早期，大多数博物学家不愿意承认一些物种可能是在时间流逝中从其他物种慢慢进化出来的。他们在实践中发现，除了少数令人费解的例外，物种之间的形态明显是不同的。例如，正如居维叶在 19 世纪初所展示的，印度象与非洲象明显不同，而且两者都与灭绝的猛犸象区别很大。而莱伊尔为第三纪提出的巧妙时间尺度（描绘了软体动物化石中已灭绝的类别和现存物种之间不断变化的百分比）依赖于那些可以被算作独特自然单元的物种的真实性。总而言之，正如拉马克的理论所提出的那样，地质学的惊人发展未能为地质时期内任何一个物种逐渐嬗变或演化为另一物种提供有说服力的化石证据。后来的理论必须解释这一点。

另一种替代性理论承认物种作为自然种类的现实性，但认为它们从存在之初就从来没有变化过，并认为一个新物种可能是因较早的物种发生相对突然的变化而形成的（有点类似"间断平衡论"这一现代进化学说）。布罗基认为物种是在时间流逝中逐渐而零星地"产生"的，这一想法暗示了这种可能性。动物学家艾蒂安·若弗鲁瓦·圣-伊莱尔（Étienne Geoffroy Saint-Hilaire，拉马克的盟友，也是居维叶在法国国家自然历史博物馆的同事）的观点与居维叶不同。他在 19 世纪 20—30 年代更明确地提出了一种理论，其事实基础是那些偶然而且看上去是随机出现的"畸形"物种，不仅包括在养鸡场孵化出来的小鸡，还包括在巴黎大医院出生的婴儿。若弗鲁瓦认为，新物种作为"被寄予厚望的怪物"（其批评者用这个术语来总结 20 世纪一个类似的理论）可能会以相同的方式出现在自然界中。他还声称，现存的印度鳄鱼（印度食鱼鳄）是由侏罗纪地层中发现的与其存在明显不同的鳄鱼化石的物种"不间断地一代代繁衍而来"，但是他提出的血统世系使得化石证据毫无意义，而且很容易被驳倒。无论如何，对大多数博物学家来说，这种理论是不可接受的，甚至令人生厌，因为在他们看来，生物能适应其特定生活方式明显是因为它们是被设计出来的。而在若弗鲁瓦的理论中，生物对环境的适应特性成了一个发生概率很小的偶然事件。尽管如此，关于新物种可能的起源的类似猜测——通过包括自然变异或飞跃在内的进程导致的物种起源，仍然处于广泛争论之中，特别是在欧洲大陆。对拉马克的理论不满的博物学家还讨论或至少暗示过许多其他可能的生物变化模型。达尔文的进化论强调渐进变化，并强调过程极其缓慢，事后看来，它可能是 19 世纪唯一适于讨论的理论，这部分归因于达尔文雄辩的文风。达尔文声称，他的理论的唯一替代方案就是通过超自然的神的干预突然创造出新物种。事实并非如此，因为许多博物学家都在考虑通过自然方式产生新物种的可能，尽管没有一种理论像达尔文的理论那样成熟。

达尔文首先是作为地质学家在科学界扬名的。他深受莱伊尔的影响，在搭乘著名的"小猎犬"号（这是一艘开展南美海岸线水文调查的官方船只，他是船上的非官方博物学家，也是船长的社交伙伴）航行时随身携带的正是莱伊尔的名著《地质学原理》。在航行

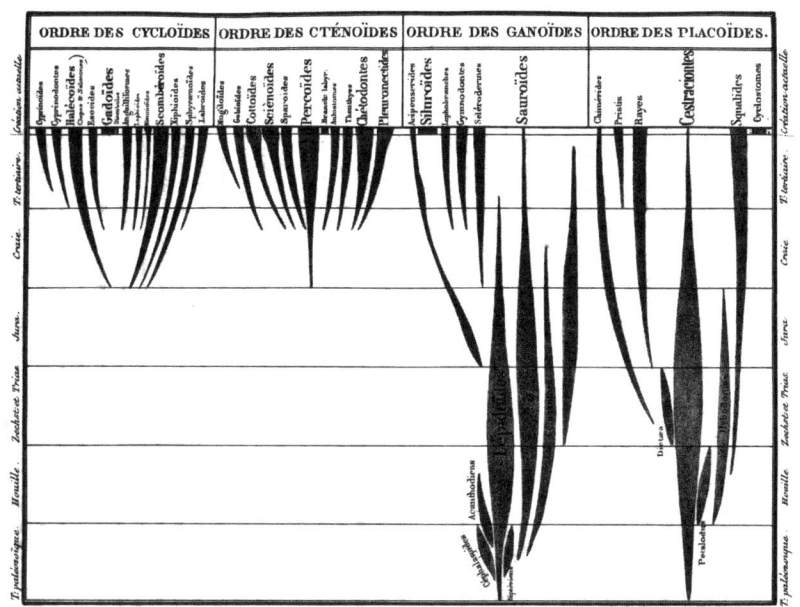

图 8.5 1843 年出版的路易斯·阿加西斯的《鱼类系谱学》（*Genealogy of the Class of Fishes*），出自他著名的《鱼类化石研究》（1833—1843）。图表所列的地层（名字分列左右边缘）由低到高代表着时间由古及今。每个"主轴"的宽度代表了每组鱼类随时间发展出的相对的丰富性和多样性。他的四个主要"种类"中的两个（硬鳞鱼［ganoids］和盾鳞鱼［placoids］）在早期是丰富的；另外两个（圆鳞鱼［cycloids］和栉鳞鱼［ctenoids］）首先出现在白垩纪时期，并且仅在第三纪和当前世界（Création actuelle，在顶部）才变得多样化。尽管它与一些现代进化图表有惊人的相似性（而且他还使用了"系谱学"［genealogy］这个词），但阿加西斯坚决反对拉马克的进化理论，后来又反对达尔文的理论

之前，他曾短暂地跟塞奇威克学习了如何进行野外地质勘探。在完成航行归国后，他成了地质学会的活跃成员。在向未婚妻描述自己时，他说："我是一名地质学家。"在接下来的几年中，他围绕在航

行途中实地考察的见闻撰写和出版了地质论文和书籍。与此同时，他私下创立了他的进化论。他清楚地意识到，且不说广大公众，要想让"科学绅士"接受它，比起其他人先前提出观点时所依赖的证据，他的证据必须细节更精确，根基更扎实。他花了八年时间对现存的藤壶和藤壶化石进行了详尽研究，以防未来的评论家说他缺乏研究物种问题的第一手经验。他计划模仿莱伊尔的《地质学原理》撰写一部名为《自然选择》（*Natural Selection*）的巨著，他认为这是物种进化演变的主要（但不是唯一）原因。他最终在1859年出版了《物种起源》。书名依然非常"抽象"，但表达了他的意图。他想将他的理论聚焦在受到严格限制的因果问题上——新物种如何从较早的物种进化而来，而不是试图重建物种进化在漫长的地球历史中可能经历的复杂过程（他的书名是 the origin of species，此处的物种 [species] 是复数形式，但是人们经常错误地将它引用为 "the origin of the species"，而 the species 是单数形式）。

达尔文面临一个尴尬的事实，化石记录中并没有确凿的证据证明生物进化中出现的变化是发生在他提出的极其缓慢和渐进的过程中的。但他完全相信莱伊尔所坚持的"深时"无比浩瀚的观点，也认为化石记录是极其不完美的。达尔文还采纳了他导师的"均变论"或稳态模型。达尔文认为，如果这一理论或模型无法适用于地球上生命的历史，至少对地球历史来说是适用的。和莱伊尔一样，他认为地壳是由巨大的地壳板块组成的，永远缓慢地上下摆动（并非现代板块构造那样水平移动）。例如，他利用这一理论来解释各种形态的珊瑚礁：岸礁、堡礁、环礁等明显不同的种类。他认为，这三种珊瑚礁地貌类型是珊瑚礁在海平面附近演化过程的三个阶段，促使它们演化的诱因是它们下方的地壳板块在缓慢下沉。这点同他认为生物进化同样也是缓慢而连续的形成类比。它还表明，不断变化的地理条件可以提供不断变化的环境,而生活在其中的新物种可以从它们祖先的形态中缓慢地发生分化。

在19世纪剩下的时间里,就进化的原因生物学家展开了无休止的争论,那时达尔文关于自然选择的想法已有些黯然失色。大多数古生物学家只是继续根据生命的进化史来解释化石记录,并接受了化石记录无助于解释进化的原因这个事实。生物学家热情地构建了"谱系图"——简单地将分类系统转换为进化形式以显示现存生物可能的祖先。同时,越来越多的古生物学家试图更加现实地利用支离破碎的化石证据重建生物的真实进化方式,以尽可能地探索生物在地球历史进程中的演化真相。

这种对比解释了古生物学家为何乐意接受进化的历史现实性,并将其纳入他们的研究中,以及他们如何避免卷入关于进化是如何引起的争论。他们是"进化论者",但他们不必选择(尽管他们中的一些人确实选择了)加入达尔文主义阵营、新拉马克主义阵营、突变主义阵营或其他进化论派别。化石记录过于零碎,无法证明进化是逐渐发生的还是突然发生的,也不能展示进化是如何引起的,但是,通过详尽地分析化石能够推断出物种之间确实通过进化链条存在关联,一如达尔文所指出的那样,是一种经过"改变的继承"。

更为重要的是,不管进化是由什么引起的,推动学者改变看法,转而支持进化的是偶然发现的新化石。学者认为这些化石是之前所说的主要动物或植物群体之间的"缺失环节"。在这些新发现中,最重要的是侏罗纪始祖鸟,它是爬行动物和鸟类之间合理的中间环节,不仅是在解剖学上居于两者之间,而且在地质年代方面也是如此。尽管存在争议,但它最终被认为是现在已然相当不同的主要群体之间存在进化现实性的有力证据(用现代术语来说,它是

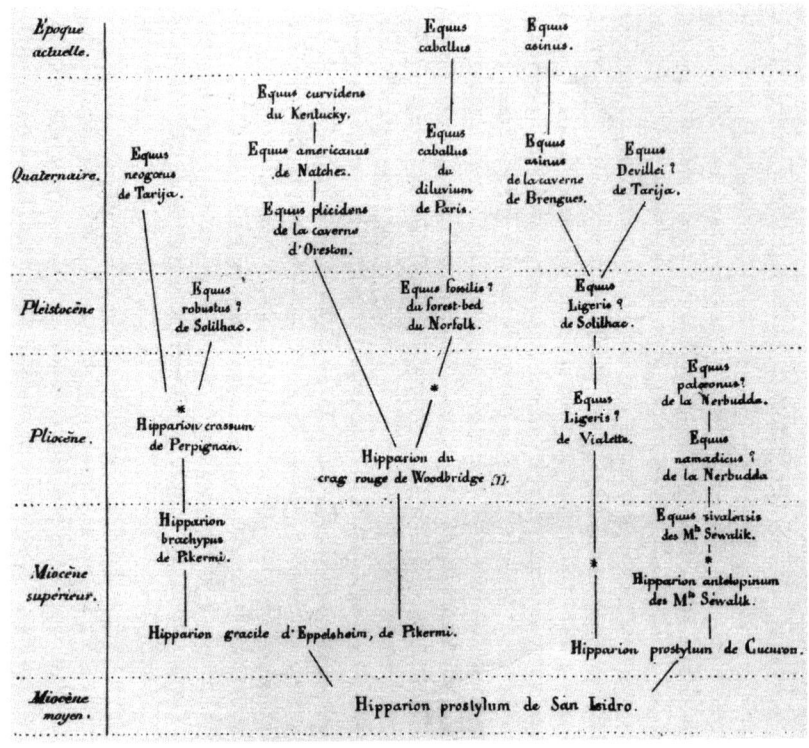

图 8.6 法国古生物学家阿尔贝·戈德里（Albert Gaudry）于 1866 年重建的马的家族进化史。马的化石发现于第三纪（当时刚被命名为第四纪）的地层堆，随着地层由低到高，时间也由古及今。当前（顶部的 Époque actuelle）仍然存活的两种马——真正的马和驴——被展示为更加多样化的化石"丛林"物种的幸存者。这些化石所代表的物种，有些已经灭绝，有些是后来物种的祖先（星号表示戈德里认为它们之间的联系不确定）。这种重建是基于真实的化石证据，在每种情况下都标出了化石物种的位置（例如，巴黎、希腊的皮克尔米、印度的西瓦利克丘陵、英格兰的诺福克）。相比之下，19 世纪的大多数进化重建虽然在表面上与"系谱学"非常相似，但它们主要或完全基于现存生物之间的可能的关系，并且它们延伸到深远的过去在很大程度上是基于假设

"大进化"的例证)。相比之下，化石几乎完全无法提供明确的证据证明达尔文在《物种起源》中关注的小规模变化，即同一个物种之间，后代和祖先之间的相似性（"小进化"）。这两种类型的进化分别存在一个著名的例证，这也几乎是它们各自唯一存在的例证。其中一个涉及一系列第三纪淡水软体动物，奥地利古生物学家梅尔希奥·诺伊迈尔（Melchior Neumayr）1875年将其正确地描述为"对血统理论的贡献"。另一方面，英国古生物学家追溯到"小蛸枕海胆演化中不间断的连续性"。他在白垩岩层异常均匀的地层中发现了许多层次的海胆化石。但是这种情况非常罕见，没能阻止19世纪后期对达尔文特定类型进化论的怀疑。

人类进化

去世之前，达尔文出版了《物种起源》的后续版本，继续关注新物种是如何从与其形态不同的祖先进化而来的，这个有局限性的问题很关键。从一开始，包括达尔文在内的"科学绅士"以及受过教育的公众都敏锐地意识到，这个问题对物种是如何起源的有着显著影响，也就是说，它更为意义深远之处在于它对人类的起源问题到底意味着什么。正如达尔文所预言的（在《物种起源》中他仅提到一次），他的理论将导致"人类的起源及其历史大白于天下"。人类进化问题从此不再遥不可及。

早在19世纪20年代，年轻的莱伊尔就已彻底转变了观点，这很可能是因他最初接触拉马克和若弗鲁瓦的进化思想触发的。他原本认为，从整体上看，化石记录体现出物种是逐渐演进的，后来他否认任何此类演进的元素，转而支持稳态或循环系统（例如，他认为地球可能会重返恐龙时代）。他意识到，如果从"逐步演进"的

ARCHÆOPTERYX MACRURUS (Owen).

In the National Collection, British Museum.

图 8.7 始祖鸟（archaeopteryx，意为"古代的翅膀"）化石于 1861 年（在达尔文的《物种起源》出版仅两年后）被发现于巴伐利亚州索尔恩霍芬的侏罗纪石灰岩中。它被解释为一种类似爬行动物的鸟，从解剖学上看或多或少处于爬行动物和鸟类的中间阶段，它很可能是爬行动物的祖先进化为鸟类的中间环节，从地质年代上看也是合理的。在同一沉积层中几乎同时发现的一只小恐龙似乎是在某种程度上类似鸟类的爬行动物，这进一步增强了这一案例的说服力

角度解释化石记录，可以看到，第一批鱼类出现很久后才出现第一批爬行动物，再往后才出现第一批哺乳动物，这可以很容易地归结成一个进化序列，然后可以继续推导出第一批人类的产生。承认智人是从某种猿类进化而来（或者像他所说的那样，"完全降格为红毛猩猩"）威胁了他和许多人坚持的"人的尊严不能降低"的观点。这是一个至关重要的问题。在这个问题上，作为自然神论者的莱伊尔与基督教一神论者塞奇威克看法一致。对这两人来说，这一观点并非只是对字句主义解经法构成威胁，更重要的是，威胁到了他们的主张：人类不是毫无道德观念的动物，而是负有道德责任。这就解释了为什么年长的塞奇威克如此激烈地反对他几十年前教过的学生在《物种起源》中表达的观点。不过，他在写给达尔文的信件结尾处表示："尽管我们在道德重要性方面存在最深刻的分歧，我依然是你真挚的老朋友。"莱伊尔在他的《人类古老性的地质学证据》中确实放弃了他早期的一些想法，但他对进化论的冷淡态度和有保留的接受令达尔文很失望。包括莱伊尔在内的 19 世纪晚期的许多学者开始接受人类的自然进化论，但对达尔文的观点并非全盘接受。令他们犹豫不决的是，达尔文纯粹从自然的角度来解释道德、良知、思想等意识的起源，但在他们看来，正是这些使得人类成为完整的人类，与动物区别开来。

与此同时，人类作为一个物种已经越来越紧密地融入化石记录中。19 世纪初，即使是在最大的化石集群中也没有发现灵长目动物（人类从解剖学上讲也属于这一类哺乳动物群体）化石。然而，奇怪的是，在 1837 年，也就是施梅林在比利时发现有争议性的人类化石之后不久，人们在法国南部、喜马拉雅山麓，以及巴西的第三纪沉积物中发现了——巧合的是，几乎是同时——非人类灵长目动物的骨骼化石。这种巧合为重建人类可能的祖先提供了机会。虽然这并非严肃的科学，但这种天然的野兽形象清楚地表明莱伊尔和塞奇威克后来有合理的理由担心进化论可能引发什么问题（现代社会中，一些偏激的达尔文主义者依然强硬地保持还原论主张，认为人类事实上就是"裸猿"，这表明自19世纪以来这种观点一直原封不动地得以流传）。

更多可以证明人类是从某种比自己低等的灵长目动物进化而来的直接的化石证据出现得很慢。1856年，在德国杜塞尔多夫附近的尼安德山谷的一个洞穴中发现了一个明显像人类但又不是智人的头骨。与往常在山洞中发现化石证据的情况一样，"尼安德特人"的地质年代是高度不确定的，一些解剖学家认为这只不过是一种由疾病引起的异常。在达尔文的《物种起源》出版后，他的支持者、动物学家托马斯·赫胥黎（Thomas Huxley）出版了《人类在自然界的位置》（Man's Place in Nature，1863）。他在书中提出，施梅林在比利时发现的头骨是真正的人类化石。他认为它"是一个普通人的头骨，可能属于一个哲学家（比如他自己！），也可能是毫无思想的野蛮人的头骨"，单靠它无法理解人类的起源问题。当达尔文在《人类的由来》（The Descent of Man，1871）中明确地论证他的进化论时，他无法给出任何有关人类进化的明确的化石证据，尽管他有许多其他物种的有说服力的证据。

直到1882年，学者才发现确定的、高度古老的尼安德特人的头骨，但那时已经有很充分的解剖学证据怀疑这个物种是否是我们的直接祖先。直到1891年，学者才找到更好的猿人化石的候选物，它是进化论者此前已经自信地预测过的假设性的"缺失环节"。这就是由荷兰生物学家欧仁·杜布瓦（Eugène Dubois）在荷属东印度群岛（现在的印度尼西亚）发现的"爪哇猿人"或直立猿人（现在称为直立人）。从那时起，无论围绕人类进化过程有多少激烈的争

图 8.8 "化石人"是 1838 年法国大众科学作家皮埃尔·博塔德(Pierre Boitard)描绘的人类祖先,出自他为一本杂志撰写的关于生命历史的文章。这很可能是描述"深时"的一种流行场景(现在依然还是),此图可能是最早的例子。将新的灵长动物的化石证据与当时仍然含糊不清的人类证据相结合创作出的"化石人"带有黑人甚至类人猿的特征,因此有学者认为"人的尊严"受到威胁,尤其是在 19 世纪激烈竞争的种族政治背景中。这个具有高度推测性的形象在半个世纪后被德国进化论者恩斯特·海克尔(Ernst Haeckel)在 1887 年再次使用,以解释他假设的"缺失环节"中猿人的概念

论，智人及其公认的祖先都已被完全牢固地锚定在整个地球生命史的末端；或者更常见的观点是，认为这是整部生命历史的高潮。下一章仍然讲述 19 世纪晚期的故事，但会审视整部生命史中更广泛的问题，将其视为地球自身漫长历史的一部分。

第九章
充满重大事件的深史

"地质学和《创世记》"走向边缘化

19世纪下半叶，仍然有一部分宗教信众强烈反对地球极为古老的观点，他们无法接受人类几乎是在最后一刻才出现在地球上，因为这与《创世记》的字面意义不符。但是，这种墨守成规的看法在知识分子阶层中已经没有市场，它只存在于说英语的地区，而且仅局限于受教育比较少的群体。另外，有人发现在重要的地质学家中不乏宗教人士，有些还是神职人员。这种现象说明地质学与宗教活动是完全相容的，而非一些世俗主义者所宣称的：比起其他学科，地质学正从根本上动摇宗教信仰。

由于《圣经》位于基督教崇拜以及围绕它所构建的世界观的中心，很多宗教讨论仍继续聚焦于《圣经》的文本解释，在各新教流派中尤其如此。但是，无论是《创世记》还是《圣经》中的其他篇章，对它们进行单一的、无歧义的"字面"解释的观念从两个方面被弱化了。在18世纪的启蒙运动中，解释古代文本时常用的历史学方法被应用到《圣经》研究中。这一历史学方法认为，人们在理解各类文本的内容时，要考虑它们创作于怎样的文化背景中，为何种文化而创作，并且还要考虑到历史上的特殊时期。在《圣经》的文本研究中，19世纪初期的浪漫主义运动通常强调其文学特性和对隐喻、类比、象征手法以及诗歌的大量运用，认为这些特征可以提高而不是限制文本表达深刻理念的能力。在这些研究方法的影响下，《圣经》文本评论成为一把双刃剑：一方面它可以削弱甚至彻底摧毁《圣经》的价值，例如，在服务于激进的政治目标时就是如此；另一方面，在服务于深层次的宗教活动时，它也可以加深对于神学的理解。1860年，《论文与评论集》（*Essays and Reviews*）在英国出版，这个迟来的争议开始白热化。这本书的销量以及随之产生的影响远超达尔文前一年出版的《物种起源》。英国受过良好教育的公众通过阅读该书终于接触到此前早就席卷了欧洲大陆多个学术中心的神学潮流。很多读者通过阅读它感受到了思想解放的气息，因而这本书的几名作者遭到传统宗教势力的猛烈抨击。到19世纪末，在欧洲的任何地方，只要是受过良好教育的人，不管是宗教信众还是无神论者，都认为拘泥于《圣经》的字面意思已明显站不住脚，尤其是拿"《圣经》上说……"作为论证依据已经不可行。

这种对《圣经》文本特征的深刻理解影响了对《创世记》中所有涉及地质学特定问题的相关叙事的解释。以挪亚洪水为例，有很多学者曾经前赴后继地努力（如前几章所述）去识别自然界中可能是这次激烈的历史事件的痕迹的地貌。人们最初认为它是所有第二纪岩层和所有化石的形成条件，但后来又认为它仅仅是表层沉积物或洪积物的形成条件。当这些反过来被重新解释为更新世冰川的痕迹时，《创世记》叙事被进一步限制（如果它有任何历史基础的话）为局部或地区性事件，发生在冰期结束的某个时间，甚至更近的时间。这些解释方面的变化受到怀疑论者和无神论者的欢迎，因为这可以成为他们证明《圣经》文本存在错误的依据，而宗教保守派则谴责这些解释抛弃了《创世记》揭示的真相。事实上，这些解释仍把《创世记》作为历史史实来看待。例如，全世界范围的洪水其实指的是那些创作者所知道并理解的世界。经过了这些，《创世记》被赋予的宗教意义几乎没有改变，很多信徒依然相信这种意义。

这种对《创世记》的历史性解释在19世纪后期得到加强，这是成功破译古代楔形文字后所得到的意外结果。考古学家在美索不达米亚发现了这些文字，为大英博物馆工作的著名楔形文字专家乔治·史密斯（George Smith）研究了在尼尼微（位于现在伊拉克的摩苏尔附近）等地挖掘出的数百块泥板。1872年，他报告说，他发现了一块记录大洪水故事的泥板，与《圣经》中的叙述惊人地相似，但主人公不是挪亚，而是伊兹杜巴（Izdubar）。但是，史密斯并没有把这个轰动性发现视为《创世记》故事必定有更早的源头的证据，反而认为这两个故事是对同一事件的不同记录。这两个故事首先在美索不达米亚和巴勒斯坦地区被创造出来，史密斯对比了两地的自然环境，解释了这两个故事的不同。因此，虽然一些评论家认为他的发现最终驳倒了那些声称《圣经》文本是独特神启的说法，但也有人指出，赋予这个故事一个独特的宗教解释是为了跟这部犹太经书的其他部分保持一致。例如，这个故事以神与挪亚立约结尾，神向人类保证他们永远不会再次遭受这种灾难的侵袭。无论如何，这一发现引导学者和广大受过教育的公众得出结论：《圣经》中的洪水并非全球性的，很可能仅限于美索不达米亚地区。然而，它仍然可能是一个真实的历史事件，是一次区域性的洪灾，自然证据仍然可能会出现在中东的某个地方。史密斯后来破译了其他泥板，讲述了美索不达米亚版本的"创世与陷落"的故事，而且比《圣经》的内容丰富得多。首先，这表明《圣经》对早期材料有选择地进行了再加工；其次，这凸显了它的宗教特征符合犹太人的理

图 9.1　记录古代美索不达米亚大洪水故事的泥板,由乔治·史密斯将发掘于尼尼微的碎片重新拼接而成。这幅版画出自他的《迦勒底人的创世记故事》(*Chaldean Account of Genesis*, 1872)一书。这幅图只是为了让读者认识泥板的样子,由于图片比例过小,图中的楔形文字并没有按照泥板精确复制

念,例如将"万物始创"描述为唯一的、超然的造物主独立进行的工作,造物主断定自己所造世界万物本质上都"甚好"。

　　与此同时,关于《创世记》中记载的六"天",长久以来,人们开始根据其埋在地下的可能痕迹来解释它(如前几章所述)。在19世纪,迅速发展的地质学源源不断地为地球及寄居其上的生命总体上"向前演进"的历史(只有莱伊尔对此严肃质疑)提供新证据。各类评论家,包括一些杰出的地质学家,都热切地将地质时期的不同阶段与《创世记》叙事的"天"相匹配或相"统一"。《圣经》学者和地质学家都非常乐意"调和"彼此不同的叙述,只要能被承认就好。正如《圣经》学者所指出的那样,可以向地质学让步。他们认为,翻译为"天"的希伯来词语在这个语境下可能表示

具有神圣意义的时刻或时期，而不一定是 24 小时的长度。其他一些评论家既不愿意做出让步又不想完全拒绝这种新的科学发现，他们有点绝望地表示，整部地质历史可以插入到《圣经》叙事中的假设性空白中，具体来说，就是紧接着上帝最初的创世行为之后，但在创世六"天"中的第一"天"（依然可以解释为 24 小时的一天）之前。无论如何，在上帝创世这个根本性问题上（就像在大洪水问题上一样），一些早期的《圣经》学者声称的地质学和《创世记》之间的不相容性在 19 世纪后期逐渐消失，或至少退缩或降级到社会生活、知识界和宗教界的边缘。例如，杰出的英国博物学家菲利普·戈斯（Philip Gosse）同时也是极端保守的普利茅斯兄弟会的成员，出版了一本名为《翁法洛斯》（Omphalos，1857，这个书名是指亚当应该拥有肚脐，尽管他是神用"地上的尘土"创造的，而非经正常生育来到世间的）的书，该书以其巧妙但不可证伪的论据反对进化，支持被宗教和非宗教人士都否定的"年轻的地球"。

实际上，地质学和《创世记》在 19 世纪向前推进中逐渐分裂，但总的来说，关系融洽。当然，许多信奉基督教的地质学家并没有发现他们的信仰被自己研究的学科削弱了，尽管他们中的一些人出于其他原因（通常是出于道德原因）还是放弃了在他们文化中占主导地位的基督教（达尔文就是其中之一）。正如特定的社会和政治条件在 19 世纪早期为英国的《圣经》学者创造了一个短暂的鼎盛时期，19 世纪末，在同样特定的条件下，美国出现了字句主义解经法迟到的复兴，这点令人惊讶。例如，1881 年，普林斯顿长老会神学院的神学家阿奇博尔德·霍奇（Archibald Hodge）和本杰明·沃菲尔德（Benjamin Warfield）发表了一篇关于《圣经》神圣"灵感"的有影响力的文章。他们坚称，《圣经》中的所有言语没有任何错误"，由于《圣经》中包含了与"自然或历史事实"相关的内容，这意味着如果它们与科学观念存在任何差异，都要以《圣经》为准。但这种"《圣经》字句绝对无误"的观念并不是存在于信众在教堂或家里阅读的《圣经》中，而是存在于《圣经》的原初文本中，当然不适用于各种译本和抄本。不过，任何人都无法见到《圣经》的原初文本，人们只能通过运用《圣经》评论等学术方法从现存的文本中对其进行重建。因此，"《圣经》字句绝对无误"这种令人震惊又新奇的主张非常有影响力，却又无法证伪。尽管受到其他神学家的强烈批评，甚至被斥责为"神学垃圾"，但它依然被美国新教的主要教派热情地接受了，并将它作为一种有价值的武器对抗他们眼中的现代世俗力量。这不是美国文化第一次或最后一次展示其"例外论"或特殊性。

然而，19世纪整个西方世界更广泛存在的是一种自信的意识：即地质学家的新科学知识正在确认甚至强化上帝对自然进行了全面设计这一信念。在更早些时候，这种自然神学不仅是巴克兰信奉的基督教一神论的明确特征，而且也是莱伊尔所坚定信奉的自然神论的特征。通过表明即使是最早的已知生物也被设计得很好，可以适应特定的生活方式，巴克兰已经令人信服地将自然神学延伸到了最深层的生命历史中。但是在19世纪后期，在达尔文的《物种起源》的影响下，这种广泛流传的神对大自然进行设计的意识确实受到进化论的威胁。达尔文对生命设计提出了一种激进的替代解释，认为它们纯粹是自然选择的天然产物，这极大地削弱了传统"宇宙设计论"的合理性。自然选择将整个进化过程当作盲目机运的产物，而且达尔文还将其扩展到人类，更加引发了一部分人的反对。然而，达尔文理论的影响力在各种文化中并不均衡。它在某些文化（特别是他自己所在的英格兰）中的影响尤其强烈。在这些文化中，在智力层面对基督教信仰的捍卫，主要依赖自然神学，尤其是宇宙设计论，而不是曾经一直居于主流基督教世界观中心的特定的历史事件的宗教意义。无论如何，这些问题对地质学家的日常工作影响不大，无论他们是否信仰宗教。

正确看待地球历史

在19世纪的大部分时间里，地质学家的日常工作主要集中在以前被归类为第二纪的地层和化石中，还有刚被阐明的、将地球历史进一步延伸到深层历史中的过渡岩。存疑更多而且更难以理解的不仅是最年轻的沉积物或洪积物（直到它们被重新解释为冰期的痕迹），还包括第一纪地层或者说最古老的地层中缺乏任何形式的化石。在第二纪地层和过渡地层研究方面，地质学家取得了最显著的进展。他们迅速提升了对地层及其中化石序列的详细了解，这确定和巩固了他们描绘的关于地球及寄居其上的生命的历史图景。在这一图景中，生命史普遍具有方向性，而且是在向前演进的。与之相对的是莱伊尔提出的"绝对一致性"，但这一图景变得越来越不合理了。然而，两幅图景的价值都可以从以下自相矛盾之处显露出来：所有这些研究都揭示了深远的过去既陌生又熟悉、既奇异又平凡的面貌。

恐龙和三叶虫当然是奇怪的，经常能激起人们的好奇心，专家充分利用这些向大众进行科普。当世界上第一个著名的国际博览会从伦敦市中心迁到郊区的永久会址时，人们在新会址举办了一个既有趣又有启发性的新户外展览。在首先定义并命名恐龙的欧文的指导下，恐龙和其他壮观的灭绝生物以它们的真实体形、按整部生命史演化的正确顺序进行展示。19世纪后期，随着对美国西部的探索，特别是连通广阔大陆的铁路建设的发展，壮观的新恐龙的化石

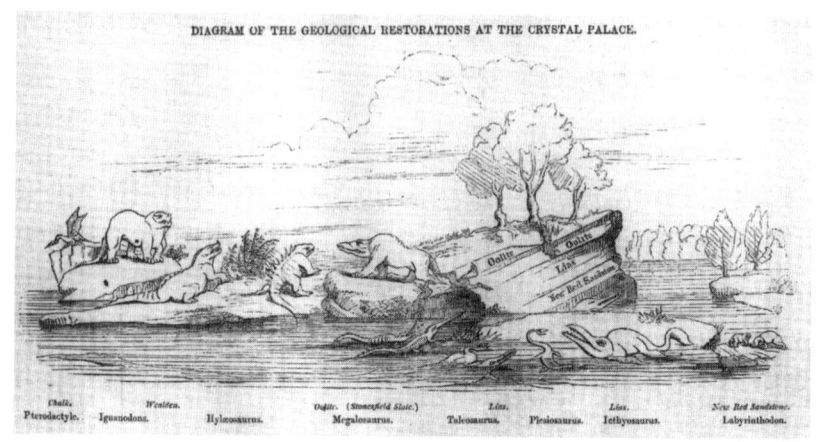

图 9.2 专家在伦敦郊区水晶宫所在的公园根据爬行动物化石建造了真实大小的模型，其中一些体形特别巨大；作为1851年首届世界博览会场地的水晶宫是以钢铁为骨架、玻璃为建材的巨大建筑，首届博览会结束后被搬迁到伦敦郊区的一个公园中。壮观的灭绝动物模型按生活时间的先后顺序排列。图中从右到左代表时间由古及今，从生活在三叠纪的迷齿两栖类动物（右）到侏罗纪的诸如鱼龙和斑龙之类的恐龙（中间），最后到白垩纪的禽龙和翼手龙（左）。爬行动物背后的小型人工山崖复制了发现这些化石的岩层，作为它们在地球历史中正确顺序的证据。这幅画是恐龙模型设计师沃特豪斯·霍金斯（Waterhouse Hawkins）1854年在演讲中展示的（这些模型现在依然在当年的公园展出，尽管水晶宫已不复存在）。一些模型（例如禽龙）在重建时所依据的化石材料非常不完整，因此明显地与现在重建的同样种类的恐龙模型有着显著差异

骨骼和已灭绝的哺乳动物的化石骨骼不断被发现。人们按照居维叶开创的方法重建了它们。它们很快就成了（并且现在依然还是）北美和世界各地自然历史博物馆中最著名的展品。深远过去的特异性被永久展示出来。

然而，在同样的几十年里，地质学家也在不断积累证据证明深远的过去其实相对平凡，即使是最奇怪的已灭绝的动植物也越来越被认为曾经生活在熟悉的环境中。例如，早期的博物学家描述了

死火山及其熔岩流，消失的海洋和淡水潟湖。后来，地质学家确认了珊瑚礁化石，嵌入了树桩化石的古土壤，带有波痕、脚印的化石，甚至是带雨痕的古海滩。所有这些地貌可以作为贯穿整部地球历史的自然进程具有稳定一致性的证据，因此对莱伊尔来说是有价值的。但是，此类例子实际上是由批判莱伊尔的灾变论者（如巴克兰）发现的，他们同样希望拿这些例子与现在的情况进行比较，只要它们能够适用即可。

认识到不同种类的岩石可能是在同一个地质时期沉积而成的，正如当今世界中许多不同的环境彼此并存一样，这是解开深远过去的秘密的一个重要标志。相比之下，威廉·史密斯的地层学假设了一个独特且不变的地层序列，每个地层构造都有自己同样不变的"典型化石"——现代地层学家将其比喻为一种天然的"分层蛋糕"。但居维叶和布隆尼亚发现了一个空间变异的案例，这个案例过于显眼，令人无法忽视：巴黎盆地中一部分粗粒石灰岩被厚砂岩地层所取代，两者在岩层堆中占据了相同的位置。他们的同胞和批评者普雷沃，后来通过重新阐释全部地层序列解释了这一变异：他认为它们是巴黎地区海洋环境和淡水环境边界不断变化的产物，其中著名的石膏地层就是位于海水和淡水之间的临时潟湖环境的产物。

当年轻的瑞士地质学家阿曼茨·格雷斯利（Amanz Gressly）在法国和瑞士边界绘制汝拉山的地质状况时，这种根据当地环境做出解释的方法很快就得以扩展，并且获得了名望。格雷斯利发现，侏罗系的一个特定部分（但分布在不同的地方）有不同的岩石和化石组，但很明显的，它们都年龄相同。格雷斯利称它们为不同的"相"。格雷斯利以珊瑚礁为例对"相"进行了解释：相就是珊瑚礁内的浅水潟湖和外面较深的水组成的自然环境。他将它们的空间分布情况在后来所谓的古地理地图上进行了描绘。"相"这一新概念

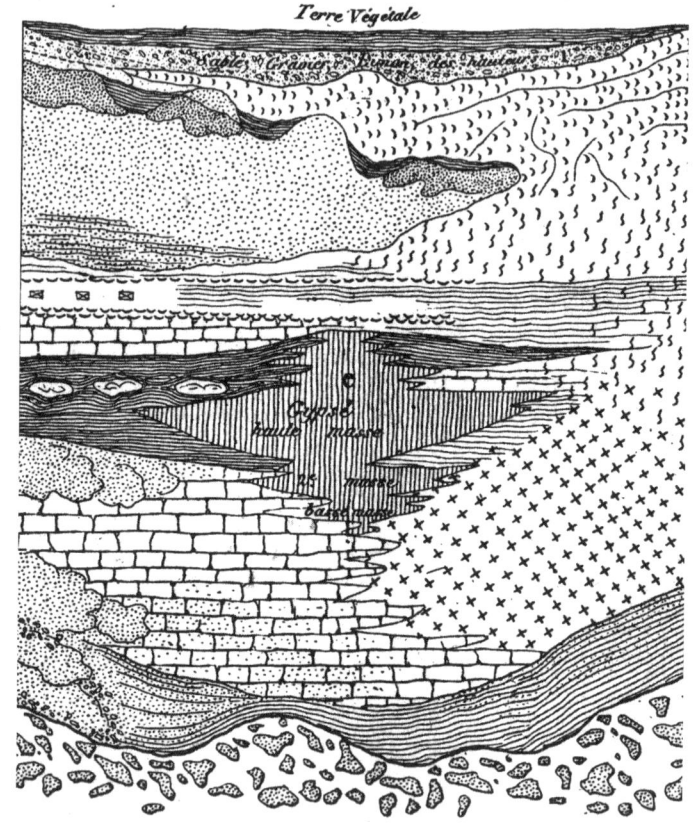

图 9.3 康斯坦·普雷沃的《巴黎地层的假想截面》(1835年)展示了他对巴黎盆地的地层学解释。他通过实地考察对此加以证实。垂直维度显示了第三纪地层的序列,因此也代表了时间的流逝方向,从底部最古老的地层,上覆白垩(用散乱的燧石片来表示),到顶部最年轻的地层,上覆表层土壤。横向维度是,从第三纪时期的海洋环境(左)到淡水环境(右)的整个巴黎盆地的空间。该图展示了普雷沃的观点,例如,粗粒石灰岩(砖形图案,左下)和与其形成鲜明对比的砂质地层(十字图案,右下)大致在同一时期沉积在巴黎盆地的不同地区(因此它们后来将被定义为不同的"相")。以其哺乳动物化石而闻名的石膏地层(垂直阴影,中心)被解释为位于海洋和淡水环境中间的临时潟湖环境的产物,并且它所处的时代也是全部地质事件的中间时间。这种图被后来的地质学家(及其现代继承者)广泛采用,作为以视觉形式总结地层复杂变迁情况的有效方式,因为它从地层原始环境的历史、地理和生态角度提供了解释

的提出标志着地层学转变为一种完全具备历史特性的学科，当时的地层学专家们认为，岩层堆是历史上不同地区发生过复杂变化的事件和环境的遗存，现在的学者也认同这种观点。有一个分布范围很广的例子可以证明这个观点的解释效力，那就是"泥盆纪大争论"背后所有异常中最令人困惑的那个。泥盆纪地层包括同一个时期内形成的两个对比鲜明的"相"，它们存在于欧洲、俄罗斯和北美不同地区两种差异很大的环境中：一种是老红砂岩，里面含有早期的奇特鱼类，很可能是淡水鱼；另一种是其他泥盆纪岩层，里面含有在海洋中生活的各种软体动物以及珊瑚等。

地质学走向国际

泥盆纪争论在几年内从英国的一个郡扩展到欧洲西北部，然后扩展到俄罗斯的乌拉尔和美国的纽约州以及北美其他地区。这只是19世纪的历史进程中整个地质范围急剧扩展的一个例子。在全世界范围内，通过对岩石和化石集合进行大量的、详细的地区性调查，地质学家对地层序列和整个化石记录有了更广泛的了解。随着西方在全球扩展商业和四处殖民，探索速度也在加快——地质调查通常紧随地理调查之后，对各种自然资源的开发也日益增加。在欧洲以外的国家，特别是俄罗斯和美国，科学的独立性日益增强，这开始让地质学家有信心对地球历史进行概括。

地质学全球化的一个突出例子是奥地利地质学家爱德华·修斯（Eduard Suess）的著作。修斯解决了地球上最伟大的山脉是如何起源的这一长期难题，从19世纪70年代开始，他和同时代的人在阿尔卑斯山进行了大量的实地考察工作。他综合了许多国家的多位地质学家的研究成果，进行了一项世界性创新，这反映在他的四卷本著作《地球的面貌》(*Das Antlitz der Erde*，1883—1904)中。像他那个时代的大多数地质学家一样，修斯相信大量证据都支持缓慢冷却的地球模型。就像19世纪早期的埃利耶·德博蒙一样，他设想坚固的地壳不时会被揉皱以适应地球较深部分的稳定收缩。苹果干燥后不断褶皱的果皮通常用来解释这种"收缩主义"理论，这个例子虽然不完美，但简单而形象。在莱伊尔的稳态模型中，地壳中的巨大板块无休止地上升和下沉，并且在某些地方上升到足以形成山脉。达尔文曾经也认同这种模型，但是修斯并不赞同。他用一种急剧的局部水平运动模型取而代之，他认为，地壳沿某些特定的线条产生褶皱，并因此收缩。

这些岩石要么被挤压进入巨大的开阔褶皱（例如，美国地质学家当时正在调查的阿巴拉契亚山脉的岩石），要么被巨大的"倒转褶皱"挤压到一起，甚至被挤压至彼此层层叠叠的状态，因此，在某些地方发现了较老的地层覆盖了较年轻的地层（例如，在阿尔卑斯山，欧洲地质学家当时也发现了同样的情况）。在所有这样的山脉中，规模巨大的地壳就像一块巨大的皱巴巴的桌布或推覆体（nappe，这个法语单词后来被全球地质学家用来表示发生过位移的巨大岩石群）。修斯认识到，随着地球的冷却以及其内核缓慢收缩，坚硬的地壳被揉皱，导致了这些大规模的运动，而且这些运动并不一定像埃利耶·德博蒙所设想的那样非常突然或者非常猛烈。造山的过程可能在人类生活的时间尺度上是非常缓慢而不易察觉的，但从地质时间的标准来看，它仍然可能是灾难性的。修斯批评了莱伊尔认为地质进程节奏非常"平静"的观点。跟莱伊尔的理论一样，他自己的收缩主义理论也充分考虑到了地球历史的巨大时间尺度。事实上，均变论者莱伊尔和他的灾变论批评者之间的许多早期争论已经过时了。

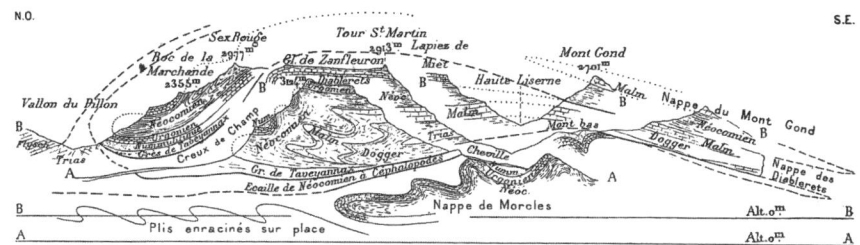

图 9.4 阿尔卑斯山的局部剖面图,显示了从南(右)向北推进的三个巨大的倒转褶皱或推覆体,将一些岩层倒置。这个意想不到的复杂结构意味着阿尔卑斯地区的地壳被大量缩减。这个截面图由法国地质学家莫里斯·吕荣(Maurice Lugéon)于1902年出版,是在他和其他人在19世纪晚期进行的详尽的地质调查的基础上做出的。通过化石可以判断出,图中所涉及的地层大部分属于第二纪(中生代),因此阿尔卑斯山造山运动一定是随后发生的,是在第三纪(新生代)的某个时期。结合这个受到深度侵蚀的山区中的几个平行横断面的证据(如图中所示),可以构建复杂的三维结构的可靠图像。地质学家们认为,这些非同寻常的运动在地球历史上确实发生过,尽管他们没有就引发这些运动的原因达成一致

    修斯迎难而上,通过研究当时新发现的记载美索不达米亚大洪水的楔形文字,开始了他的伟大工作。他表明,这场大洪水(并且暗示《圣经》中记载的大洪水也一样)很有可能发生过,尽管这些文字记录的一些细节在现代人看来非常奇怪。不能仅仅把它们视为神话,因为这种区域性灾难实际上发生得非常频繁,即使在有记录的人类历史中也是如此。修斯研究了在不同尺度的时间和空间中发生的各种各样的破坏性事件,并在综合分析这些事件的深层历史方面成就卓著,这个大洪水的例子只是他列出的发生在地质近期的事件中的一个。像他的一些同时代人一样,修斯在欧洲区分了三个连续的造山运动,它们时间间隔很长:最先是泥盆纪之前的加里东(来自古罗马人对苏格兰的称呼)造山运动;其次是在二叠纪之前,后来被称为海西期(来自古罗马人对树木繁茂山丘的称呼,例如维

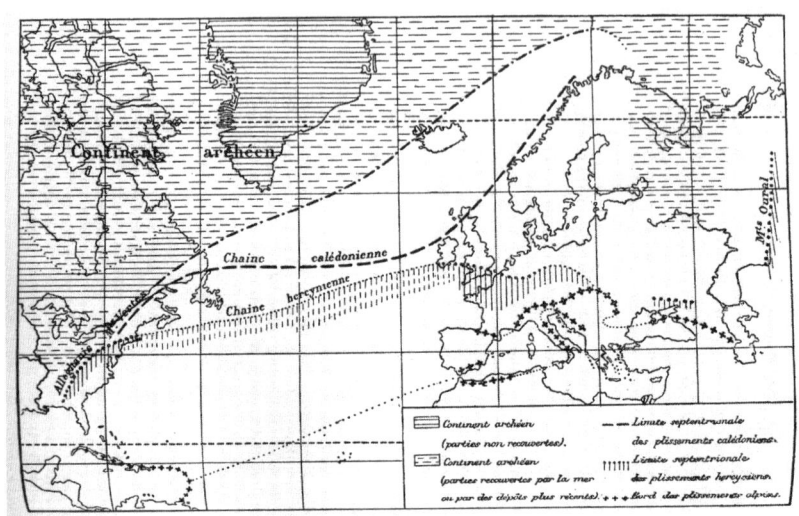

图 9.5 北大西洋地区的地图。法国地质学家马塞尔·贝特朗（Marcel Bertrand）绘制于 1887 年。它显示了横跨大西洋两岸的地壳中三次连续造山运动的联系。加里东造山运动、海西期造山运动和阿尔卑斯造山运动（最后一种用十字线标记）造成的高度变形的岩石组成了褶皱带。这些褶皱带被用来标记古代超大陆（标记为水平阴影）的逐渐向南扩张。现在大西洋的海床被认为是在地质近期沉降的，将欧洲、非洲与美洲分开。到目前为止，所有较老的山脉（例如苏格兰高地、阿勒格尼山脉以及阿巴拉契亚山脉）都被侵蚀，所以它们不像阿尔卑斯山那样高大

尔纳家乡所在的德国埃尔茨山脉）造山运动；最近的是新生代的阿尔卑斯造山运动（怀特岛上的经典褶皱好像是这次运动的一个外部小涟漪）。这可以与大西洋另一侧三个相同时段的类似运动线路相匹配，这表明，这种揉皱作用已经在世界范围内同步发生。实际上，修斯所做的工作不仅补充了地层学和化石记录所展现的地球历史，而且还用地球不定期发生的灾难充实了这一历史。如果不是充满重大事件，历史就没有任何意义。

将地层学转化为地球历史档案的时机已经成熟，就像英国地质

学家约翰·菲利普斯（John Phillips）在工作中展现的那样。菲利普斯恰好是威廉·史密斯的外甥，而且还是他的非正式门徒。菲利普斯后来成为世界领先的古生物学家之一，熟悉每个地质时期的化石记录。随着名望的上升，他接任了巴克兰在牛津大学的教职。例如，作为研究化石的专家，菲利普斯凭特征确认了一批海洋化石，认为它们位于默奇森提出的志留纪动物群和石炭纪动物群之间，因此，他推断，这些海洋化石所处的时代是位于志留纪和石炭纪之间的泥盆纪。然而，他对侏罗纪、泥盆纪和志留纪等"系统"名称感到不安，因为它们是以特定地区（汝拉山、德文郡、威尔士边界）命名的，可能不适合描述同一时期其他地区的沉积物。默奇森认为自己提出的"系统"能够得到全球性的认可，菲利普斯则试图动摇他这种过于自负的雄心。菲利普斯希望找到一种描述生命在长时段历史中发生主要变化的术语来取代它们，这些术语似乎越来越像是一种在世界范围内适用的独特的年代排序方式。

因此，在1841年，菲利普斯提出将整个化石记录划分为三个时段，即将地球全部历史划分为三个连续的重要时代："古代生命"生活的古生代，"中间年代生命"生活的中生代，以及"近代生命"生活的新生代。这类似于莱伊尔应用于第三纪地层的以化石为基础命名的"时期"的概念（始新世等），但其时间尺度要大得多。它们也有一个明显的类比对象，那就是人类历史传统上被分为古代、中世纪和现代。当然，菲利普斯不需要公开阐明这一点。古生代的生命，例如三叶虫和树蕨，与中生代的菊石和巨型爬行动物不同；中生代的生命又与新生代的生命不同；新生代有各种现已灭绝的哺乳动物，还有一些从外观上看跟现代动物十分相似的动物。菲利普斯提出的三大时代很快被世界各地的地质学家采用（对现代地质学家来说仍然很有价值）。他对不断变化的生命多样性有着深刻的

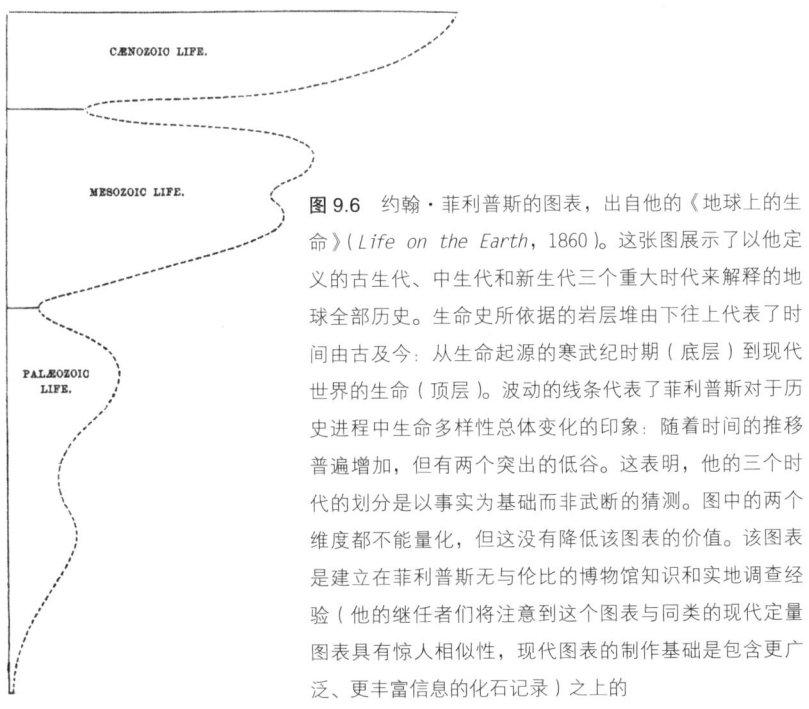

图 9.6 约翰·菲利普斯的图表，出自他的《地球上的生命》(Life on the Earth, 1860)。这张图展示了以他定义的古生代、中生代和新生代三个重大时代来解释的地球全部历史。生命史所依据的岩层堆由下往上代表了时间由古及今：从生命起源的寒武纪时期（底层）到现代世界的生命（顶层）。波动的线条代表了菲利普斯对于历史进程中生命多样性总体变化的印象：随着时间的推移普遍增加，但有两个突出的低谷。这表明，他的三个时代的划分是以事实为基础而非武断的猜测。图中的两个维度都不能量化，但这没有降低该图表的价值。该图表是建立在菲利普斯无与伦比的博物馆知识和实地调查经验（他的继任者们将注意到这个图表与同类的现代定量图表具有惊人相似性，现代图表的制作基础是包含更广泛、更丰富信息的化石记录）之上的

了解（正如所有化石记录所反映的那样），他确信自己命名的三个时代不是随意的，也不是偶然的，它们在生命史上具有真正的事实基础。

1860 年，菲利普斯在伦敦的地质学会上做了会长报告，然后在剑桥大学举行了一次著名的公开演讲。他在这两次演讲中主张，已知的化石记录虽然远非完美，但已经足够完整，可以证明"地球上的生命"（他此次演讲的内容以这个题目出版）的历史总体上是一部"进步史"，因为包括动植物在内的"高等"形态的生命是连续出现的。就像他坚定地总结的那样："地球有其自身历史。"他对这一主流科学共识的重申是对达尔文的《物种起源》的回应。他

认同莱伊尔关于化石记录非常零碎的假设，也认同达尔文所声称的不完整的化石记录不能用作证据来反对其提出的生命是缓慢进化的这一理论。菲利普斯认为，三个大时代的动植物之间存在惊人的差异，将三个时代分离开的生物多样性出现骤然下降可能是由于以下两个原因：一是这些阶段的化石记录相对不完美，另外一种可能是地球至少经历了两次大灭绝。

在这个问题上，地质学家在 19 世纪余下的时间里展现了多样的观点。一个极端的例子是莱伊尔。作为领导者（实际上他也几乎是唯一的均变论者），莱伊尔继续（直到 1875 年去世）将每一次突变的出现归因为极其不完美的化石记录。这暗含着一个预测，即在新区域进行的进一步的野外考察，或者对已知领域的进一步研究，可能会填补一些空白并减少明显的不连续性。在某种程度上，这种预测得以实现了，例如，莱伊尔通过将新时期（古新世、渐新世）插入自己的体系，补充了当时被称为新生代的时段。但其他明显的、突然发生的化石记录的中断，特别是那些将菲利普斯的三大时代分离的中断，仍然难以得到解答，无法填补。这表明，有人认为，至少有一些明显的大灭绝事件，特别是古生代末期和中生代的那些灭绝事件，可能确实是地球历史上的特殊事件，需要加以解释而非淡化它们。

法国一些地质学家，尤其是阿尔西德·多比尼（Alcide d'Orbigny），对这种灾难性的解释进行了最大限度的延伸。他将化石记录中的每一个不连续之处都解释为某种突然的"变革"痕迹。但是，按照多比尼的观点，这种变革性事件不仅数量特别多，而且发生频率也非常高，人们对此无法认同。相比之下，受到莱伊尔有说服力的论证的强烈影响，英国地质学家继续否认在深远过去发生的事件比当下世界有记录的事件更突然、更激烈或更狂暴。

他们认为深远的过去不可能发生过任何类型的大型灾难（巨型地震、巨型海啸、巨型火山爆发等），尽管这需要与所有科学的、合理的解释对峙，而这些解释出自主张此类自然事件具备历史真实性的学者。

事实上，19世纪的所有地质学家——无论他们如何看待深远过去偶尔发生的灾难性事件的真实性——都很自然地使用了这个现实主义格言："现在是理解过去的钥匙。"事实上，这个方法得到了延伸，人们以地质意义上的近期（从人类视角看属于史前的过去）为参照，将其作为对更模糊不清、更深远的过去可能发生事情的指导。例如，人们以越来越为人所熟知的更新世时期普遍存在的冰期迹象为参照，确定其他冰期和更早冰期的一些意外痕迹（而且通过类比，也令后者不再显得那么"异常"）。在更新世冰盖下形成的独特冰碛物或冰川泥砾可以与较老的沉积物相匹配。后来被称为"冰碛岩"的坚硬岩石同样富含各种尺寸的有棱角的漂砾。在古生代（石炭纪或二叠纪）晚期地层中就发现了这些冰碛岩，但是在欧洲或北美没有发现它们。（这两个地区同时代的岩石包括带有热带风貌森林化石的含煤地层，以及看起来像热带沙漠遗迹的砂岩和盐类矿层。）这些冰碛岩被认为是在古代冰期形成的冰盖痕迹，它们反而被发现于澳大利亚、非洲南部，最令人费解的发现地是印度。

这是地质勘探稳步全球化的另一个产物。它表明当时的气候分布状况与当今世界截然不同，但它也不符合在稳步降温的地球上可能出现的情况。在印度调查的地质学家（那些指挥调查的人是英国人，尽管许多进行实地调查的都是印度人）将调查的地层统称为"冈瓦纳系"。按照通常的标准，这些地层中的岩石明显处于古生代晚期，但它们更像是在非洲南部和澳大利亚探索的那些，而不是那些在欧洲和北美已经众所周知的岩石。19世纪70年代，印度的地质学家认为非洲、澳大利亚和印度曾经是一个巨大陆地的一部分。这个令人吃惊的想法在得到修斯的支持后获得了更广泛的认可。修斯将这个被普遍接受的超级大陆命名为"冈瓦纳古陆"。在印度工作的一位地质学家后来建议将其扩大到包括南美洲、南极洲在内。除了南极洲（当时人们对其地质状况几乎完全未知），人们在这些广泛分散的大陆不仅发现了古代冰碛岩，而且还发现了一些独特的化石，包括一些独特的早期爬行动物化石，以及舌羊齿属种子蕨化石——它们事实上取代了同时代欧洲和北美含煤地层中众所周知的植物化石。这个大部分位于南半球的超级大陆的设想也得到了越来越多的证据（后来被称为生物地理学的研究范畴）的支持，即同一块大陆上生活着许多独特的动物和植物。所有这些陆地生物——无论是化石还是依然存活的生物——是如何如此广泛地分布在世界上，目前仍然存在争议，但人们普遍认为"陆桥"（就像现在的巴拿马地峡一样，但也许更宽）可能曾经连接过现在被大片海洋隔开的大陆。无论哪种解释，地球古老的地理和气候状况显然与古老的三叶虫和恐龙一样令现代人感到奇怪和陌生。19世纪后期，地球的历史变得比以往更加出人意料，重大事件更加频发，部分原因是问题和证据现在都已经走向全球化了。

走向生命的起源

19世纪后期，学者对化石记录的细节了解得越来越多，这些记录最早出现在古生代开始时的哪个阶段一直是未解之谜，最能激发人们的好奇心。这对生命起源这个根本性问题有着显著的影响。19世纪50年代，人们发现，就古生代位置最低和最古老的地层寒武系（塞奇威克以威尔士的山脉命名了它）来说，虽然其命名地——威尔士的岩层中几乎没有任何化石，但其他地方的寒武系中的化石相当丰富，它们与默奇森提出的覆盖寒武系（因此年代更晚）的志留系中含有的化石不同。这些发现化石的寒武纪地层一度被称为"始生纪"地层，因为这一地层中的化石是最早的、明确的生命迹象。但是，它们与拉马克或达尔文所设想的进化理论不符，它们并不是他们预期的那种小型的简单生物。它们很复杂，而且非常多样化，有些甚至体形巨大。它们可能预示着未来的生物会更加多样，而且在寒武纪的海洋中也生活着大量生物。这些生命看起来处在化石记录的最开端，但它们并不是明显的"原始"生物。

这更令人费解，因为寒武纪地层通常直接覆盖在以前被称为第一纪岩石、现在通常被称为太古宙（意为"远古"）岩石组成的"基岩"上。这些岩石的起源模式存在争议，但大多数都是结晶的（花岗岩、片麻岩、片岩等）。学者一致认为它们不可能含有任何化石。当然，人们也确实没有从中发现化石。由于它们明显产生于古生代之前，因此那个时代被认为是地球历史上最早的无生代（意为"无生命"），也许当时地球表面仍然太热，任何生物都无法存活。还有一种解释获得了一些地质学家的支持，即莱伊尔对这类岩石的变质论解释：当埋藏在地球的深处时，它们被强烈的内部热量严重改变，所有化石的痕迹都被毁掉了。不管怎样，想要在地球的前寒武纪历史中确定是否存在过生命或者它们面貌如何都希望渺茫。

然而，地质学家并没有那么容易被击败。在一些地区，人们发现带有寒武纪化石的地层下方并不是那些没有发现化石希望的"基岩"，而是看起来非常普通的砂岩和页岩：如果它们属于古生代（是指如果它们曾经覆盖在寒武纪地层上方），它们本来有希望被认为是化石的来源。因此，人们仔细地在这些前寒武纪岩石中搜

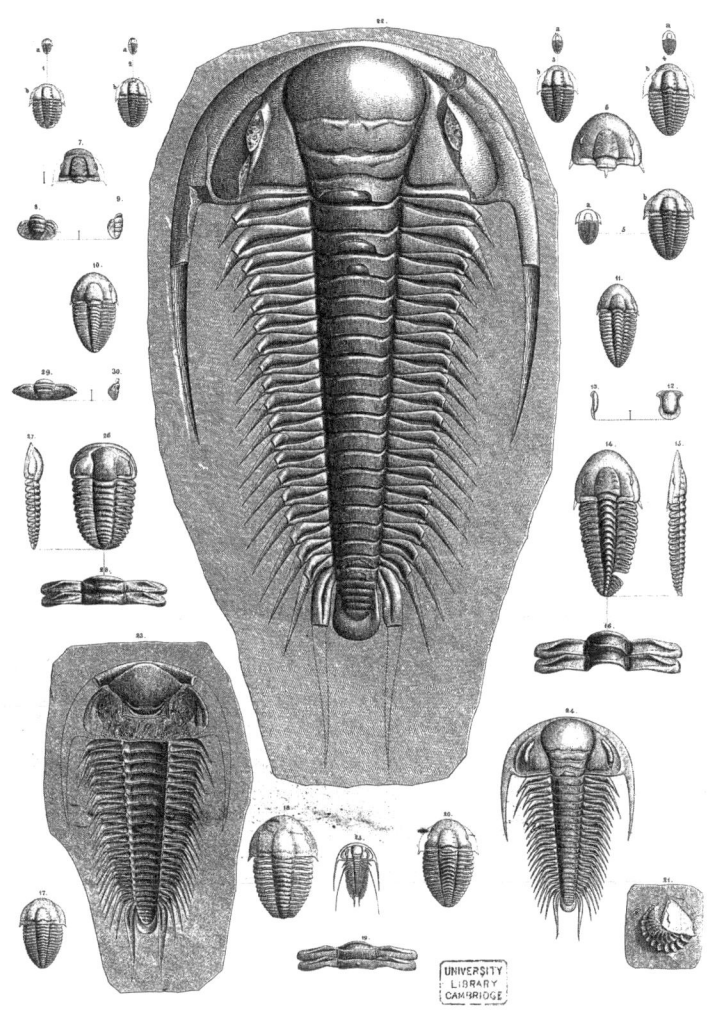

图 9.7 来自波希米亚（现在的捷克共和国）的寒武纪地层的三叶虫化石，位于志留纪动物群的下方，因此比它们更古老。移居海外的法国籍土木工程师阿基姆·巴朗德（Joachim Barrande）于 19 世纪 50 年代在他的著作中描绘了这些保存完好的化石。这里显示的最大标本长度为 18 厘米（约 7 英寸），当然还有体形比它大得多的；图中较小的三叶虫虽然种类不同，但结构同样复杂。书中的配图描绘了每种三叶虫的主要成长阶段。巴朗德称这种动物群为"始生纪"生物；后来的学者认为"始生纪"就是塞奇威克定义的"寒武纪"。更加古老的前寒武纪岩石中没有发现明确的化石记录，这是达尔文的生命史进化理论存在的一个主要问题

寻化石，希望找到寒武纪动物群的祖先——它们被提前乐观地归于元古（意为"最早的生命"）宙。例如，当魁北克的一个前寒武纪地层中发现了一个可能的有机结构时，加拿大地质学家约翰·道森（John Dawson）将它命名为始生物（意为"生命的开端"），并在他的《地球生命的开端》（*Life's Dawn on Earth*，1875）中将其公布。由于它与寒武纪生物完全不同，并且不太可能是其中任何一种生物的祖先，道森希望它有助于反驳自己强烈反对的达尔文的进化论。但始生物从一开始就引起了争议，到19世纪末，它被驳斥为是完全无机的，仅仅是岩石变质的一种产物。

尽管遭遇这次挫折，对前寒武纪地层的初步调查继续鼓励学者寻找前寒武纪的生命迹象。例如，年轻的地质学家查尔斯·沃尔科特（Charles Walcott）加入了新成立的美国地质调查局，他当时正在探索和调查美国西部各州。他发现了后来被称为隐生生物（意为"隐藏生命"）的结构，隐生生物恰如其分地表明了它们的神秘特征。它们是个大型的枕形堆，看起来很可能起源于有机物；但是，形成它们的有机体仍然是个谜。不管它是什么，它看起来不像是任何复杂得多的寒武纪化石的祖先。其他地方也没有找到哪怕非常罕见或者非常可疑的任何所谓的前寒武纪化石残骸。因此，前寒武纪地层仍然没有发现任何明确的化石记录。

对于进化理论而言，这是一个严重的问题。在达尔文的理论中，进化是极其缓慢和渐进的。如果像达尔文推测的那样，所有高度多样化的寒武纪生物都是从"一种原始形态"缓慢而渐进地进化而来，那么前寒武纪的生命历史将漫长得不可思议，延伸的时间至少超过从寒武纪开始一直到现代的时间长度。但如果是这样的话，生命史的前半部分显然根本没有任何明确的化石记录。这有两种可能的解释。第一种解释是，没有化石记录可能是因为没有生命

图 9.8 约翰·道森在他的《地球生命的开端》中描绘的所谓加拿大始生物。他在魁北克的前寒武纪石灰岩中发现了它们。这幅图是通过显微镜观察到的用坚硬的标本制作成的透明薄切片（当时制作这种"薄切片"的新技术大大提高了人们对各种岩石和化石的认识）的结构。道森将这个结构解释为一个巨大的原生动物，并用推断的"动物物质"（黑暗区域）和保存较好的"钙质骨架"（浅色区域）将它进行了重建。他声称，这是在寒武纪岩石中多样化的动物化石出现之前很久就存在生命的证据。但是任何一种动物，都不大可能从这个原生生物进化而来，它后来被认为是岩石变质和蚀变的纯无机产物。这使得漫长的前寒武纪根本没有明显的化石记录

可记录，前寒武纪的所有时段都可能应该被称为无生代，而不是远古宙。在这种情况下，如果不同的寒武纪生物确实是从"某种原始形态"进化而来，这些进化将会相对迅速，这就是后来人们所说的"寒武纪生命大爆发"，即生命在寒武纪初期迅速多样化。这种情况明显与达尔文的进化论不符。不过，如果前寒武纪时间实际上已经足够长，能够按达尔文的说法缓慢进化出寒武纪的动物群，这一进化过程却没有任何记录就更成问题了。第二种解释就是，种类不同

的寒武纪动物的所有祖先都是"软体的",因此不太可能被保存为化石,并且它们都在大概同一时期进化出了"坚硬的躯体"(例如容易形成化石的壳)。这种理由看起来像是达尔文主义者摆脱困境的一种绝望的尝试。在19世纪末,生命在寒武纪之前的起源和早期进化问题依然神秘难解。

地球历史的时间尺度

从本章和前几章的叙述中可以清楚地看出,尽管没有大致定量的或"绝对"的时间尺度,19世纪的地质学家仍然在重建地球历史方面取得了令人瞩目的进展。在实践中,人们无法对地球及寄居其上的生命的历史进行定量分析,但这对他们来说几乎没有影响。以可观察到的岩层序列为基础,利用确立已久且日益完善的"相关"时间尺度"代"及组成"代"的时段,这些足以使地质学家在繁忙的工作中取得多项成就。对他们来说最重要的是什么?正如斯克罗普令人难忘地指出的那样,所有的证据都喊出了"时间!——时间!——时间!"或者,正如科尼比尔所坚持的那样,莱伊尔可以主张"千万亿年",只要他喜欢,量级更大也没有问题,前提是他能证明这样一个数量级确实是必需的。19世纪的所有地质学家(主流灾变论者、均变论者莱伊尔和他孤独的信徒达尔文)都相信时间尺度的量级至少达到了数百万年。但数百万年也好,数千万年或数亿年甚至数十亿年也好,对他们令人钦佩的、富有成效的重建工作来说,几乎没有任何现实差异。虽然莱伊尔的雄辩言辞通常暗示并非如此,但即使是最狂热的灾变论者援引灾难支持自己的观点也不是因为在时间问题上感受到压力,而是因为他们相信需要根据异常突然甚至狂暴的事件来解释证据,

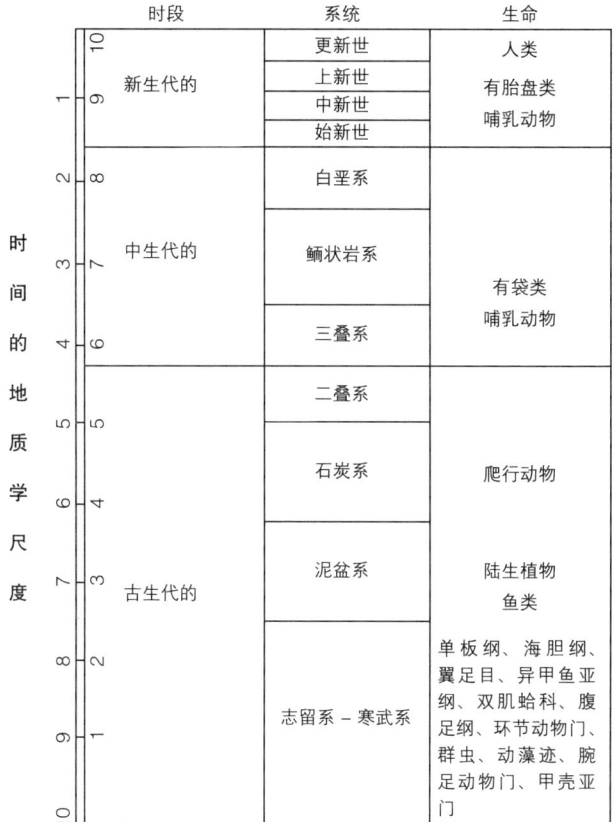

图 9.9 约翰·菲利普斯的"时间的地质学尺度",出自他的《地球上的生命》(1860 年)。位于被称为"系"(中间栏)的地层序列中的岩层堆被划归为三个漫长的时代或"时期"(左栏),菲利普斯早先将其定义为古生代、中生代和新生代。生命的历史(右栏)显示了各种主要生物群在化石记录中首次出现的时间。该图描绘了菲利普斯量化全部生命历史的时间尺度的一种尝试,他依据的是分配给每个"系"的最大已知厚度。从古生代(底部)开始直到现在(顶部)的整个时间跨度被划分为持续时间相同的 10 个任意的地质时间单位,它有两种标记方式:一种是"现在之前"(标号从 10 到 1,左边框外侧)和"自古以来"(标号从 1 到 10,左边框内侧);这与早期的年代学家使用的向后计数的"公元前"和向前计数的"公元"这一时间尺度类似,这可能是菲利普斯无意识的做法。菲利普斯仍然不确定如何校准他的定量的时间尺度,尽管像 19 世纪的所有地质学家一样,他毫不怀疑至少应该估计为数千万年。由于该图表示的是生命的历史,因此没有已知化石的前寒武纪被完全省略

无论这些事件发生在多么漫长的时段中。

尽管如此，将连续的时代和时期这种定性的时间尺度转换为一种定量的时间尺度（大致以年为单位）的优势变得日益明显，这样一来，地质事件序列的确立会更加稳固。没有这样的时间尺度，地质学家就会处于历史学家曾经所处的境地：尽管这些历史学家曾经拥有可靠证据来区别欧洲历史中的独特时期（中世纪、文艺复兴、启蒙运动等）的正确顺序，但由于缺乏确定的日期，他们无法确定特定的关键事件之间是间隔了几个世纪还是仅仅几十年。正如17世纪时博学的年代学者试图从人类历史的开始就确定准确的日期，地质学的定量分析或绝对的时间尺度也将为地球提供与人类历史年表相似的大事年表，这一学科在19世纪末被命名为"地质年代学"。

德吕克的"自然钟"概念（例如人们记录下的三角洲的增长率）并没有被遗忘（尽管他本人曾经被遗忘）。当时，德吕克想要确定那个唯一的、决定性事件的大致日期，即等同于《圣经》洪水的自然"变革"的日期。但是在19世纪，地质学家面临的挑战更加艰巨。他们需要估算出所描述的岩石和化石所代表的总时间，至少估算出正确的数量级。莱伊尔尝试通过计算第三纪地层中已灭绝的和现存的软体动物物种的百分比的变化来设计一个自然钟。他希望自己能够成功。多年来，他一直试图对此进行校准，并希望将其扩展到地球的早期历史。菲利普斯后来对地质年代学进行了更为雄心勃勃的尝试。他对从寒武纪到更新世的所有地层都有深刻了解，对世界范围内的这些地层中所包含的化石记录也都了如指掌，并且应用自如。在19世纪50年代，他将人们当时知之甚少的新沉积物累积的速度（例如恒河三角洲的情况）与连续地层系统中记录的最大地层厚度结合起来思考。像往常一样，现在被视为理解过去的钥匙，但是存在很多不确定因素，需要做出许多假设，因此，菲利普斯不愿意公布任何估算结果。不过，达尔文的《物种起源》迫使他不得不公布相关结果。

为解决这个问题，达尔文根据位于英格兰东南部威尔德林区的白垩和其他白垩纪地层（以北部丘陵和南部丘陵之间独特的白垩山丘为界，在达尔文位于北部丘陵的乡村住宅附近可以看到）较薄的隆起处缓慢的剥蚀率推断出这些地层的年龄大约为 3 亿年（现代地质学家通常简写为 300Ma）。这就是说，他认为白垩从开始沉积至今共经历了 3 亿年。1860 年，菲利普斯在地质学会讲述了他认为达尔文估计数字过大的原因。达尔文默默地接受了这些批评，迅速将他估算的数字从之后的所有版本的《物种起源》中删除了（顺便说一句，达尔文的估值远超现代放射性测年法计算出的日期）。从寒武纪时期（以及古生代时期）开始到现在，菲利普斯自己的初步预估是 9600 万年。后来，他稍微缩减了这一数值。无论如何，他认为任何数据都比没有数据要强。

除了莱伊尔和达尔文之外，大多数地质学家都认为菲利普斯的估值是合理的，是在当时条件下能够取得的最可靠的结果。很明显，菲利普斯的估值代表了他们默认的共识。1861年，苏格兰顶尖物理学家威廉·汤姆森（William Thomson）根据物理学和宇宙学的相关证据推算出了地球时间尺度的可能量级，他希望将自己的计算结果与地质学家的结果进行比较，并咨询了菲利普斯。（在汤姆森生命即将结束时，为了表彰他在建设跨大西洋海底电缆方面发挥的重要作用，英国王室将其封为开尔文勋爵［Lord Kelvin］，这个名字从那时起就被人们所熟知，为了方便起见，我们在本书中也使用他的这个名字。）开尔文勋爵告诉菲利普斯，他自己的初步计算表明，地球的总年龄在 2 亿—10 亿年，与菲利普斯估计的 9600

万年（只是从寒武纪开始至今）在一定程度上相兼容。开尔文勋爵的数值是基于他关于太阳系起源的宇宙学理论，特别是太阳持续不断地消耗其最初的热源。根据当时新发现的热力学定律，太阳的寿命必然是有限的，这将限制地球可能的年龄。开尔文勋爵的理论还结合了地质学家地球缓慢冷却的标准模型及地质学家关于地球内部热量的证据。1863年，在重新计算之后，开尔文勋爵公布了修正后的地球年龄，他认为在2000万—4亿年。如需进一步精确的话，他愿意将其缩小到大概9800万年。考虑到所有的不确定性，这个结果与菲利普斯的估值几乎相同（仅指前寒武纪之后的地球年龄）。无论如何，菲利普斯对这个数值很满意。第二年，他向其他地质学家赞扬了开尔文勋爵的估算结果，并欢迎这位物理学家对科学地理解地球做出贡献。后来，他与开尔文勋爵合作开发仪器，以更精确地测量矿井的温度，这可以提供关于地球内部热量的有价值证据。看来，在这个问题上，地质学家和物理学家之间并没有深层次的冲突。

然而，开尔文勋爵1866年发表了一篇题为"简要反驳地质学中的均变学说"的挑衅性演讲，并在后续的讲座中扩展了这一主题。他激烈地攻击那些无视他的工作并继续认为地球历史是无限的地质学家。他认为，地球年龄无限论远超他所信奉的物理学所允许的范围。他的攻击目标是达尔文和莱伊尔。这两人确实声名卓著，但他们无法代表作为一个整体的地质学家。令人惊讶的是，开尔文勋爵并没有使用菲利普斯的观点来支持自己的立场。事实上，他攻击"均变学说"的内容和时机安排都表明他的主要目标是进化论，或者说是达尔文特有的进化论。这是因为在达尔文的理论中，极其缓慢的自然选择过程需要在漫长的时间中才能实现。这种自然选择破坏了宇宙设计论，而这对开尔文勋爵和许多他的同时代人来说非常重要。在 19 世纪剩下的时间里——甚至在他的目标人物去世之后——开尔文勋爵继续他的反对"均变论"的运动。令地质学家感到失望的是，他声称在改进自己的计算和假设过程中需要进一步减少他原来估算的数值。1881 年，他甚至将地球可能年龄的上限降低到 5000 万年。1897 年，他又将这一结果减少到 4000 万年，同时认为最有可能的数值是 2400 万年。虽然一些物理学家对他的数值及其所依据的假设持怀疑态度，但还是有人支持他。有个学者认为这个数字还应该大幅减少到不到 1000 万年。相形之下，这使得开尔文勋爵看起来相当温和，并不极端。

与此同时，如果物理学家的时间尺度能够保持在菲利普斯早先的估计值附近，即大约 1 亿年（从前寒武纪开始至今），大多数地质学家也都会表示认同。在 19 世纪即将结束之时，另外一个领域取得的突破支持了这个数量级。正如开尔文勋爵一样，这个领域的学者几乎都不属于主流地质学界。爱尔兰地质学家约翰·乔利（John Joly）不仅是一位出色的物理学家，他进一步发展了哈雷早期的建议，即可以从盐分通过河流沉积到海洋中的速率计算大自然的年龄。乔利估计海洋年龄为 9000 万—1 亿年，这是自从地球原始的地壳冷却到足以让水在其表面凝结之后的时间。

随着 19 世纪走向终结，地质学家和物理学家之间在地球年龄问题上的分歧越来越大。地质学家认为物理学家极其傲慢，他们——并非最后一次——公然看低其他学科，这种情况无助于化解僵局。地球年龄只是围绕地球及寄居其上的生命的历史的许多问题之一，正如本章所描绘的那样，它们仍然令人沮丧地复杂难解、充满争议。下一章将进入 20 世纪，我们会看到这些问题得到部分解决。

第十章
地球的全球史

确定地球历史的年代

20世纪初,物理学的急剧发展打破了开尔文勋爵对地球年龄的估计。许多物理学家认为他们的学科已近巅峰,只需要一些细微的改善,但这一假设被一系列根本性的新发现所颠覆。其中包括发现以前未知的辐射类型,第一种被恰当地命名为"X射线"。然而,对于地质学家来说,最关键的新发现是法国物理学家皮埃尔·居里(Pierre Curie)在1903年观察到的现象,即放射性物质可以持续不断地产生热量。正是居里的波兰籍妻子兼合作者玛丽在此前创造了"放射性"(radio-activity)这个词。专家发现,在某些种类的岩石中会自然发生这个奇怪且完全出人意料的进程。因此,很明显,地球的内部热量不可能或不完全是其最初炽热物质的残留。如果热量产自以前未知的来源,那么基于最初热源的假定冷却速率而对地球年龄做出的所有估计几乎都是毫无价值的;充其量,它们只能代表一个最小的年龄,真正的年龄可能会大得多。1905年,在英国工作的新西兰籍物理学家欧内斯特·卢瑟福(Ernest Rutherford)利用玛丽·居里发现的新元素镭衰变成氦的可测量速率（卢瑟福将其视为一种新的"自然钟"）判断一种放射性矿物样品的年龄大约为 5 亿年；他的英国同事瑞利勋爵（Lord Rayleigh）判断另外一个样本的年龄不低于 24 亿年。他们的方法很快就被认为存在缺陷，尤其是作为气体的氦很可能会随着时间的推移从矿物中逃逸。无独有偶，美国物理学家伯特勒姆·博尔特伍德（Bertram Boltwood）利用铀元素衰变为稳定的铅元素得到了数量相当的结果。尽管具有不确定性，这些第一批"放射性年龄"（这是它们后来得到的称呼）至少将地球年龄推进到极端古老的境地，而且比大多数物理学家和地质学家之前设想的要古老得多。

年轻的英国人亚瑟·霍姆斯（Arthur Holmes）也迈入了这个令人兴奋且高度国际化的物理学领域。与大多数物理学家不同，他学习过地质学方面的知识。1910 年，他开始使用博尔特伍德的铀－铅测定法。他计算出的第一个数值是 3.7 亿年，这是挪威岩石中一种矿物的年龄，从地质时期讲属于泥盆纪。即使这个从古生代中期开始算起的地球年龄也是开尔文勋爵对地球总年龄最终预估值的十倍以上（尽管低于达尔文早期轻率的估计）。霍姆斯的导师，英国物理学家弗雷德里克·索迪（Frederick Soddy）发现许多元素存在于不同的"同位素"中。它们会一起追踪放射性同位素衰变的复杂路径，从一个到另一个。因此可以利用它们极大地改进估算放射性矿物年龄的方法。在《地球的年龄》（*The Age of the Earth*，1913）中，霍姆斯提出了一个极大延长时间尺度的新案例。他测算出自己最古老的标本的年龄为 16 亿年，据此推断地球自身的年龄要大于 16 亿年。他所使用的实验方法在技术上难度很大，耗时费力，而且这些"绝对"的放射性年龄很难与相同岩石的"相对"地质日期可靠地联系起来，但是这些实验方法和它们所依据的物理学证据（例如测量出的相关同位素衰变的速率）变得越来越准确和稳定。

地质学家已经习惯于以亿年为单位的总时间尺度来思考问题，但受到来自开尔文勋爵和其他物理学家的巨大压力，要求他们接受量级小得多的时间尺度。因此，许多人对于急剧扩大时间尺度的建议持怀疑态度。"一朝被咬，下次胆小"，由于在开尔文勋爵这里接受过教训，大家对物理学家惊人的思想转变的共同反应都非常谨慎。第一次世界大战期间，非军事科学领域的研究停滞不前，战争结束后，地质学家认识到需要重新讨论这个问题。地质学家、物理学家、天文学家和生物学家分别于 1921 年在爱丁堡、1922 年在费城举行了两次会议。这些不同领域的"科学家"（scientists）——这个概括词大概在此时才开始普遍使用，距离这一称谓最初被提出已经过去了几乎一百年——中仍有一些人对此持怀疑态度，例如乔利。但他们中的大多数人都认为，新的放射性年龄虽然是暂定的，但从数量级上看可能是正确的。物理学家瑞利勋爵推测，地球具备适合生命存活的条件可能已长达数十亿年。牛津大学的地质学家威廉·索拉斯（William Sollas，曾编辑过修斯重要作品的英文版）总结道："曾经在时间问题上破产的地质学家，现在发现自己突然变成了资本家，银行账户中多出了成百上千万，他们都不知道该如何处置。"几年后，被公认为一流专家的霍姆斯在美国给一个委员会做出了他对地球年龄的最佳估计，他认为这个数字不低于 14.6 亿年，但可能不超过 30 亿年。到 1953 年，美国化学家克莱尔·帕特森（Clair Paterson）利用更多的放射性测量证据得出了经过极大改善的数据，即大约 45 亿年。他的估算是相关专家此后一直认可的数据，从 20 世纪下半叶一直到进入 21 世纪都是如此。

物理学家和天文学家对地球的总体年龄最感兴趣，但地质学家更关心的是使用放射性测年法来量化地球历史中的一系列重大事件。他们想知道他们新获得的极其古老的地球年龄应该如何分配给每个时期，他们希望为菲利普斯（以及从他那个时代以来的其他人）得出的那种时间尺度赋予这些数值（尽管只是近似值）。菲利普斯等人的时间尺度是通过计算在多个连续时期中沉积下来的沉积物的相对厚度得出的。霍姆斯很早就着手进行这项工作，例如，他认为石炭纪的一块岩石的年龄为3.4亿年，泥盆纪的一块岩石的年龄为3.7亿年，志留纪的一块岩石的年龄为4.3亿年，这些排列次序都是正确的。第一次世界大战之后，地质学家对放射性测年法的信心逐渐增强，因为他们进一步计算出的数据继续以同样的方式匹配地层学方法确立的相关年龄，甚至更加稳定和精确。虽然最初存在较大幅度的不确定性，但放射性年龄与地质年龄并不矛盾。当新的"质谱仪"能够以前所未有的精度分析矿物标本时，不确定性也在稳步减少。第二次世界大战之后，放射性测年法逐渐转变为常规程序，而且更加准确，并且花费也更低。实践证明，建立在不同系列同位素衰变速率基础上的几种独立方法计算出的结果是一致的。在计算地球总体历史的不同部分时，人们发现至少有一种方法是有效的。大约在20世纪70年代，年龄测定变得可靠又精确，许多"地球科学家"（这是另一个开始使用的总括性术语，尤其包括地质学家和地球物理学家）开始经常使用以数字表达的日期，甚至优先于他们命名的地层学年代。例如，一个确定而又明显的大规模灭绝性事件可能指的是6500万年前发生的事件，这实际上暗指的是白垩纪和中生代的结束时期。正如历史学家在辩论时所说的那样，达尔文的《物种起源》产生影响的时期与其说是指维多利亚时代中期，不如说指的是1859年这一决定性年份。

到 20 世纪末，放射性测年法已成为地质学中一个强大且不可或缺的工具。当然，这取决于物理学家的如下假设：在实验室测量出的放射性衰变的速率在整个"深时"中保持不变。但是，独立于任何此类假设的两种方法证明了地质学家早先对时间尺度量级的预感确实是正确的，至少对于地球的近期历史是如此。19 世纪后期，瑞典地质学家杰拉德·德吉尔（Gerard de Geer）注意到沉积在瑞典前冰川湖中的沉积物呈完好的纹层状，与树干中的年轮非常相似。考古学家通过"年轮年代学"来确定跨越近代人类历史数百年中的事件的准确日期，例如确定旧建筑物中木梁的年代。德吉尔推断，湖泊沉积物的薄沉积层（他将其命名为"纹泥"[varves，来自瑞典语 varv]）确实是每年季节更替的记录。因此，经过多年校准，纹泥可以用来构建类似的年表，适用于在更新世冰川作用结束时大型斯堪的纳维亚冰盖逐渐收缩的阶段。在艰苦的实地勘探壮举中，德吉尔和他的学生们在瑞典发掘了一个又一个的古代湖泊，并将重叠在一起的一系列独特纹泥进行了匹配，一直追溯到这些湖泊中的最后一个被排干的时间点，这个在人类历史上的已知时间点为 1796 年。因此，整个纹泥序列可以被准确地标注日期，并可以追溯到公元前纪年。德吉尔在 1910 年的国际地质大会上报告了自己的研究成果，自此，他对斯堪的纳维亚半岛最近的地质历史进行的重建开始广为人知。在生命快结束时，他在不朽著作《瑞典地质年代学》（*Geochronologica Suecica*，1940）中对此做了详尽的解释。这种建立在纹泥基础上的精确地质年代学后来被"放射性碳"测年法（对于最近的地球历史来说是最准确的放射性测年法）所证实。纹泥提供了一个准确的"自然钟"，这会让德吕克感到很高兴。正如 18 世纪的学者根据其他依据估计的那样，它将"现在的世界"的起点放

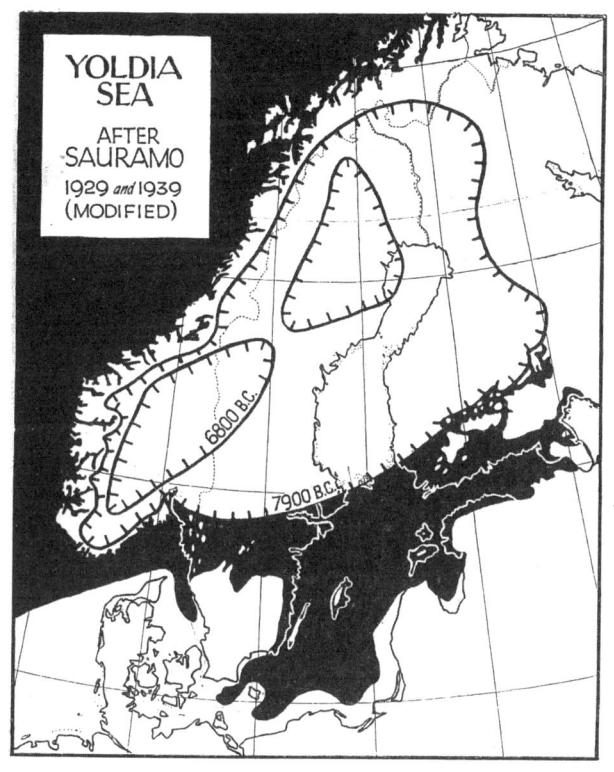

(图中词语：yoldia sea，刀蚌海；after sauramo，模仿绍拉莫绘制的地图；modified，已修订）

图 10.1 斯堪的纳维亚半岛和波罗的海的古地理地图，显示了在最近的更新世冰期结束时巨大的斯堪的纳维亚冰盖收缩的两个阶段。德吉尔和同事、学生进行了细致的野外调查。他们研究了冰盖边缘的临时湖泊沉积物中的一系列纹泥，对冰盖收缩的两个阶段进行了重建和断代（属于公元前）。图中所显示的第一阶段，大约是公元前 7900 年，北部（波的尼亚湾）仍然被冰覆盖的波罗的海，生活着大量刀蚌属软体动物。如今，它们只生活在极为寒冷的北极水域。图中显示的第二阶段（公元前 6800 年），不断萎缩的冰盖分裂成两个较小的冰帽（现在的挪威冰川是其微小的残余）。这种标注日期的重建将该地区的近期地质历史与人类史前史的"中石器时代"阶段联系起来。虽然精确度不高，但它证实了地质学家长期以其他依据得出的结论：即使地质上最近的冰期结束之时，按照人类历史的标准来看，也已经是遥远的过去，而此前地球的全部历史一定延伸到了浩瀚无边的远古，几乎超出了人类的理解范围。这张特殊的地图摘自弗雷德里克·措伊纳（Frederick Zeuner）的《为过去断代》(*Dating the Past*, 1946)，这本有影响力的著作评论了当时地质学家和考古学家的所有"地质年代学"方法

在了仅仅几千年前。

它也与20世纪后期的一个类似的年表相匹配,这一年表一直到现在还在校准,它保存在格陵兰岛和南极洲的巨大冰盖中。通过钻探冰层取得的冰心显示出类似于纹泥(和树木年轮)的层理结构,它们是年复一年的降雪压实成冰后的面貌。这些多年来积累下来的雪层变成了冰,甚至还凝结了空气样本,因此,通过分析这些样本,可以追踪地球大气成分的变化;通过分析冰心中的尘埃痕迹,可以识别古代的火山爆发,并为其确定日期。冰心在全球范围内确认了德吉尔的纹泥在一个特定区域展示出的结论:正如地质学家长期以来根据其他证据推断的那样,最后的更新世冰川作用几千年前就已经结束了(极地地区除外)。这意味着,更新世时期的所有其余部分,以及此前漫长得多的地球历史,一定占据了地质学家理所当然地认为的无比漫长的历史的大部分时光。这些多出的大量时间当然并非没有价值,也不是错觉。利用这些时间,学者们可以更好地重建,甚至解释地球无限悠久和出人意料的复杂历史。

陆地和海洋

德吉尔细致的实地考察工作不仅创建了斯堪的纳维亚冰盖的融化年表,同时还证实了冰盖所在的陆地依然在隆起。此前,两个广为人知的证据也显示了这块陆地隆起的真实性,一个是波罗的海的海滩在凸起;一个是自18世纪以来,海外岩石上刻写并标注日期的标记显示当地海平面在逐渐下降,沿海水域也在变浅。地质学家将这个区域的隆起解释为在更新世末期厚厚的斯堪的纳维亚冰盖的巨大重量移除以后,地壳持续缓慢回弹。这引发了一场激烈的辩论，这场辩论始于 19 世纪，主题是地壳的物理特性以及无法看到的地球内部深处的本质。这些被归为地球物理学的重要辩论此时需要简洁明快和直截了当地加以总结，以便地质学者集中精力研究它们对地球历史的影响。

第一批重要的科学航海考察，特别是英国海军军舰"挑战者"号（1872—1876）的科考，首次系统地探测了世界海洋的深度。他们发现了大陆与海洋之间存在的根本区别（这里所说的大陆包括延伸到现在的海岸线以外的"大陆架"，它们被相对较浅的水所覆盖，而不是淹没在深得多的海洋之中）。对当时的地球物理学家来说，有一个物理难题是，在重力的作用下，地球表面的大陆部分如何能够保持比海洋部分高得多的平均海拔。在 19 世纪后期，一些地球物理学家曾认为大陆实际上是漂浮在一个密度较大的基底层之上，而这个基底层的表面位于海底之下。这里所说的"漂浮"并不是像船浮在水上那样，因为，大约在同一时间，"地震学家"利用灵敏的监测仪器对新建的全球网络进行的研究表明，除了相对较小的液态地核，地球整体都是固体的。然而，美国地质学家克拉伦斯·达顿（Clarence Dutton）认为，可以跟大陆漂浮在基底层之上形成类比的是冰山所源自的冰盖漂浮在海面上，而非冰山漂浮在极地海面上。如果拿破冰斧敲击，冰块当然是坚硬而脆弱的，但是当冰块规模巨大，积累的时间足够长时（就像格陵兰岛和南极洲的冰那样）就会形成巨大的冰川并缓慢漂流到大海。同样地，位于大陆和海洋之下被称为"地幔"的岩石，虽然在任何日常意义上都是坚固的，但在地质时间尺度上可能不是那么坚硬，可能更像一种极其黏稠的流体。

因此，达顿提出了"地壳均衡"这一术语来表达他的观点，即从长远来看，浮力通常会使大陆高于海洋，而山脉会更高。斯堪的纳维亚半岛的回弹则成为在相对较小的范围内均衡浮力产生这种效果的例子。对于地球历史来说，地壳均衡理论的重要性在于，如果它是正确的，就几乎排除了大陆之间存在临时陆桥的可能性，而陆桥可以有效解释陆地动植物的奇怪分布状况。按照地壳均衡理论，在地球历史进程中，地壳的某些部分不可能剧烈地上升和下降，不会从大陆转变为海洋，反之亦然。正如一位地质学家所说："最开始是大陆，就永远是大陆；最开始是海洋，就永远是海洋。"

20世纪初，陆桥说的盛行，令修斯提出的地壳均衡理论开始显得不具解释力。自莱伊尔时代以来，地壳板块慢慢上下升降的想法一直具有吸引力，但如今已变得难以维持。地球在缓慢收缩的理论也是如此，它无法解释如下事实：主要山脉在全球范围内并非均匀分布，而是沿着某些特定的线路跨越地球的（例如，从落基山脉到安第斯山脉都在美洲的西部）。此外，在阿尔卑斯山进行的详尽的实地考察表明，如果重建推覆体在被揉皱之前的样子，就会发现阿尔卑斯山的岩层发生了大幅度的折叠和仰冲，如果这是由冷却的地球不断萎缩造成的，那么这会导致地壳缩减太多，似乎与现实相悖。无论如何，放射性矿物能够产生热量这一发现给了冷却理论致命一击。总之，将地球比喻为带有皱缩果皮的苹果这一简单类比现在看来具有误导性。因此，地质学家开始更加关注地壳相邻部分的水平运动和相互挤压形成山脉的可能性。由于某种原因，当非洲和地中海地区下面的地壳挤压欧洲其他地区时，阿尔卑斯山可能被揉皱并隆起扩张为山脉；当印度次大陆挤压亚洲其他地区时，喜马拉雅山脉（及其背后隆起的西藏高原）可能被迫抬升。

这个想法已足够令人吃惊，但更令人惊讶的是，这些发生过碰撞并挤压在一起的陆块在地球上的相对位置已经大幅度移动。

这可以为"冈瓦纳古陆"提供解释，如果那个假设的古代超级大陆（包括印度、非洲、南美洲、澳大利亚和南极洲）以某种方式分裂并且各部分已经不再相连，那么，某些陆地植物和动物的分布可能跨越一个以上的大陆而不需要借助任何假设的陆桥进行迁移。问题在于，很难想象何种自然因素能够驱动大陆进行此类运动，即使人们承认在时间极为充足的"深时"中，看似固体的岩石曾经是黏稠的流体。在此，某些事情确实发生了的证据和表明事情是如何发生的证据之间存在着潜在的冲突，也就是说历史与自然现实之间存在潜在冲突。在早期的案例中，尤其是冰期的案例中，相关的科学家都接受了冰川作用的历史现实，尽管这些事件背后的物理或天文原因仍然非常不确定。同样地，壮观的阿尔卑斯山折叠的现实性也被接受了，尽管人们没有就引发这一现象的原因达成一致。然而，在这个最新的案例中，"活动论"（这是人们后来对它的称呼）遭到强烈反对，反对者认为没有适当的机制能够引发大陆产生任何此类大规模的运动，因此他们拒绝放弃自己的"固定论"。

"活动论"的想法之前就已经被提出，但基本上没有引起关注，直到第一次世界大战期间，德国地质学家兼气象学家阿尔弗雷德·魏格纳（Alfred Wegener）出版了《海陆的起源》（*Die Entstehung der Kontinente und Ozeane*，1915）。战争结束后不久，该书的修订版被翻译成英语和其他语言，魏格纳关于大陆大范围"位移"的理论成为国际社会的地球科学家之间讨论的热门话题。在魏格纳看来，要证明这个学说，地质证据至关重要。只有大范围漂移能够解释那些从冈瓦纳古陆分离出来且相距遥远的陆块之间的密切相似性。正如魏格纳所说，尤其是非洲和南美洲（更精确地说，是它们大陆架的边缘而不是现在的海岸线）看起来就像

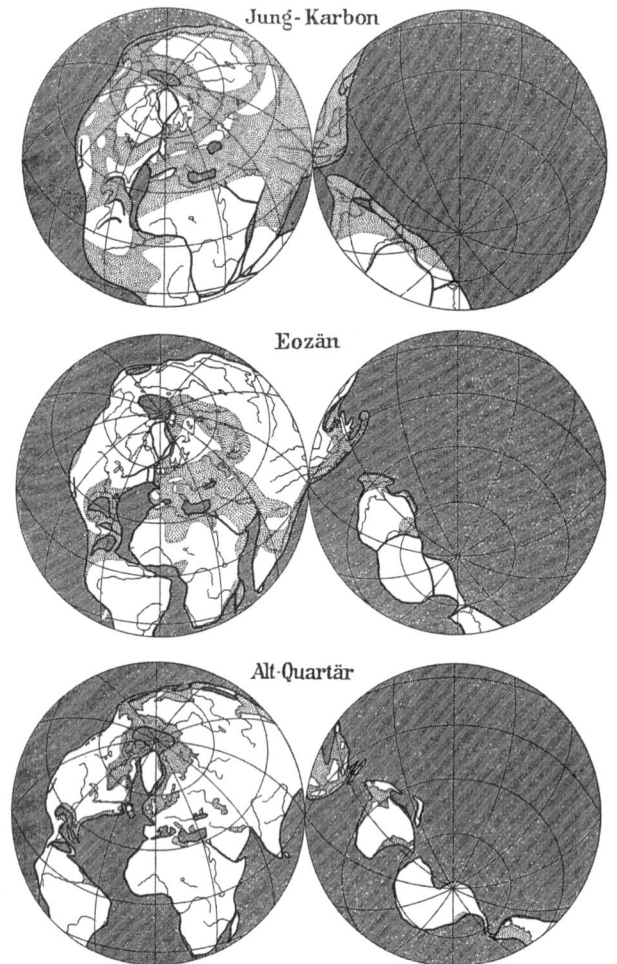

图10.2 阿尔弗雷德·魏格纳对地球历史上三个连续时期的大陆进行了临时性重建：古生代晚期（Jung-Karbon，晚石炭世）、新生代早期（Eozän，始新世）和地质近期的更新世冰期的开始（Alt-Quartär，第四纪早期）。大陆的阴影部分代表浅海（就像现在围绕不列颠群岛的"大陆架"）。这些地图由魏格纳出版于1922年，展示了他所声称的超级大陆早期的分裂，以及逐渐变宽的大西洋。魏格纳指出，虽然"古气候"（以岩石和化石证据为研究基础）能够表明大陆的近似的"古纬度"，但"古经度"则不可避免地出自推测。这里展示的现代大陆的边缘及其主要河流仅供参考

一张报纸被不规则地撕成两半,仿佛两个大陆分开后,在它们之间的裂缝中出现了大西洋。这正是魏格纳认为已发生的事情。他声称有证据表明地壳的这种水平运动仍在继续,就像斯堪的纳维亚半岛上存在没有争议的垂直运动一样。学者们多次前往格陵兰岛进行的经度测量(他本人就参加过一次)表明该岛正在缓慢漂移,离欧洲大陆越来越远。因此,大陆漂移学说似乎符合广受重视的现实主义原理。借用莱伊尔的一句名言,它是"现在正在发挥作用的原因"。(稍后的测量结果被认为太不精确而不具有决定性,但这一学说最终被 GPS 确认,尽管漂移速度甚至比魏格纳想象的还要慢。)

作为气象学家兼地质学家,魏格纳也注意到了大陆在长期历史中经历的一系列气候变化的证据,例如,我们可以从地层和化石记录中推断出欧洲和北美洲在石炭纪显然处于热带,但印度处于冰期,而到了更新世,这些地方的气候都发生了逆转。如此巨大的气候变化再也不能归因于整个地球的均衡冷却,但如果每个陆块在其历史进程中或多或少独立地发生过移动并穿过不同的纬度,那么这些气候变化就意义重大。魏格纳承认有必要为所有这些大陆大范围的位移找到一个适当的自然原因,但他认为对原因的讨论可以先放一边,因为他坚持认为首先应确立大陆漂移学说的历史现实性。在自己著作的最后一个版本(1929 年)中,他承认"漂移理论中的牛顿还没有出现",这是在暗示牛顿发现并证明万有引力的例子。不过,他最终也没有能够成为漂移理论中的牛顿。(不幸的是,1930 年,他在另一次探险中冻死在格陵兰岛的内陆冰盖上。)

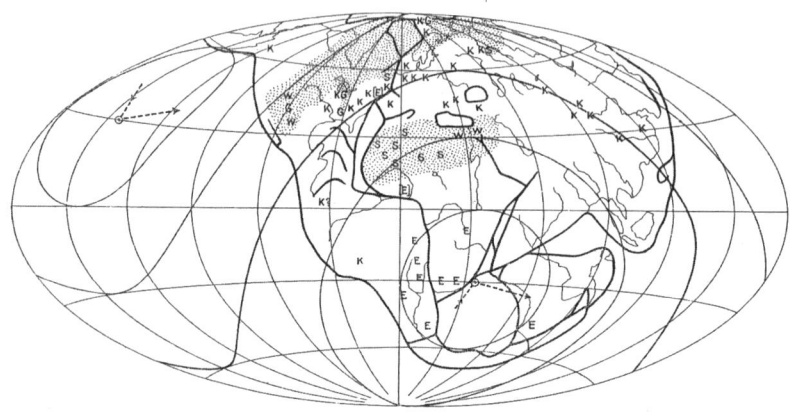

图 10.3 "煤炭时代的冰、沼泽和沙漠":对石炭纪时期世界气候的初步重建。摘自魏格纳和他的岳父弗拉迪米尔·柯本(Wladimir Köppen)合著的《地质史上的气候》(Die Klimate der geologischen Vorzeit, 1924)。这本书在大陆漂移方面补充了魏格纳的名著《海陆的起源》。如果现在的大陆当时是合并在一起的巨大的超级大陆(联合古陆)的话(像图中显示的那样,南极靠近非洲南部的东海岸,北极在太平洋以外,远离北美西部),那么,冰川冰(E)在推断的极地地区以及煤(K)在推断的热带地区的分布痕迹,它们二者之间的干旱区域(斑点)分布着盐(S)和石膏(G)沉积物以及沙漠砂岩(W),所有这些地理特征会更有意义。(该地图根据与当前大西洋相邻陆地的位置,将推断的石炭纪纬度叠加在坐标网格上。)

有关大陆"漂移"的争议

魏格纳的漂移理论有些轻率,自诞生之初,地球科学家围绕这一理论划分为两个阵营,有人认为起码给他一个解释的机会,有人认为他完全不切实际。在英语世界中,他的理论通常被称为"大陆漂移",这容易让人联想起漂浮的冰山或浮冰等不恰当的类比,因此支持活动论的理由无助于证明这个理论。最了解地球漫长历史的专家之间也意见不一：一方面是地质学家和生物学家之间的分歧，另一方面是物理学家和地球物理学家之间的分歧。例如，英国物理学家哈罗德·杰弗里斯（Harold Jefferies）在其令人敬畏且论证严密的著作《地球》（*The Earth*，1924）中将魏格纳的理论驳斥为根本不可信的东西。但许多英国地质学家因为曾经被开尔文勋爵"咬过"，对来自物理学家的任何此类教条都"非常谨慎"。在美国，魏格纳最苛刻的批评者不仅包括物理学家，还包括许多地质学家。例如，来自耶鲁大学的一流的地层学家兼古生物学家查尔斯·舒克特（Charles Schuchert）坚持认为，以前的陆桥足以解释植物和动物的全球分布状况，既包括化石，也包括现存的生物。正如他后来告诉霍姆斯的那样："冈瓦纳古陆是事实，但我仍然要摆脱它，否则我就要追随魏格纳，我不会掉到那个陷阱中！"而霍姆斯当时已成为一名坚定的活动论者。

在这个问题上最尖锐的对立实际上并不是发生在地质学家和地球物理学家之间，而是在美国和其他国家的科学界之间。在1922年于英格兰召开的一次重要会议上，多个研究领域的科学家观点不一，有专家表示了有礼貌的怀疑，有专家表示谨慎赞同，认为该理论非常值得进一步研究。相比之下，1926年在纽约举行的类似会议上，所有的科学家都敌意满满（舒克特是其中之一），但这场会议的组织者、出生在荷兰的石油地质学家威廉·范瓦特斯霍特·范德·格拉赫特（Willem van Waterschoot van der Gracht）除外。他意识到这个理论具有巨大的影响力。好几个原因促成了美国的地球科学家普遍反对大陆漂移学说，不过，这些原因中哪个更重要难以评估。其中最显著的原因是，他们普遍反感魏格纳雄辩地倡导自己的理论，而这正是莱伊尔在一个世纪前遭到批评的理由。他们认为，魏格纳应该更清醒、更公平地评价其他的替代性解释。他们拒绝接受漂移说的另一个原因是，魏格纳并没有发现引发大陆漂移的令人信服的自然原因，他们并不理睬魏格纳所坚持的应该优先考虑这个理论的历史现实性。还有一个原因是魏格纳和修斯以及欧洲其他地质学家一样，引用了世界各国科学家发表的许多报告，但缺乏自己的实地考察证据。所有这些因素都反映了在科学方法的理念和规范方面，美国科学家和欧洲科学家存在明显差别。此外，美国人的地质经验仅限于他们自己的广袤大陆，而欧洲人则在世界各地广泛殖民，同来自全球的朋友和同事的接触丰富了他们的见识，他们的知识当然也覆盖了欧洲以外的大陆。最后，还有两个因素不应被忽视或排除。美国科学家此时为他们最近在科学界的崛起感到分外自豪，他们不愿承认竟有欧洲人能够提出具有潜在重要性的新理论，他们不愿面对这种失败。最后，魏格纳是欧洲人，更是德国人。为了报复德国人发起残酷的第一次世界大战，当时德国人被故意冷落，甚至被排除在某些科学领域的国际合作之外。

事实上，一个显著的例子彰显了美国对活动论持有的敌意。哈佛大学的著名地质学家雷金纳德·戴利（Reginald Daly）是美国早期的活动论者。他在加拿大出生并接受教育，后四处游历，精通法语和德语（他阅读了魏格纳的德文原版著作）。1922年在南非工作期间，他遇到了坚定的活动论者、南非著名的地质学家亚历克斯·迪图瓦（Alex Du Toit）。在他的指导下，戴利见到了南非的一些实地科考证据，例如古代的冰碛岩，表明那里在石炭纪处于冰期。他确信只有冈瓦纳古陆分裂理论才足以解释这点，非洲就是这块超级大陆分离出的一部分。回到美国后，他提议卡内基基金会为迪图瓦提供必要的资助，以帮助这位在国际上广受尊重的非洲地质学专家，将非洲的地质状况与南美洲的地质状况做比较，因为魏格纳推定大陆漂移的典型例子就是非洲和南美洲，南美洲的凸出部分正好可以和非洲西海岸的内凹部分拼成一个整体。然而，他的提议遭到拒绝。他后来重新提交了建议报告，并且不再提这是对魏格纳的理论进行验证，而是说要同时对漂移学说和陆桥理论进行评估，并认为这两种理论各具合理性。迪图瓦1923年在南美洲进行了大量的现场考察（他的工作获得了在那里工作的多位地质学家的大量帮助），但他忽视了美国对活动论的敌视。他后来在美国发表的报告提供了压倒性证据，证明南大西洋两岸彼此面对的大陆架边缘可以完好拼合；不仅如此，两块大陆从前寒武纪一直到白垩纪末期的地质历史也可以完好匹配，它们可能是从白垩纪末期以后开始分裂的。戴利在《我们的活动地球》(Our Mobile Earth，1926)中利用这些证据倡导活动论，但它对美国地质学界影响甚微。迪图瓦后来的著作《我们的移动大陆》(Our Wandering Continents，1937)在美国仅比戴利的书影响力稍大一点儿，但对其他地方的地质学家产生了重大影响。它总结了可以证明活动论的更加有说服力的案例，并获得了一些地质学家的广泛认同。像迪图瓦一样，他们在冈瓦纳古陆分离出来的非洲和南美洲工作过，还有一些至少熟悉它们的地质状况。

　　这个理论在欧洲赢得越来越多的支持，尤其是在霍姆斯确信活动论基本合理之后。虽然霍姆斯最初是怀疑论者，但他此时已经成为一位备受尊敬的科学家。1928年，他为大陆漂移提出了一种自然机制，虽然并非完全是他的原创，但他的设想比早期的推断更为合理。他得出结论说："这一机制总体上来说在地质学界获得认可，人们暂时接纳了它，它可以说是一种非常有前景的具备解释效力的假说。"根据对地球放射现象的了解，这一机制结合了对地球热量收支的最新思考。霍姆斯认为，在地壳下面的深层地幔中，可能存

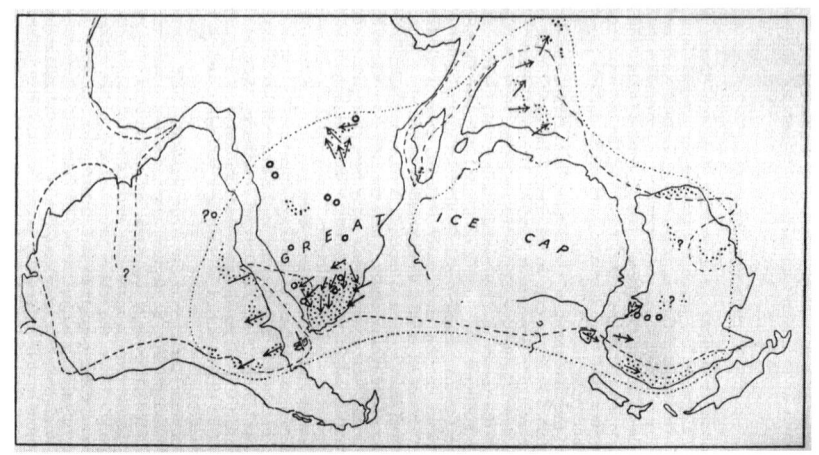

图10.4 亚历克斯·迪图瓦对石炭纪时期的冈瓦纳古陆进行了推测性重建。（图片出自《我们的移动大陆》）一个与北半球最近的更新世冰盖区域面积相当的"大冰帽"（Great Ice Cap，小圆点连成的虚线框内）是根据冰碛岩（小圆圈）重建的，其他冰川沉积物（点状）和有划痕的基岩表明了冰川的运动方向（箭头）。（短线连成的虚线表示这块超级大陆大概的海岸线，海岸线以外是海相沉积。）如果当时这些大陆就已经是如今的样子，这些冰川的分布痕迹就会变得难以理解。印度的位置特别引人注目，其冰川向北移动或远离现在赤道的痕迹非常明显。就像之前的魏格纳一样，迪图瓦沿着大陆架（就学者当时对它们了解的状况而言）的边缘将大陆拼接在一起，这些大陆目前的海岸线仅供参考

在巨大的对流系统。在地球历史上极其巨大的时间尺度上，地幔对流或许有能力撕裂超级大陆，分离出诸如非洲和南美洲等大陆，并在它们之间创造新的大洋，如大西洋。在这个理论模型中，大陆并非像冰山一样漂浮在大量坚硬岩石之上，而是被大陆下方的黏稠物质慢慢拖拽而移动。在英国和欧洲其他国家的地球科学家眼中，霍姆斯的理论确实使得活动论更加可信。在第二次世界大战接近尾声时，他在《普通地质学原理》（*Principles of Physical Geology*，1944）最后一章中对其进行了总结。这本非常成功的书是为地球科

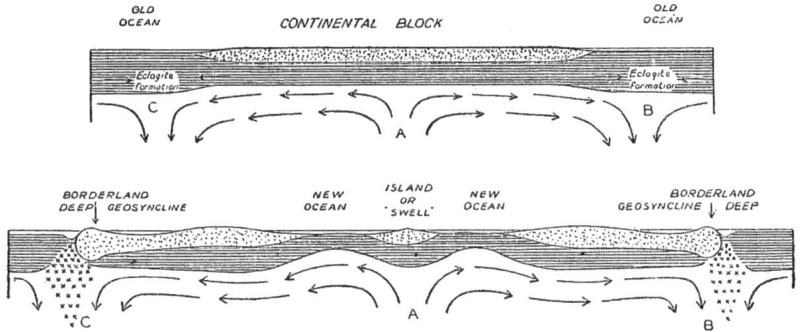

（图中词语：continental block，大陆地块；old ocean，老海洋；new ocean，新海洋；island or "swell"，岛屿或"隆起"；borderland，边缘地带；geosyncline，地槽；deep，深层）

图 10.5 亚瑟·霍姆斯关于大陆漂移的推测性理论，显示了地壳下方深层"地幔"岩石中的巨大对流，或许能够拖拽得动一个单独的"大陆地块"，并将其分裂，形成由新海洋（海洋中央出现了标记为岛屿的"隆起"）隔开的两个新大陆。霍姆斯于 1931 年发表了这个想象中的示意图，此时他的理论还处于初创阶段，明显还不成熟。他认为该理论有待改进，尽管它没有得到足够的认可，但在 20 世纪 60 年代被纳入板块构造理论。霍姆斯的理论，即使是在这种早期形式下，也表明大陆漂移不应该因为没有发现可信的驱动机制而被否认。非洲和南美洲等大陆可能在地球历史发展进程中被某种强力拖拽分裂，而不是令人难以置信地"漂移"在稳定的固体基层之上

学的学生写的，激励他们中的许多人（我就是其中一员）在"二战"后忽略他们大多数长辈和先贤的怀疑论，并推断出活动论很可能是正确的。

霍姆斯的对流模型很早就得到一些研究的支持，这些研究是第一批将全球地球物理学的重点从大陆转移到海洋的研究。例如，荷兰地球物理学家费利克斯·韦宁·迈因斯（Felix Vening Meinesz）设计了一种仪器，能够以前所未有的精度测量重力。1923 年，他将其放在一艘荷兰潜艇上，一直下潜到不受波浪运动干扰的深度。

他沿着靠近爪哇岛的深海沟绘制了重力场，并将微小的异常现象解释为当地地壳下沉的证据。1934 年，根据霍姆斯的理论，他修正了自己的观点，将其作为两个大陆交汇处下面存在下降流的证据，并认为这与活火山弧和沿荷属东印度群岛（现在的印度尼西亚）的频繁地震有关。不久之后，美国地球物理学家的同类研究很快就确认了这一点，这些研究支持并稳步改进了"壳下对流"的概念。因此，美国大多数地球科学家继续反对大陆漂移学说，并不是出于缺乏合理的解释。

相反地，美国学者之间的争论大都继续集中在冈瓦纳古陆的地质证据上，而且他们还关注北部的古超级大陆（劳亚古陆）——活动论者认为它曾经是北美和欧亚大陆的联合体。相比之下，包括舒克特在内的一批学者则认为，生物学证据可以用"地峡链接"来给出解释：古陆桥可能存在的时间较短、较为狭长，这些特点与地壳均衡说的要求是兼容的。舒克特于 1942 年去世后，哺乳动物化石专家乔治·盖洛德·辛普森（George Gaylord Simpson，他是现代综合进化论的主要创建者之一，这一又名新达尔文主义进化论的理论当时初步成形）进一步加强了论证。他表示，现在的巴拿马地峡就是这种陆桥——它形成于地质上最近的过去，北美哺乳动物能够通过这个地峡入侵南美并造成许多本土物种的灭绝。辛普森认为，即使从地质学角度不可能出现早期的陆桥，那么陆地生物偶尔漂浮跨过海洋仍然足以解释它们的分布状况。舒克特的一名之前的学生指出"冈瓦纳古陆理论已江河日下"，这句话总结了美国学术界的观点，而且美国学者普遍认为没有任何讨论大陆活动性的必要。迪图瓦被许多美国科学家所采用的双重标准激怒了，美国人总是要求活动论者提供更多严谨的证据，而对自己坚持的固定论则宽松很多。正如另一位南非地质学家在 1940 年对他所说的那样："美国人是现存最坚韧的孤立主义者，无论是在地质上还是在政治上。"

一个新的全球性大地构造学

"二战"驱动科学研究更多服务于军事目的。从长远来看，这有利于地球科学，因为美国地球物理学家应军方要求帮助解决海军遇到的问题。例如，要探测敌方潜艇就需要更加深入地了解海洋。随着热战结束，"冷战"随之浮出水面，这些新知识中的大部分仍然处于保密状态，而且刚开始萌芽的新兴学科——海洋学无法接触到它们。与此同时，虽然英国被战争极大地削弱了，但它却走出了一条重点进行非军事研究的新路线，为重建地球历史创造了新工具。像放射性测年法一样，这几乎是物理研究的意外收获。剑桥大学地球物理学家爱德华·(特迪)·布拉德（Edward ["Teddy"] Bullard）认为，地球的磁场可能与其内部深处的假想对流有关。如果是这样的话，它随时间流逝发生的变化可能会被记录在保存于火成岩中的磁性变化中。当火山熔岩等温度极高的液态岩浆冷却形成这种岩石时，一些结晶出来的矿物质（特别是磁铁矿）会有效地吸收周围的磁场。因此，地球在那个时间和地点的磁场会被冻结在这种"古磁性"中。新的灵敏仪表可以探测到这种微弱的"化石"痕迹，这反过来可以标识岩石形成的大致纬度。（虽然磁极在位置上不断变化，但仍然非常接近南北极，人们认为，在过去也是如此。）1954年，布拉德的一些同事在剑桥大学公布了他们的古磁性测量结果，这些测量结果取自不同古纬度下的英国岩石，它们跨越了从前寒武纪至现在的多个地质年代。这表明，形成现在英国的这部分大陆地壳的纬度一直在逐渐发生变化，经过了几亿年，便发生了根本性的变化，此前，气候变化的地质学证据已经表明了这点，这些测量结果再次确认了这点。

有一段时间，有人提出，纬度上的这些变化似乎可以通过"极地迁移"来解释，通过这种"迁移"，地球的自转轴相对于地球表面的所有大陆和海洋可能发生变化，但是它们彼此的相对位置并没有任何变化。不过，移居澳大利亚的剑桥大学地球物理学家特德·欧文（Ted Irving）绘制了来自其他大陆（包括冈瓦纳古陆）的类似岩石序列的古纬度。它们所指示的极地位置似乎随着时间的推移而逐渐向不同方向离散，这意味着大陆在地球历史进程中一定出现了分裂和解体。这有力地支持了英语国家地球科学家现在所称的"大陆漂移"（尽管该术语具有误导性色彩）学说。它是物理学领域的证据，产生了来自精密仪器的定量结果，因此它对地球物理学家的吸引力远超地质学家自魏格纳以来一直在引用的古气候的定性证据。后来，当布拉德和他的剑桥大学的同事将最新的大陆架海洋学调查与早期的计算机运算结合起来时，极地迁移学说的可信度得到了加强。除了最坚定的怀疑论者以外，他们说服了几乎所有的地球物理学家，使他们相信，非洲和南美洲的边缘几乎可以精准地"拼合"起来，这肯定不是巧合。新研究的不断出现最终扭转了地球科学家的观点，就连美国人都转而支持活动论。和美国人此前一样敌视活动论的苏联人，出于某种类似的原因，也开始认可这一理论。

到了20世纪60年代，除了少数死硬派之外，所有人都接受了"大陆漂移"学说，认为这是地球漫长历史中的主要特征。这种思想转变出现的主要原因是大部分地球科学家当时都确信已经可以确认大陆漂移的合理的自然原因。根据"二战"后的合作协议，美国海洋学家和地球物理学家与美国海军进行了合作，成果丰硕，获取了大量新的海洋信息。霍姆斯利用这些信息对其地球内部深处的对流理论进行了重新设计和改进，但最终没有获得充分肯定。作

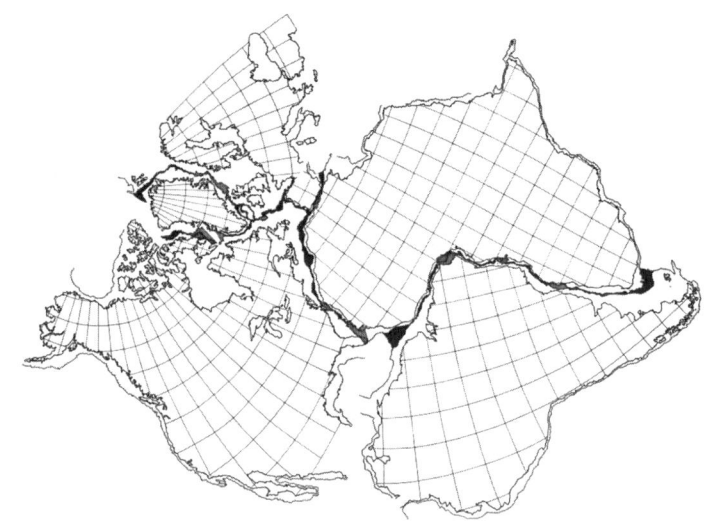

图 10.6 按照活动论者对大陆历史的解读，被如今的大西洋分隔开的几个大陆边缘可以紧密地拼合在一起，图片出自爱德华·布拉德、吉姆·埃弗里特（Jim Everett）和阿兰·史密斯（Alan Smit）1965 年发表的文章。他们在剑桥大学的同事、物理学家哈罗德·杰夫（Harold Jeff）强烈反对任何此类理论，认为这些大陆边缘无法紧密拼合。这是科学家第一次利用电脑验证这一主张。他们准确地利用了球面几何学知识以及大陆边缘海底地形的最新海洋学数据，发现在目前的大陆架斜坡上 500 米等高线处拼合效果最好：不规则的黑色条带（原图是彩色的）表示这些区域存在微小间隙或小范围的重叠，后者可以解释为大陆下面的"构造板块"开始分离以来产生的沉积物（例如在尼日尔三角洲）。图中的伊比利亚半岛（西班牙和葡萄牙）看起来是由现在的方位旋转而来，但这种旋转有独立的地质证据佐证。中美洲和加勒比地区的位置则无法确定。目前的大陆的海岸线及其当前的纬度和经度坐标仅供参考

为"冷战"的一个偶然产物，科学家详细绘制了从洋底深处隆起、伴随着海底火山的巨大"洋中脊"，特别是纵贯整个大西洋的大西洋中脊（沿线的火山岛不时露出海面，如冰岛、亚述尔群岛和阿森松岛）。科学家沿着这些脊顶，发现了一个长长的"裂谷"，与东非大裂谷相似。科学家断定当时作为火山熔岩被喷出的新岩浆就沿着这条轴线冷却。通过研究连续熔岩流中的古磁性，科学家非常惊讶

地发现，按地质时间标准，在地球历史进程中，地球的磁场一定经常倒转极性——"北磁极"变为"南磁极"，"南磁极"变为"北磁极"。这提供了一种新的相对测年法，与地层学非常相似，可用于绘制地球历史上最新的地质时期；与相同岩石的放射性测年法相结合，专家甚至能确定这种一连串独特的极性倒转事件的大致日期。

科学家在详细绘制洋中脊两侧的洋底时，取得了一项关键性突破。他们发现，洋底有一个重要特征，即大洋中脊两侧对称地排列着正向、反向磁化相间的磁异常条带。剑桥大学地球物理学家弗雷德·维宁（Fred Vine）和德拉蒙德·马修（Drummond Matthews）认为，这是洋中脊的新熔岩不断喷发形成新洋底材料的证据。这反过来又被视为上升流沿着裂谷向上，缓慢地拖动下面的岩石，并向两侧推移使其分裂的证据。例如，随着漫长的时间流逝，这一过程可能会使非洲、欧洲与美洲分离，从而在形成的裂痕中生发出大西洋。这种观点可以与下述看法相结合：海沟和岛弧是互补的线状结构，洋底的岩石沿着这一轴线被下降流向下拖动，"俯冲"至地球内部深处。这发展了韦宁·迈因斯和其他人的早期想法，这是一个循环和潜在的稳态系统。莱伊尔若地下有知，肯定会对这种观点欣喜不已。

水下海洋学研究也是一种"野外勘探"，将其与高度理论化的地球物理学相结合产生的成果实际上是霍姆斯对大陆漂移解释的改良版本。现在，"漂移"（这个术语比起以往更不合适）的主体不再是大陆本身，而是范围更大的"构造板块"或地壳的组成部分，其上可能会承载着大陆，也可能不会。有人声称其中一个板块从大西洋中脊向西延伸，跨越了南大西洋和南美洲；在南美洲西部边缘，这一板块堆积起来形成安第斯山脉，因为它叠置在东太平洋下面的一块相邻的板块之上，这一板块恰好沿着安第斯山脉的轴线向下俯冲。到了20世纪60年代后期，对于这些被绘制出的构造板块来说，在全球范围内有足够的地球物理证据能够证明它们的存在。学者还暂时性地推断出了新物质沿着每个板块边界的形成速率以及旧物质沿边界向下俯冲的速率。霍姆斯理论的这种新版本后来被称为"板块构造学"。它被视为早期大陆漂移学说的替代性理论，二者实际上具有很强的连续性，虽然该理论的倡导者一般不愿意承认这点。板块构造学说的主要创建者是地球物理学家和海洋学家，他们通常公开蔑视地质学家和生物学家，认为他们的工作重心是陆地，而且在研究中定量分析不足。然而，正是他们轻视的这批人为大陆漂移的历史现实性提供了大部分证据。不过，对于板块之下所发生的进程，板块构造学也确实提供了更充分和更令人满意的解释。长期以来，这种解释的缺乏是任何此类活动论遭到反对的主要原因。

板块构造论是许多科学家集体智慧的结晶（相关科学家有很多，在本书粗略的总结中就不一一列举了），其中美国学者的工作最为突出，但他们必须克服一个最大的障碍，即对活动论的怀疑态度。值得注意的是，这个故事中最重要的人物是普林斯顿大学的哈里·赫斯（Harry Hess）。他于1960年构建了板块构造论的临时模型。出于谨慎，他将自己的模型称为一种"地质诗话"，这听上去是为一种无法被接受的推测性理论做辩解。不过，他的这一模型在接下来的几年中激发了许多人的研究。他将自己的理论与魏格纳差强人意的理论进行了对比，但忽略了霍姆斯和迪图瓦以及过去几十年中其他所有努力改进魏格纳理论的科学家的研究。令人吃惊的是，20世纪60年代，美国的地球科学家对活动论的态度发生了彻底转变，迅速成为板块构造论的最热心的倡导者，甚至对少数坚守固定论的学者展开了严厉谴责，猛烈程度与他们或他们的前辈批评早期活动论时并无二致。板块构造论被鼓吹为主要的"科学

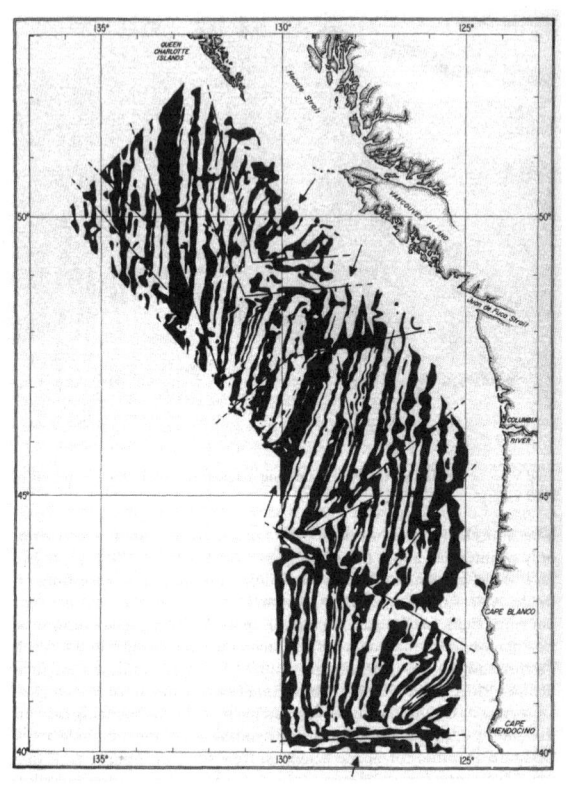

(图中词语：QUEEN CHARLOTTE ISLANDS，夏洛特皇后群岛；Hecafe Straight，赫卡特海峡；VANCOUVER ISLAND，温哥华岛；Juan de Fuca Strait，胡安·德富卡海峡；COLUMBIA RIVER，哥伦比亚河；CAPE BLANCO，布兰科角；CAPE MENDOCINO，门多西诺角）

图 10.7 1961 年出版的一张地图。加拿大不列颠哥伦比亚省和美国华盛顿州、俄勒冈州海岸线以外的东部太平洋海岸，展示了由海洋科考船上的仪器绘制的洋底磁异常条带，极性正（黑）负（白）相间呈条带状分布。专家后来认为，这种"斑马纹"是地球磁场周期性发生极性倒转的历史记录。它们通过在岩石中"石化"得以保存，而这些岩石是由洋底不断喷发的液体熔岩冷却形成的。因此，这些条带是类似于岩层中的地层序列的历史记录。这些条带对称分布在胡安·德富卡洋脊（标记为地图中心的宽的黑色条纹，有两个箭头指向它）两侧。在该海域，新熔岩目前沿着这条洋脊的脊轴喷发，并形成新的洋底。20 世纪 60 年代，对磁异常条带的这种解释被视为"板块构造"理论的证据。它为大陆缓慢的横向运动提供了令人满意的解释，地质学家已经在地球的漫长历史中找到了这种运动的有力证据

革命"——不仅是科学家,历史学家和科学哲学家也都在广泛讨论托马斯·库恩(Thomas Kuhn)的《科学革命的结构》(*Structure of Scientific Revolutions*,1962)——好像活动论的可能性只是刚刚被提出来,而且好像它突然完全改变了地球科学。这让欧洲的地质学家陷入沉思,他们中的许多人长期以来一直支持某种形式的活动论。(作为一名地球科学家,我在20世纪60年代只是旁观了这场思想转变,没有参与其中。)

也许致力于研究冈瓦纳古陆设想的地球科学家会对这些炫耀性的、趾高气扬的姿态感到不满,但他们终于得到了认可。在各地的地质学家和古生物学家中,至少在年轻一代中,有一种明显的解脱感。他们觉得终于可以在重建地球历史时把全球地理的巨大可变性作为考虑因素,而不会被地球物理学家以所谓的从物理学上讲不通为由加以批判。在20世纪剩下的时间里,对过去的全球地理进行重建几乎成了常规工作,因为在世界上更多的地区以及更多的不同地质年代的岩石中都发现了反映古纬度的古地磁迹象。人们发现,古纬度不仅可以根据古熔岩流等火成岩推算得出,还可以通过一些沉积岩推算出来。由于磁铁矿颗粒与普通的砂粒(石英)一起沉积在海底,它们就像地球磁场中的小型罗盘仪一样,所获得的磁化的方向与当时当地的地磁场方向基本上一致。测量岩石的古纬度变得与发现它们的放射性年龄一样简单。相比之下,测量古经度则比较棘手。魏格纳当年就比较头疼这个问题,但是,从大陆和海洋的地质学中得到的其他证据有利于科学家为不同的地质时期构建越来越合理的全球地图。而这反过来有助于人们更好地了解陆地和海洋中的化石生物,包括植物群和动物群在古代的分布状况,正如了解现存动植物的分布状况一样。科学家在重建古气候时越来越有信心,尤其是他们发现海洋的古温度可以从化石贝壳中的氧同位素推断出来。

所有这些研究都是为了进一步强化如下观念：地球历史自始至终具有高度的偶然性，因此，即使回过头来看也是完全无法预测的。显然多块大陆曾经聚集，然后合并形成超级大陆，可能像冈瓦纳古陆，也可能是单个巨大的"联合古陆"（"整个地球"只有这一个大陆），然后再分裂。像大西洋这样的新海洋曾经张开，然后闭合，然后在不同的位置重新张开，如此一来，一个古陆分裂后的碎片就会附属于其他大陆（例如，有证据证明，从地质学角度讲，英国的西北边缘属于早期的北美洲）。早期的海洋，如非洲和欧亚大陆之间被称为"特提斯"的重要海上航道，已经基本完全封闭，只剩下了一个小的残留海域——地中海。随着构造板块被挤压到一起，诸如阿尔卑斯山、安第斯山脉和喜马拉雅山等一系列大山脉出现了。经过长期的、持续的侵蚀，许多老的高大山脉只剩下多丘陵的较平缓部分，例如苏格兰高地和阿巴拉契亚山脉等。到 20 世纪末，科学家们比之前更有充分理由将地球视为一个高度动态的系统，其历史不仅令人难以想象地漫长，而且还惊人地充满重大变故。本书的下一章以及最后一章将要探讨，在 20 世纪，随着地球越来越被视为宇宙背景下的一颗行星，充满活力和多变故的地球历史如何被融入更广泛的图景中。

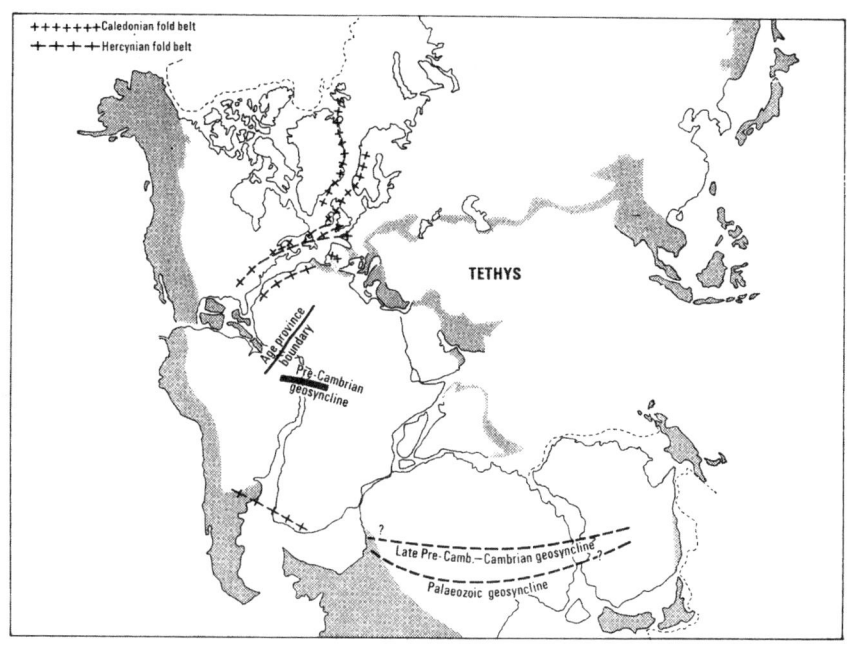

(图中词语:TETHYS,特提斯洋;Caledonian fold belt,加里东褶皱带;Hercynian fold belt,海西褶皱带;Age province boundary,古代区域界限;Pre-Cambrian geosyncline,前寒武纪地槽;Late Pre-Camb-Cambrian geosyncline,前寒武纪晚期-寒武纪地槽;Palaeozoic geosyncline,古生代地槽)

图 10.8 这张地图是单个的超级联合古陆分裂之前中生代早期(三叠纪)的全球地理。出版于 1973 年,由英国地质学家安东尼·哈勒姆(Anthony Hallam)绘制。阿兰·史密斯和乔·布里登(Joe Briden)编辑过描绘地球不同历史时期的系列地图,包含了当时对板块构造的最新研究成果,哈勒姆借鉴了其中的一张。但它的总体特征与魏格纳早期重建的地图非常相似(像往常一样,地图上绘制的都是大陆现代的海岸线,仅供参考)。长期以来被称为加里东和海西的较老山脉或"褶皱带",在这张图上的位置比 19 世纪后期重建的位置更加合理,当时它们曾经被展示为横跨现在的大西洋。当非洲(包括阿拉伯半岛)和印度都向北移动并与亚洲相撞后,被称为特提斯洋(Tethys)的浩瀚的古海洋在地球历史发展进程中消失了。地图上的斑点区域是后来的(新生代)造山运动影响到的区域,因此它们在三叠纪时期的形态具有高度不确定性。到 20 世纪 70 年代,南极洲的地质勘探提供了更有说服力的证据,证明了对联合古陆的这种重建具有合理性

第十一章
众多行星之一

利用地球年表

在 20 世纪和 21 世纪初期，建立在放射测年法基础上的"地质年代学"承认由大陆漂移和板块构造带来的巨大变化，可以在数百万年甚至是数千万年至上亿年的"绝对"时间尺度上重建。放射性测年法对地质学家理解地球历史的许多方面产生了重大影响，而且对从相对近期到最古老的地球历史的方方面面都有重要影响。

与早期的史前研究相比，早期人类化石和人工制品的年代测定将地质学与考古学更加密切地联系起来。地质学家和考古学家合作重建了可以确定大概年代的人类历史——从人类在新生代晚期脱胎于明显的灵长类祖先，到仅仅几千年前从采集和狩猎文明发展而来的有文字的文明。从 20 世纪 20 年代在非洲南部首次发现类人的南方古猿化石一直到现存的智人，科学家在规划人类的起源路线图时，信心不断增强。在人类进化链条中，以前有一个显著的"缺失环节"，20 世纪 50 年代以后，这个空白被大量近似人类的生命形态填补，特别是在非洲发现了很多不同种类的这种生命形态。当然，在非洲之外也有发现。其中只有直立人（以前称为猿人属或爪哇人）被广泛认为是我们可能的祖先。按照同样的标准，尼安德特人和其他人种都不是我们的祖先。对来自世界各地的人类化石进行放射性测年，不仅可以追踪人类本身的演化过程，而且可以追溯人类如何走出非洲，走向欧洲、亚洲以及更远的澳大利亚，最终到达美洲，以及在最后时刻抵达太平洋的分散岛屿。现在，至少在原则上，漫长的人类史前史终于不再是孤立的，它可以与更新世的北方大陆连续出现的冰期和较温暖的间冰期气候相联系，也可以与低纬度地区和南部大陆相应的气候波动相关联。重建早期人类及其先辈在进化中曾经身处的不断变化的当地环境成为可能。这些复杂历史的细节还存在极大争议，但是其大致轮廓在20世纪后期和21世纪初期已逐渐变得清晰：一方面是新的化石证据不断出现，对化石地质年代的测算也更加精确；另一方面，科学家在重建这些化石所代表的人类的身体活动和心智能力时信心不断增强。

  放射性测年法对重建地球中段历史也具有深远意义。19世纪的地质学家在探索从寒武纪到更新世的中段历史方面取得了巨大成功。他们能够将深时"银行"内的"成百上千万年"以更高的精度分配给连续的地质时期以及组成它们的时代（epoch，这一术语现在更多用于表达时间跨度而非决定性时刻）。这些时期（比如，志留纪和泥盆纪）之间的界限基本上被认为是遵循传统习惯，并且遵循使用时的方便性原则。在20世纪，科学家通过正式的国际协议将它们固定下来，而不像以前那样，是由一些诸如默奇森那样的有权势的人物来决定。然而地质学家认识到，如果一些界限实际上标志着作为化石保存的生物体发生快速变化或根本性变化的时代，那么这些界限就有可能反映所处时代的自然特征。由于时间尺度越来越精确，专家首次可以绘制新动物群和植物群在化石记录中出现或消失的时间点，然后估算由新生命形态进化和老生命形态灭绝所引

图 11.1 1978 年由肯尼亚科学家玛丽·利基（Mary Leakey）发现的类人个体的足迹化石。它们保存在坦桑尼亚拉埃托利的火山灰表面，属于上新世或新生代晚期，距今约为 360 万年。这张照片摘自 1979 年发表的足迹化石发现报告，利基在报告中指出，"非常明显，生活在拉埃托利的上新世人科已经实现了完全直立行走，双足站立，步态灵活"，尽管他们的大脑容量（从大概处于同一时代的地点发现的头骨化石推断）可能与非洲黑猩猩相当。这意味着，人类祖先在脑容量急剧增大之前很久就已经开始了双脚站立的生活方式，并将前肢解放出来从事其他活动。而脑容量增大则是进化成为现代人的重要特征。这是关于人类起源的新的重要证据，通过放射性测年法可以相当准确地断定年代，更加凸显了这个证据的价值

起的变化速率。例如，在 19 世纪中叶，对菲利普斯及其同时代人来说，古生代和中生代末期的化石记录中出现了重要的间断，只有通过放射性测年法进行的时间校准才能表明出现重要间断的原因。是由于相对突然的大规模灭绝事件，还是像莱伊尔所认为的那样，仅仅是因为保存下来的化石记录中存在重要的空白？莱伊尔认为，这些记录反映了当时的变化不仅是渐进式的，而且速率可能非常缓慢、稳定。

20 世纪中叶，两部涵盖多人成果的重要论文集——《显生宙时间尺度》(The Phanerozoic Timescale，1964) 和《化石记录》(The Fossil Record，1967) 出版。他们进行这些研究时，数字技术还没有开始突飞猛进，处理所涉及的大量数据并不容易。促成这两部作品问世的是剑桥大学地质学家布赖恩·哈兰 (Brian Harland)，他对于地质学中突出的重要问题观点非常明确（作为他的古生物学同事，我在第二部论文集中贡献了绵薄之力）。总之，他们提供的数据似乎支持了一些科学家长期以来的疑点：地球生命的历史进程可能不像莱伊尔和达尔文所设想的那样顺利和均衡，他们 19 世纪同时代人中的灾变论者的观点可能更加符合实际，生命的发展历程可能充满了变故。灾变论早就该复兴了。

灾变回归

然而，在 20 世纪的大部分时间，这一推论并没有受到地球科学家的普遍认同。德国著名古生物学家奥托·申德沃尔夫 (Otto Schindewolf) 是一个例外。他在 1963 年创造了"新灾变论"一词，但这一术语蕴含的观点没有得到承认，对他的事业也没有帮助，他在学术界的名望源于他坚持非达尔文式的进化论。英语世界的科学家依然普遍认为，地球历史上发生过的"灾难性"事件的强度不会超出目前所观察到的类似事件的强度，也不会超过人类历史上所记录的类似事件的强度。任何复兴灾变论的建议都遭到强烈否定，理由是它与先进的科学方法相悖，让人回归到缺乏科学精神的悲惨时代，其本质是隐蔽的字句主义解经法，也是对历史的无知。可见，距离"绝对一致性"首次被提出过去了一个多世纪后，莱伊尔支持它的雄辩言辞仍然具有说服力。

对华盛顿州偏远地区斯波坎河流域的地质情况的研究就体现了这种偏见，而且它并不是独一无二的例子。1923 年，地质学家哈伦·布雷茨（Harlen Bretz）描述了他所谓的"水道贫瘠地"（农场主形容贫瘠土地的词语），该地区布满了深受侵蚀的干涸山谷和大块漂砾，但没有迹象表明该地区曾经被冰川覆盖。布雷茨认为，在更新世的某个时期，突然暴发了一次猛烈的超级大洪水，只有这一突发事件才能造成如此奇特的地貌。但在 1927 年的一次会议上，美国其他地质学家强力驳回了布雷茨提出的"斯波坎大洪水"，表面上是因为他没有提出引发这一事件的原因，但根本原因是他们认为他的主张违反了"一致性"原则。值得注意的是，仅仅一年之前，美国地质学家召开另一次会议否定了魏格纳关于大陆漂移的设想。更糟糕的是，布雷茨的大洪水被认为类似于早期的洪积论，这一理论将假定的地质大洪水等同于《圣经》大洪水；而那时，自称"原教旨主义者"的人开始在美国展示自己的政治才能，这在科学家中引发了担忧。因此，布雷茨被边缘化、他的观点被否定并不奇怪。但是在 1940 年，另一位地质学家乔·帕迪（Joe Pardee）在研究水道贫瘠地上游区域时，发现了大量证据证明一个巨大的古湖泊曾经突然干涸：冰川冰形成的天然冰坝融化后，大量的水瞬时通过狭窄的缺口涌入斯波坎河流域（如果地质学家熟悉他们自己学科的历史，可能会想起19世纪早期巴涅河谷的天然冰坝爆裂的著名案例，那个案例与此次事件相似，只是规模较小）。布雷茨的观点直到1965年才被完全认可，当时一个国际地质学家小组在实地考察水道贫瘠地后，认为布雷茨的观点是正确的，并给他发了一封祝贺电报，表示"我们现在都是灾变论者"。

地质学家对灾变论的反对确实已经消亡，尽管比那封祝贺电报所表明的要慢很多。20世纪70年代，甚至在美国，地球科学家也已开始严肃对待更深层地球历史的可能性。他们认为，早在更新世之前很久，就多次发生了比斯波坎洪水严重得多的灾难。例如，著名地质学家许靖华（Kenneth Hsü，他经历丰富，出生于中国，在美国接受了教育，后来赴瑞士工作）在不损害自己科学声誉的前提下于1982年提出了一种新观点，这种看法可以解释地中海周围和下方许多令人费解的证据。他认为，在新生代晚期，地中海被切断了与世界上其他海洋的联系，逐渐干涸成为盆地（现在的死海也在发生这种情况，只是范围要小得多）。后来，在某个时期，当大陆被打开缺口形成现在的直布罗陀海峡时，海水迅速涌入地中海干涸后形成的盆地。这当然是引发一个巨大灾难性事件的无可挑剔的自然原因。到了20世纪90年代，人们认为古代近东文明中记载的大洪水故事的可能源头，是大量海水冲击现在的伊斯坦布尔，冲垮了狭窄的地峡，形成了博斯普鲁斯海峡，因此黑海盆地便遭受了突如其来的大洪水。在这个案例中，科学家们因为给字句主义解经法辩护受到谴责，因为他们竟暗示挪亚大洪水是具备历史基础的（如果这些批评者足够了解自己学科的历史，他们一定会想起此类"神话即历史论者"推论出的非常值得尊重的先例，例如19世纪晚期，修斯著名的地质合成论）。

在地球深远的过去可能发生过灾难性自然事件，本应引起进化生物学家的极大兴趣，但在20世纪的大部分时间里，他们几乎将全部精力用于发展达尔文的新物种起源说。1953年，破解DNA结构是进化生物学家得以持续并且非常富有成效地研究"微观进化"问题的一个里程碑事件。对于任何体现大型地理特征的化石证据，进化生物学家倾向于认为它们几乎毫无用处，而且他们中的很多人都毫不掩饰地认为，古生物学是低等的和无关紧要的学科。然而，在20世纪70年代，一群年轻的美国古生物学家开始利用运算能力快速增强的计算机分析之前提到过的化石记录的详细信息。1975年，他们创立了名为《古生物学》(*Paleobiology*)的新期刊（申德沃尔夫在20世纪20年代就期待能够出版以此为名字的期刊），其创刊宗旨是引导学者解决化石记录引发的生物学"大问题"，这一学科（paleobiology）强调的是从生物学角度研究化石，与注重从地质学角度研究化石的传统古生物学不同。他们希望将古生物学拉回关于进化论辩论的主桌，因为在他们看来，将古生物学排除在这一辩论之外既不公平也不明智。1982年，他们中的戴夫·劳普（Dave Raup）和杰克·塞普科斯基（Jack Sepkoski）在总结对已知化石记录的详尽统计分析后，确定了有充分证据证明的五个大规模灭绝事件。在这五个事件中，灭绝速度异常突出的两个事件分别发生在二叠纪和三叠纪之交，以及白垩纪和第三纪之交。他们的分析再加上大量证据可以证实菲利普斯早在一个世纪前的论断，当时他利用这两次重大灭绝事件界定了他为生命史划定的三个重要时代之间的界限（这三个时代分别为古生代、中生代和新生代）。

根据这一分析，所有这些大规模灭绝事件中，规模最大的一次发生在二叠纪与三叠纪之交（也就是说，在古生代和中生代之交）。对于熟悉这部分化石记录的古生物学家来说，这并不奇怪。不同时期的分界点长期以来一直是地质学家讨论的问题。只有仔细比较不同地区的相关岩层才能弄清楚二叠纪生物的灭绝和稍后三叠纪新生物的出现是突然事件还是渐进发生的。1937年，多疑的斯大林勉强同意在莫斯科举行国际地质大会，这次大会审查了世界范围内的证据，尤其是苏联的二叠纪地层（早在1841年，默奇森就根据俄罗斯乌拉尔附近的城市［Perm］命名了二叠纪［Permian］）。在20世纪50年代，申德沃尔夫在当时的新生国家巴基斯坦的盐岭考察了一个更完整的地层序列，并得出结论说灭绝事件一定是突然发生的，但他没能说服其他科学家。1961年，美国两位古生物学家柯特·泰歇特（Curt Teichert）和伯恩哈德·(伯尼)·库梅尔（Bernhard ["Bernie"] Kummel）遍访了全球当时已知的跨越时代边界的地层序列，其他人后来在更多地点进行了野外调查，并确认了他们的结论：灭绝事件不仅是突发的，而且极其猛烈。（由于一些最有价值的地层序列位于苏联和中国，因此，在"冷战"影响下，地质学界必要的国际合作在数十年间受到阻碍；但从20世纪80年代起，两国的地质学家及古生物学家与西方国家同行之间的合作不断增加，并取得有利于学科发展的丰硕成果。）

在20世纪60年代，随着大规模灭绝事件具有突发性的证据不断增加，那些相信这些证据的科学家认为，不能仅仅因为学者没有提出引起这类事件的充分原因，就否定它们的现实可能性。不过，他们的主张当时未引起足够重视。（我就是他们中的一员，我在案例中引用了腕足类动物的化石记录。它们是一种重要的无脊椎动物群，直到二叠纪才开始繁盛，但是后来再也没有发展出如此的多样性。）在二叠纪与三叠纪之交的某个猛烈动荡时期，发生了大规模灭绝事件，这种历史现实性近些年来几乎无人能够推翻。但近来，随着对灾变论的普遍敌意开始消退，才有学者提出灾难发生的可能的原因。虽然有多种解释，但都不太成熟。20世纪70年代，与当时刚被接受的板块漂移相关的解释似乎最具吸引力。20世纪80年代，最受欢迎的解释是与来自外太空的彗星或小行星可能的影响有关。20世纪90年代，有学者提出，有明显迹象显示，当时发生了规模超乎寻常的火山爆发，灭绝与此有关。21世纪初，相关科学家转向支持是综合性原因引发了突然的灭绝，而且这些原因都仅限于地球本身，与地球之外的因素无关。第二次猛烈的大规模灭绝事件发生在中生代和新生代之交的白垩纪末期，相较之下，对于这次事件来说，与地球以外因素相关的解释最受欢迎，也最具说服力（我稍后将在本章总结这一解释）。与这两次大规模灭绝事件相关的证据越来越多，尽管另外三次大规模灭绝事件的确定性无法与上述两次相比，但是，地球科学家的观点依然发生了急剧转变，这一转变与他们迟迟才接受板块构造论所主张的大陆漂移学说一样惊人。在20世纪后期，他们放弃了对莱伊尔的"一致性"那种严格的、教条式的解释，并准备考虑这些事件在地球深史中可能发挥的重要作用，而这些作用远超人类的经验与见识。

揭开深远过去之谜

建立在放射性测年法基础上的地质年代学，对于抵达地球历史最深处具有深远影响。19世纪晚期，地质学家对最古老的岩石进行了野外勘探，后来他们中的一小部分人得出了一些特定结论，而早期通过放射性测年法计算出的一些年代（例如霍姆斯的计算结果）证实了他们的结论。20世纪初，令很多人惊讶的是，从寒武纪到更新世的整个地质年代序列，与前寒武纪的历史相比，显然相形见绌。通过放射性测年法估算出的连续的地质年代表明，前寒武纪远不是一个相对较短的前奏，也并非像人们以前认为的那样，它也许没有古生代那么漫长，可能最多与从古生代开始直到现在的时间相当。相较之下，前寒武纪似乎构成了整个地球历史的绝大部分。因此，新的放射性测年法估算出的结果对地质学家提出了新要求，他们的观点也随之发生了根本性的变化。1930年引入的新术语"显生宙"（"显生"意为"明显可见的生命"）间接地表明了这一点。显生宙用来表示自寒武纪以来的全部地球历史，它包括古生代、中生代和新生代。按照放射性测年法的估算，显生宙大概跨越了5亿年的时间。不过，即使是这么漫长的时间跨度，与前寒武纪的历史相比仍然相形见绌，尽管在前寒武纪几乎没有任何明确的"非常明显"的生命迹象。

  追溯前寒武纪时，化石记录稀少不再是理解地球早期历史的可怕障碍，因为借助放射性测年法，科学家能够比较容易地识别前寒武纪不同年代的岩石群。早在19世纪后期，一些地质学家利用他们通过野外勘探取得的证据，区分了构成大多数前寒武纪地层"基底"的太古宙岩石，以及覆盖其上的元古宙地层，这一地层在某些地区看起来像生命早期迹象的可能源头。（这些岩石和地层肯定属于前寒武纪，因为它们明显位于含有寒武纪化石和其他古生代化石的地层下方。）放射性测年法肯定了这种区别，因为太古宙的岩石年代极其古老，而元古宙的地层则相对年轻。借助放射性测年法，还可以整理出元古宙内不同地层的相对年龄。有些化石对建立显生宙历史非常有价值，但是，实际上，即使没有这些化石，也可以将经过反复实验证明的地层学方法扩展到地球的前寒武纪历史中（这包括重新发现或重新使用地球构造学方法，地球构造学在使用化石后得以充实并转化为威廉·史密斯的地层学）。由新的放射性测年法辅助的野外勘探表明，前寒武纪的漫长时期与显生宙一样充满了重大变化。例如，在前寒武纪历史进程中，世界各地的造山运动显然曾经连续发生过多次，到 20 世纪末，这些运动被认为与非常古老的构造板块运动相关。更令人惊讶的是，在前寒武纪岩石中发现了古代的冰碛岩，这意味着地球在冈瓦纳古陆的石炭纪冰期之前就经历过一次或多次前寒武纪冰期，就像北方大陆在最近的更新世冰期很久之前就经历过冰期一样。

这似乎表明，莱伊尔所认为的地球处于稳定状态在某种程度上是对的，或者至少是相似事件在地球上多次发生，相似进程在地球上多次上演，这些事件和进程可以追溯到证据产生的时期。但其他证据表明，长期趋势可能使早期的地球与其后来的样子完全不同。例如，如果保存得足够好，珊瑚化石可以显示珊瑚每天的生长纹。1963 年，美国古生物学家约翰·韦尔斯（John Wells）就根据珊瑚化石的微观结构指出，在（相对）晚近的古生代中期，每年大约有 400 天。后来，许多其他的化石证据也证实了这一点。科学家推断，在前寒武纪，也就是地球历史的早期，地球绕自转轴旋转的速度比现在更快，从而造成了白天和黑夜比现在都更短。地球自转速度减缓是因为受到潮汐摩擦的影响。可见，从根本上说，地球过去的"一致性"远非绝对。

早期地球一些引人注目的特征是从特殊的"条带状铁建造"中推断出来的。这种沉积岩是在几个前寒武纪地区发现的，但从未在显生宙地层中发现过。与后来的铁矿石不同，从化学性质上看，它们似乎不太可能沉积在富含氧气的水中。有人认为，较早的前寒武纪海域及其上方的大气中可能缺氧，甚至完全没有氧气。1965 年，召开了一场关于"地球大气层演化"的会议，这标志着大多数地质学家对先前含蓄的假设展开了公开讨论。在莱伊尔的影响下，大部分地质学家都认同这种假设：大气层作为地球的根本性特征在整个地球历史中差不多是恒定不变的（人们忽视或遗忘了阿道夫·布隆尼亚在19世纪早期的推测,他认为,自石炭纪以来,大气层的成分可能已经发生了重大变化)。20世纪末,一些地质学家声称,大气中游离氧含量突然增加的时刻已经成为整个地球历史上最重要的时刻之一。它发生在元古宙早期,并被有些夸张地命名为"大氧化事件"。

极其漫长的前寒武纪岁月几乎没有任何化石记录。讽刺的是,这与后来的显生宙生命史形成鲜明对比。位于加拿大落基山脉高处的伯吉斯页岩凸显了显生宙的生命史。1909年,沃尔科特发现伯吉斯页岩中包含惊人的寒武纪化石群。如同其他化石库的例子,它保存了生物化石的"软组织部分",而不仅仅是那些"硬壳部分"(如贝壳),它是展示当时种类丰富的生命的一扇窗口。它更像18世纪发掘的庞贝古城和赫库兰尼姆古城,它们远比普通而又破败的神庙和剧院更能充分地展示古罗马人的日常生活。伯吉斯页岩是展示深远过去所能发现的最古老生命的珍稀窗口,它显示了寒武纪的海洋中生活着大量寒武纪的生命。直到20世纪晚期,科学家运用极大提升的技术对伯吉斯化石进行了广泛而又深入的研究,它才完全展现在世人眼前。这些寒武纪动物不仅结构复杂,而且比人们预期的更加多样化。这使得人们更加好奇在前寒武纪,在这些生命之前存在何种类型的生命。

新的放射性测年法计算出的日期证实,前寒武纪时段比人们之前想象的长得多,这可能证明了达尔文之前的假设是正确的,即对于貌似在寒武纪突然出现的所有多样化和结构复杂的生物(包括在伯吉斯页岩中出乎意料地被发现的那些生物)来说,它们有充足的时间非常缓慢地进化。但是前寒武纪地层中仍未出现支持这种逐步进化的任何证据。沃尔科特和其他人于20世纪初在前寒武纪岩石中发现的罕见的动物化石残骸并没有得到大家的认可,就像19世

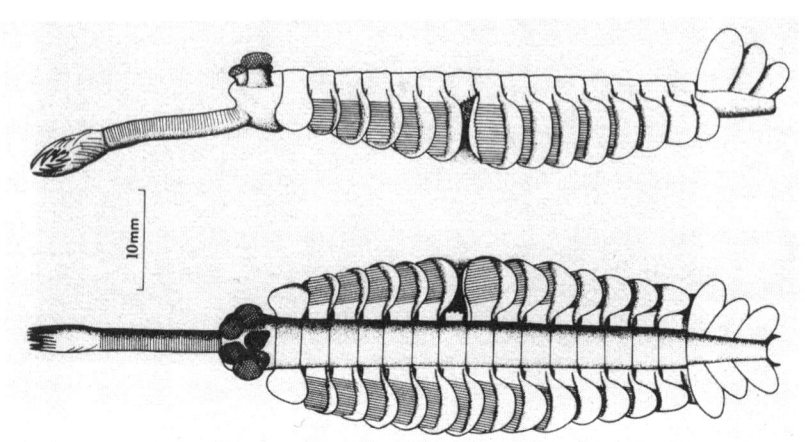

图 11.2 加拿大落基山脉著名的伯吉斯页岩中最奇特的寒武纪动物化石。与在同一块岩石中发现的三叶虫不同,这种奇怪的五眼动物叫欧巴宾海蝎(这里展示了它的侧视图和俯视图)。它们没有在正常条件下保存下来的"硬壳部件"或骨架。对这种动物重建的基础是它们的化石标本。它们当年被埋藏在泥浆中,而泥浆被挤压到页岩中时,它们被压扁了。一个研究小组的负责人哈里·惠廷顿(Harry Whittington)于 1975 年发表了这个重建成果,该研究小组在 20 世纪后期重新研究了沃尔科特的早期标本,并收集了更多加以研究。伯吉斯页岩凸显了体形较大而且种类多样的动物进化起源的难题,这些动物在"寒武纪生命大爆发"中(相对)突然出现,但是在它们出现之前的漫长的前寒武纪历史中,只有微观形式的生命存在

纪臭名昭著的始生物一样,大家同样有充分的理由怀疑它们:要么从本源上来说属于无机物,要么太过可疑,令人无法接受。在 20 世纪 30 年代,优秀的古生物学家、英国人阿尔伯特·苏厄德(Albert Seward)对其他所谓的前寒武纪化石表达了类似的怀疑,例如沃尔科特的枕形隐生生物结构。他的权威性观点打消了其他人继续搜寻前寒武纪化石的念头。然而,美国地质学家斯坦利·泰勒(Stanley Tyler)1953 年在苏必利尔湖岸边研究前寒武纪岩石时,碰巧在引火燧石地层中发现了一种燧石岩(一种类似燧石的岩石),而这种燧石岩中含有丰富且保存完好的"微化石",它们只有

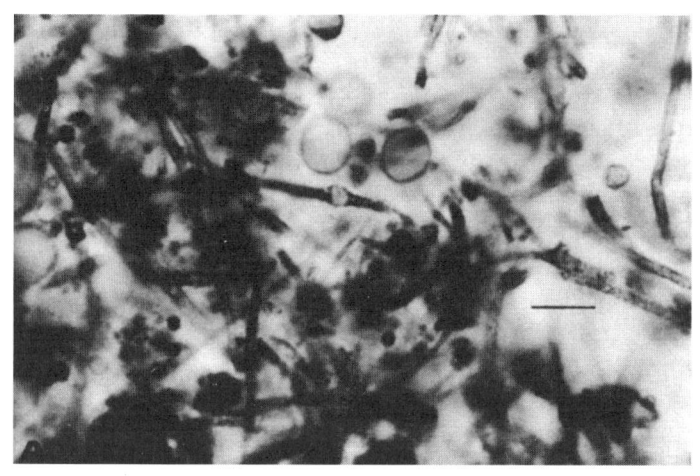

图 11.3 前寒武纪的微化石,最早发现于 1953 年,位于苏必利尔湖北岸的引火燧石地层(距今约 20 亿年)中。只有在显微镜下研究这种厚度仅为约 0.1 毫米的燧石岩薄片时,才能看到这些孢子和丝状体。它们证明,在"寒武纪生命大爆发"之前很久,就存在非常微小的生命形态,例如细菌

在显微镜下才能看到。泰勒向哈佛大学的古植物学家艾尔索·巴洪(Elso Barghoorn)展示了它们,巴洪明确将它们鉴定为有机丝状体和孢子。但这个案例在一段时期内一直存在争议,而且几乎是独一无二的。有报道说,苏联地质学家在乌拉尔的前寒武纪岩石中发现了其他微化石,但西方科学家对此表示怀疑,部分原因是"冷战"时期缺乏互信,他们怀疑苏联科学家的研究方法和标准。然而,巴洪的学生比尔·舍普夫(Bill Schopf)1965 年在研究引火燧石化石时在澳大利亚类似的前寒武纪燧石岩中发现了微化石,其他发现也随之而来。舍普夫和美国著名古生物学家普雷斯顿·克劳德(Preston Cloud)都得出结论说,现有证据表明化石记录中的"寒武纪生命大爆发"可能反映出大型生物(多细胞动物或"后生动物",

如三叶虫）相对突然出现是可能的，在它们出现之前的极为漫长的历史岁月中，只存在用显微镜才能看到的生命形态。

在澳大利亚的发现不仅没有否定这种观点，还对其进行了修正。在南澳大利亚州偏远的伊迪卡拉山，发现了许多大型但完全"软体"的化石。它们只是岩石表面上的压痕，例如，就像在现代海岸上搁浅的水母可能会留下的那种压痕。这个例子与引火燧石的例子有些相似，澳大利亚采矿地质师雷吉·斯普里格（Reg Sprigg）在1943年最早发现了这些化石。但是它们没有得到承认，因为它们体形过大，人们要么质疑它们的有机属性，要么认为它们可能是寒武纪或更晚期的生物。直到20世纪60年代，从奥地利移民到澳大利亚的古生物学家马丁·格莱斯纳（Martin Glaessner）重点研究了这些化石，他辨认出了它们所在地层之上的那个地层，因为上方的地层含有典型的早期寒武纪化石。后来，通过运用放射性测年法，科学家确定了伊迪卡拉山化石属于元古宙，在寒武纪开始之前不久（按地质年代标准）。很难将这些非常奇怪的生命划归为任何后来已知的动物群，甚至在某些情况下，不可能归类。而且它们的化石按现有标准也同样很难归类。在其他地方也有类似的发现，早在1957年，英格兰的查恩伍德森林的前寒武纪岩石中就发现了一个类似的标本，后来在世界多个地区大约相同年龄的岩石中都发现了大量此类化石，特别是在纽芬兰海岸的米斯塔肯角和中国南部的陡山沱组。2004年，它们被用于确定世界范围内独特的伊迪卡拉纪，紧随它后面的就是寒武纪。

伊迪卡拉山的化石被认为与前寒武纪早期的微化石有关，它表明在寒武纪的"生命大爆发"中，首先可能进化出了较大体形的动物，然后稍晚些，其中有一些类型的动物进化出了硬壳，这些硬壳可以在更普通的环境下保存为化石。从20世纪70年代开始，第二

图 11.4 南澳大利亚州伊迪卡拉山奇怪的前寒武纪晚期的化石（狄更逊蠕虫属，宽度约为 6 厘米），它们仅在岩石表面上留下了压痕。20 世纪 50 年代，这个和来自伊迪卡拉山的其他"软体"化石被认为是第一批已知体形相当大的动物，可能是"后生动物"。它可以追溯到第一批寒武纪的贝壳化石之前不久（按地质学标准看），代表了"寒武纪生命大爆发"的早期阶段。这张照片由马丁·格莱斯纳于 1961 年发表，正是他的研究将伊迪卡拉纪的化石带到世人面前

阶段得以澄清，这主要仰仗科学家对早期寒武纪地层的详细研究，特别是在西伯利亚和中国的一些偏远地区（优秀的科学家做了大量非常重要的工作）。相关的野外调查表明，最早生长有甲壳的动物（相比伯吉斯页岩或伊迪卡拉山的例子，它们的化石保存在更加平常的环境中）并不是很快出现的，而是逐渐出现的。首先，在处于最下方、最古老的寒武纪地层中，只有一些小型的甲壳化石，但无法确定它们属于哪种类型的动物；上方是含有可辨认化石的地层，这些化石与一些现代动物（腕足类动物）相似；再往上的地层中出现了三叶虫，它们体形更大，而且在寒武纪剩下的时段中种类

更加多样化。有人认为,生长有甲壳的动物是一种接着一种出现的,并且在相对较长的时间内才进化出大量生长有甲壳的动物。像往常一样,这个问题与历史顺序本身不同。在其他可能的原因中,专家有两种观点:一部分认为,生物进化出甲壳是由海水成分变化引发的,这种海洋环境的变化或许首次刺激生物分泌甲壳物质;另一部分人认为,甲壳是动物为了对抗最早出现的掠食者而进化出的。

然而,考虑到地球的前寒武纪历史极其漫长,种类多样化并且结构复杂的寒武纪动物的首次出现似乎仍然相对突然,因此,这个事件或者说这一系列事件仍然可以被称为"寒武纪生命大爆发"(即使它的最早阶段属于伊迪卡拉时期,而这一时期现在已被正式划归为前寒武纪末期)。这虽然夸大其词,但情有可原。但是,在20世纪60年代,有人提出伊迪卡拉阶段之前可能发生过一次或多次异常的灾难性气候事件。早在1937年召开的国际地质大会上就已经讨论过前寒武纪冰碛岩以及它们可能代表的冰期,但是这个难题在1964年发生了新的变化。当时,哈兰声称,现在的北极地区或北极附近的前寒武纪晚期地层中存在冰碛岩,然而,古地磁证据表明,这些冰碛岩当年是沉淀在赤道附近的。这意味着,自从前寒武纪起,不仅相关的大陆在纬度上发生了显著变化(哈兰是长期以来一直深信"大陆漂移"真实性的欧洲人之一),而且比起随后的显生宙历史中已知的两个冰期,任何前寒武纪晚期的冰期都一定要严酷得多。冰盖,或者至少是漂浮的冰山(挟带着现在嵌入冰碛岩中的漂砾),当时必定延伸到地球上大部分地方甚至是所有地方。在经历了一次或几次几乎覆盖全球的冰川环境之后,随后很快(地质学角度的时间观念)就是"寒武纪生命大爆发"的阶段。这表明这两个同样引人注目的事件之间可能存在因果关系。全球冰期肯定

图 11.5 位于挪威的前寒武纪晚期的冰碛岩：布赖恩·哈兰和我在 1964 年发表的照片之一，用来支持我们的如下观点：这些明显的冰力作用迹象再加上欧洲的这个区域当时接近赤道的古地磁证据，意味着在前寒武纪晚期，地球的状态是"雪球地球"（这个名字是后来出现的）。任何看到这些照片的地质学家——如果没有去过这个地方，没有发现这个冰碛岩是一块坚固的岩石，也不知道它属于前寒武纪——都会把它视为更新世最近冰期的普通冰碛物或者"冰川泥砾"；它位于比自己更加古老的岩石（放置锤子之处）表面，带有很深的划痕，与更新世和现代冰川中嵌入的类似石头所造成的划痕难以区分

会灾难性地破坏以前的环境；当地球再次升温时，新的环境可能为新的生命形式激增提供了特殊的机会（我结合哈兰在近乎全球性冰期的重要案例，对这一影响发表了简短的意见）。但是，这些观点的支持者寥寥无几，直到 20 世纪 90 年代后期，在世界各地进行了进一步的野外调查后，哈佛大学的保罗·霍夫曼（Paul Hoffman）和他的同事们认为，在前寒武纪末期的伊迪卡拉纪之前，出现过多次此类"雪球地球"事件。还有证据表明，大气中的游离氧水平在

同一时间内迅速上升，这可能有助于诸如伊迪卡拉山上体形相对较大的动物和寒武纪早期较大型的动物不断进化。

在"寒武纪生命大爆发"这一具有重大变化的序曲之前，大型且"明显"的生命形态的进化可能就已经启动，而且贯穿了整个显生宙一直延续到现在，在前寒武纪更加漫长的时段中逐渐产生了更早期生命历史的更好记录。代表各种微观生物的化石在越来越多的元古宙岩石中被发现，其中有些岩石比引火燧石更年轻，但也有一些岩石比其更加古老。沃尔科特发现的枕头大小的隐生生物结构，虽然与其他生物具有不同特征，但同样很有启发性的是，它被认为是一种重要的早期生命形态的真实记录。科学家在许多不同年代的地层中都发现了"叠层石"（"枕头状岩石"），不过大多数属于前寒武纪，偶尔也会见到属于显生宙的。现在，它们被解释为微观生命的产物，它们形成"微生物席"，分泌或捕获矿物质，缓慢地向上生长直到形成大型山冈。1954 年，石油地质学家偶然发现现代叠层石是在西澳大利亚州海岸鲨鱼湾的咸水潟湖中形成的，这一轰动性的发现也确认了上述解释。这些叠层石可能是有史以来发现的最重要的"活化石"。到 20 世纪末，人们研究发现，叠层石可以追溯到太古宙，有些距今约 35 亿年。由于建造现代叠层石的微观生物被认为是非常简单的生命形态（原核生物），这些古老的叠层石意味着生命——至少是这类生命——在地球形成之后很快（相对来说）就出现了。生物学家围绕这类化石证据对生命早期起源的激烈辩论还在继续。

同样值得注意的是，现代叠层石主要是由微生物"蓝绿藻"（蓝藻细菌）建造的，它们依赖光合作用存活。像包括普通藻类或海藻在内的现代植物一样，"蓝绿藻"从阳光中获取能量并释放出氧气作为废物。这可能与地球早期的海洋和大气完全缺乏氧气有

图 11.6　一个前寒武纪的叠层石：一个枕形的石灰岩堆，自然裂开并露出带状构造，显示它是如何日积月累变大的。这个例子来自美国大峡谷的元古宙地层，由普雷斯顿·克劳德发表于 1988 年，以说明他对生命史的解释。他认为，微观形态的生命，如目前仍然在建造叠层石的"蓝藻细菌"，在任何更大体形的生命形态进化出来之前很久就存在了。叠层石的化石记录将生命的起源回溯到地球全部历史的开端阶段

关，而且这点存在相关证据。元古宙早期的"大氧化事件"可能代表了生物体持续产生的氧气已经足够多，达到了游离氧开始在海洋和大气层中积聚的程度。这使后来所有其他需要氧气支撑生命活动的生物体的进化成为可能，当然最终也包括我们人类。通过这种方式，生命的历史与地球的历史已经融合成为"地球系统"，而且远比我们以前想象的更为密切。（詹姆斯·洛夫洛克［James Lovelock］在 20 世纪 70 年代提出的"盖亚假说"，将地球比作具备自我调节能力的像生命一样的有机体，这一点存在争议。）

在宇宙背景下的地球

在这个大背景下，地质学家受到鼓舞，他们要在地球和太阳系中的其他天体之间进行更多细致的比较。这是地球科学发展的一个新方向，或者更确切地说，是一种更古老思维方式的复兴。早在17世纪和18世纪，地球与宇宙其他部分之间存在密切关系就被认为是理所当然的，特别是在"地球理论"范式中。笛卡尔和布封的理论都是有影响力的例子。但在19世纪早期，大多数地质学家都坚决反对这种猜测性的理论。相反地，他们把注意力集中在可以直接观察到的事物上，严谨地研究发生在地球上的事件和进程，却忽略了宇宙维度（德拉贝什是罕见的例外）。随着19世纪向前推进，各个学科之间的差异越来越大，这种差异加剧了这一效果。每一群"科学绅士"都清楚地意识到其他群体的同人正在做什么，他们彼此之间建立了友好关系，但他们各自都专注于独特的知识领域，他们只是在自己的领域具有权威性和专业性。即使在19世纪晚期，地球科学也很少与那些关注地球以外的宇宙的学科有关联。开尔文勋爵提出，物理学和宇宙学要对地球时间尺度设置严格限制，他的教条主张是对地质学的侵入，在地质学家中不受欢迎，并最终被他们以充分的理由拒绝。

在19世纪晚期，克罗尔认为，更新世漫长冰期中的一连串冰期和间冰期的出现可能和天文学因素有关。这个想法在20世纪初得到复兴和改进，但它仍然是一个不寻常的例外。1930年，塞尔维亚天文学家米卢廷·米兰科维奇（Milutin Milanković）计算了地球围绕太阳公转轨道的三个已知变量（偏心率、地轴倾斜度和岁差）的影响，它们结合起来可以产生有关地球气候的"米兰科维奇循环"。但这个想法还无法服众,直到1976年,英国和美国几位科学家联合撰写了一篇关键性论文,题为"地球轨道的变化:冰期的起搏器"("Variations in the Earth's Orbit: Pacemaker of the Ice Ages")。这标志着在这个问题上,地质学和天文学开始融合在一起了。科学家通过研究取自海底的沉积物岩芯和取自地球剩余大冰盖的冰心可以推断出古气候,将古气候的同位素证据与放射性测年法相结合,便可以证实米兰科维奇循环的基本有效性。其中,以10万年为一个循环的周期效果最强。尽管它们被认为是更新世气候波动背后的重要因素,但它们显然不是全部原因,真实情况似乎要复杂得多。它们几乎没有减少地质近期历史上地球气候(以及它可能的未来)的绝对偶然性。

地球以外的宇宙可能从多种意义上发挥影响的另一个迹象是一个神秘事件。1908年,西伯利亚一片杳无人迹的大森林上空发生了爆炸,冲天的火光照亮了天空,从非常遥远的地方都可以看到。由于当时政治动荡,事件发生地又比较偏僻,因此,直到1927年,科学家才得以赶赴事发现场研究"通古斯大爆炸"中可能发生了什么。令人惊讶的是,现场并没有陨击坑或撞击坑,也没有任何大型陨石的明显痕迹。不过,陨石可能在大气层中发生了爆炸,虽然几乎完全气化,但是在地面上却产生了剧烈的冲击波(稍后的研究表明它的爆炸威力与早期的热核爆炸相当)。人们激烈地争论它是岩质小行星还是冰冷的彗星,但不管是哪种情况,通古斯大爆炸都表明来自太阳系其他地方的入侵不仅限于经常可以见到的小型陨石坠落。然而,地质学家仍然不愿意承认来自太空的重要的"灾难性"影响可能是地球历史上的一个重要特征,他们在实践中继续将地球视为几乎与太阳系其他部分隔绝的封闭系统。

然而,科学家在美国亚利桑那州偏远的沙漠地区发现了一个保存完好、直径约 1000 米的撞击坑，它表明在更加遥远的过去（不过，从地质学标准来看，只是最近而已）发生过具有类似影响的事件。1891 年美国地质调查局负责人格罗夫·卡尔·吉尔伯特（Grove Karl Gilbert）认为，这可能是由地下火山爆发造成的，而不是受到撞击。他的结论符合当时地质学家的主流观点。美国其他地质学家接受了他的看法。尽管如此，1903 年，采矿企业家丹尼尔·巴林杰（Daniel Barringer）声称，一种巨大且极具价值的陨铁可能埋在这个撞击坑之下。他对此进行了商业开发，但是这一项目并没有取得成功，只是发现了小块的陨铁。直到 1960 年，他的看法才得到证实（它的现代名称"陨石撞击坑"表明了这点）。美国地质学家吉恩·休梅克（Gene Shoemaker）在哥本哈根国际地质大会上报告说他发现了一种特殊种类的石英（柯石英），它们不仅存在于撞击坑周围的岩石中，而且还存在于内华达州的核爆炸试验场地。此前人们都是在实验室中合成这种石英的。这种独特的"撞击石英"显然是在极端高压的条件下形成的，因此它可以被视为可靠的"化石"痕迹或来自外太空的真实撞击的标志。

休梅克随后在巴伐利亚州大得多的里斯陨击坑中发现了相同的关键矿物，这个陨击坑直径约 24 千米，但保存得不太好。地质证据表明，它年代非常久远（可追溯到新生代的中新世）。这支持了另一位美国地质学家罗伯特·迪茨（Robert Dietz）之前做出的推断。迪茨在这个陨击坑边缘形成的岩石中发现了一种独特的高压结构（"震裂锥"），他据此认为世界上还有许多陨击坑，它们要么被错误地归因于火山活动，要么被严重侵蚀以致无法轻易看出它们之前是陨击坑。他称它们为"星疤构造"（意为"星球的伤口"）。例如，在 1961 年，他提出，南非非常巨大的圆形地质构造——弗里德堡圆环可能是前寒武纪巨大陨击坑受到严重侵蚀后的残余。事实

图 11.7 亚利桑那州的陨石撞击坑(以前被称为巴林杰陨击坑),直径约 1000 米。这类鸟瞰图显示出与月球陨击坑惊人的相似性。当 19 世纪末和 20 世纪初的地质学家首次讨论这个大坑的形成原因时,他们没有这种鸟瞰图可以作参照。他们认为它要么是撞击形成的,要么是火山喷发后的遗迹。巴林杰认为这个陨击坑的下面埋藏着巨型陨石,陨击坑的表面是他进行钻探时留下的痕迹,不过,他最终一无所获

上,加拿大天文学家卡莱尔·比尔斯(Carlyle Beals)已经开始在广阔的加拿大地盾的古老岩石中对这种结构进行系统的空中搜索,到 1965 年时,他确定了 20 多个。

这表明,在整个地球历史中,小行星或彗星偶尔会对地球产生重大影响。然而,大多数地质学家仍然不愿意接受这个结论。让他们集体转变观念的是月球上相似的陨击坑的发现。月球陨击坑当然只有通过望远镜才能观察到,它们长期以来被视为死火山。只有少

数天文学家以及更少数的地质学家认为它们可能是陨击坑。魏格纳就是持这种观点的地质学家。在20世纪60年代，休梅克在这一点上仍属于少数派，他认为他将这个想法扩展到地球陨击坑的举动像异端一样，不会被认可。无论如何，月球在20世纪早期几乎没有得到天文学家的关注。人们认为，月球和行星作为研究对象，不如太阳及其他恒星那么富有魅力。最激动人心且此时正在改变宇宙学的是星云，它被认为是远离银河系的其他星系，在一个不断扩张的宇宙中，它比任何人之前想象的都浩瀚得多。

美国的太空计划戏剧性地改变了这种情况，并使我们最近的宇宙邻居成为引人关注的科学焦点。这一计划是美国对苏联1957年发射世界上第一颗人造卫星"斯普特尼克号"的"冷战"式反应。休梅克大力游说相关机构，要求将他所谓的"天体地质学"（这个术语同"宇航员"一样，都很贴切，尽管从字面上看，二者都不包括登上星球的意思）纳入阿波罗登月计划。如果没有他的努力，美国的这一太空计划可能很少或根本没有地质学家的参与，对地球科学也不会产生任何影响。为了准备1969年的第一次载人登月计划，科学家为月球绘制了空前详细的地图。科学家利用从地球地层学中借鉴的方法（例如，较晚出现的撞击坑会把较早期的截短，就像地层不整合一样）为月球制定了"相关"年表。研究人员还重建了月球历史，并仿照地球历史分期，将其划分为不同的地质年代。载人登月采集的岩石样本确定了月球表面的坑洞是由撞击造成的。登月还提供了足够的材料，通过对它们进行放射性测年描绘出了"绝对"年代的轮廓。事实证明，月亮与地球（以及大部分陨石）的年龄大致相同。月球在早期似乎经历了一个被称为"重轰炸期"的时代，它被大量较大的小行星或类似星体多次撞击。月球此后被撞击的频率降低，而且规模也变小。（"轰炸"是一个恰当的术语，因为与战争时期使用炸弹轰炸出的小型坑洞相比,月球陨击坑具有相同的物理性特征。)月球上没有大气层,表面也没有被严重侵蚀,因此,即使最古老的(相当于前寒武纪早期)月球陨击坑仍然保存完好。

这激发人们将月球历史与地球历史更彻底地进行比较。与月亮表面布满凹痕相比,地球上的撞击坑可谓罕见,造成这种对比的原因是多样的,包括地球存在大气层,侵蚀活动非常活跃,海洋面积广阔,以及古代大陆由于板块活动而遭部分损毁。到了20世纪80年代,已经确定了200多个撞击地点或星疤构造。它们要么是保存相对完好的陨击坑(如巴林杰陨击坑和里斯陨击坑),要么至少是像弗里德堡圆环这样的环形结构,它们被解释为深受侵蚀的陨击坑遗存。通过与月球类比,地球的历史现在可以延伸到最深远的前寒武纪,甚至延伸到太古宙之前。地球肯定与月球一样经历了"重轰炸期",尽管没有已知的直接痕迹留下。这个时代在1972年被普雷斯顿·克劳德恰当地命名为"冥古宙"(来自希腊神话中的地狱)。到20世纪末,人们猜测这种轰击可能是地球最初获得其最重要的成分——水的途径。水的出现为后来所有生命的出现创造了条件。

到了20世纪70年代,大多数科学家已经接受地球在其历史进程中曾经被各种大小的宇宙天体撞击过:从小型陨石频繁坠落到巨大的彗星或小行星的偶然撞击,不一而足。受此启发,地质学家认为这些撞击事件中的规模最大者可能引发了地球上的重大灾难,特别是一系列明显的大规模灭绝事件。他们此前一直认为这些灾难是偶然发生的。这种观点迅速流传,并在1980年扩散到更多领域的科学家中,还引起了公众的注意。美国著名物理学家路易斯·阿尔瓦雷斯(Luis Alvarez)与他的儿子、地质学家沃尔特(Walter)以及其他同事合作，对采集自意大利北部古比奥附近地层序列中的黏土进行了检测。这些黏土取自"K/T边界"，即最年轻的白垩纪（Kreide［德语单词"白垩"］）地层和最古老的第三纪（Tertiary，新生代）地层之间一层薄薄的交接地层。他们发现，在白垩纪地层和第三纪地层之间的交接地层中稀有元素铱的含量非常高，而白垩纪地层和第三纪地层中铱的含量则低很多，根据铱在这三个地层中的含量数据绘制的分布图呈尖锥形。这些地层曾经沉积在深水中，在靠近"K/T边界"发现的唯一化石是微观生物的化石。阿尔瓦雷斯的研究团队的报告得出结论，终结中生代的大规模灭绝事件的可能原因是一颗大型小行星对地球进行了毁灭性撞击（就像一些陨石所表明的那样，这颗小行星的铱含量远高于地球的岩石）。这个观点影响广泛且非常具有轰动性，但当媒体将它大肆渲染为导致所有中生代恐龙灭亡的惊险故事后，它变得更加骇人听闻。恐龙化石仍然是公众最喜欢的野生动物化石，自它们一个半世纪前首次被发现以来一直如此。

最有资格评判此事的专家对此表示怀疑，尤其是恐龙专家。他们以世界各地详细的恐龙化石记录为依据，认为在白垩纪末期之前很久，这种爬行动物就已经处在缓慢灭绝状态，数量逐渐下降，并且最后存在的少数离群者可能在白垩纪末期完全灭绝。然而，路易斯·阿尔瓦雷斯作为诺贝尔物理学奖获得者声名显赫，他的团队撰写的文章发表在了著名期刊《科学》杂志上，他们还运用了尖端的实验室技术，上述几个因素无疑有助于支持小行星撞击地球引发灾难的观点。怀疑论者很快就发现自己是少数。然而，正如在科学争论中经常所发生的那样，在这种争论的激发下，双方都更加努力地寻求更有说服力的证据。后来，撞击理论获得了进一步的支持。在散布于世界各地的多处K/T边界上科学家发现了曾经发生超乎

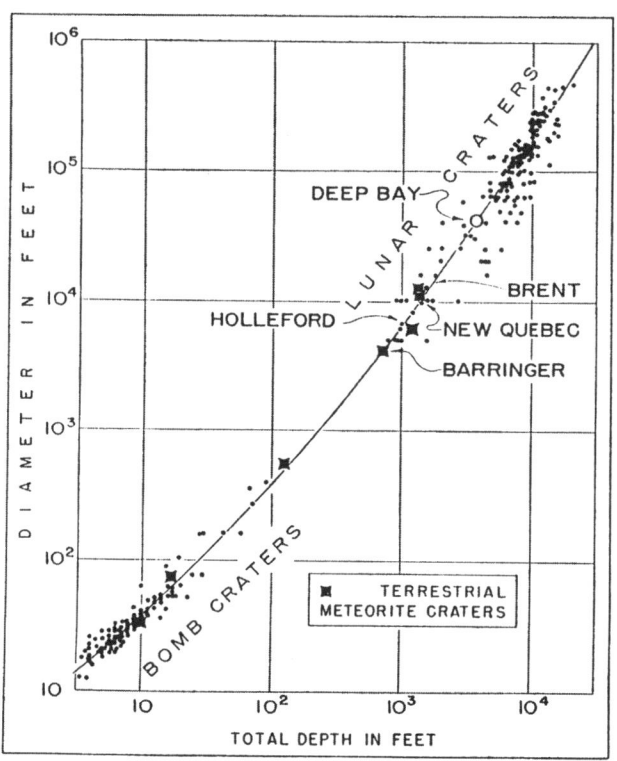

(图中词语：TOTAL DEPTH IN FEET，总深度［单位：英尺］；DIAMETER IN FEET，直径［单位：英尺］；LUNAR CRATERS，月球陨击坑；DEEP BAY，低普贝；HOLLEFORD，霍勒福德；BRENT，布伦特；NEW QUEBEC，新魁北克；BARRINGER，巴林杰；BOMB CRATERS，火山口；TERRESTRIAL METEORITE CRATERS，地球陨击坑）

图 11.8　卡莱尔·比尔斯及同事于 1963 年发表的图表，有助于证明地球陨击坑的现实性。关于火山口和月球陨击坑的数据发表于 1949 年，这些数据作为一部分论据证明了月球上大部分撞击坑的起源并非火山，而是陨石或小行星撞击月球表面后形成的。这里增加了地球陨击坑的数据，用以支持它们也是由撞击引起的这一观点。除了处于最近地质时期的亚利桑那州著名的"巴林杰"陨击坑以外，这里标记名称的地球陨击坑都是最近在加拿大被发现的。用对数表示的刻度将大小不同但形态类似的陨击坑汇集在一起，它们的直径范围从几米一直到约 200 千米

寻常事件的进一步迹象：不仅是铱元素的锥形分布状况，还有巨型海啸的可能痕迹和广泛的森林火灾，而大规模的撞击事件恰好可以解释这些现象。最大的缺陷是没有发现预期中大规模撞击事件的明显发生地点。但 1991 年，科学家在墨西哥尤卡坦半岛发现了一个巨大的环形构造，它深埋在新生代沉积物之下，只能通过地球物理学方法探测到，被广泛认为是失踪的撞击地点。然而，即使是希克苏鲁伯陨击坑（这个埋在地下的陨击坑的名字来源于其上方的一个村庄）也没有完全打消怀疑者的疑虑。21 世纪初，许多地质学家得出结论说来自外太空的入侵者可能只是"压垮骆驼的最后一根稻草"，当时的地球已经在其他因素作用下发生了环境危机。

越来越多的人接受外太空天体的撞击至少是 K/T 边界发生的大规模灭绝事件的一个主要因素，即使不是唯一的因素。对二叠纪/三叠纪边界发生的更大规模的灭绝事件和地球历史上其他可疑的大灭绝事件，一些地质学家也试图应用类似的解释。劳普和塞普科斯对整个显生宙化石记录进行的定量分析有助于确定这些撞击地点。他们在 1984 年进一步提出，类似的撞击事件可能会周期性发生，一个周期大约为 2600 万年。他们假想附近有一颗恒星，并以希腊复仇女神之名将其命名为涅墨西斯，它是太阳的伴星，与太阳构成双星系统。他们认为，涅墨西斯可能会周期性地扰乱太阳系最外缘的彗星轨道，从而大大提升彗星脱离轨道、撞击地球的可能性。尽管这种复仇理论没有获得广泛的支持，但它确实说明，到 20 世纪后期，地质学家已经彻底地将宇宙维度引入他们对地球的研究中。休梅克认为，地球与太阳系其他部分持续发生相互作用。他的这一观点在 1994 年以非常壮观的场景展示在世人面前。当时，彗星"休梅克-莱维 9"（"Shoemaker-Levy 9"，以休梅克夫妇以及另一位同事的姓氏命名）撞上了木星并产生了巨大的撞击效果（由于木星不是岩态行星，而是"气态巨行星"，因此没有留下永久的撞击痕迹），全世界天文学家都在密切关注这一之前就已预测到的撞击事件。比通古斯大爆炸规模大得多的灾难性宇宙撞击被认为是真正的"现实原因"，或者说是莱伊尔所定义的可观察的"现在正在发挥作用的原因"。

在太空计划的影响下，地质学家在研究地球时采取了全面的宇宙视角，并因此获得到了回报。利用地球深史作为模型，天文学家越来越多地根据"行星历史"来解释太阳系中的其他天体。无论天文学家以前如何从理论上看待行星（比如火星或金星），在实践中他们一般都将这些行星及其卫星作为具有已知精确轨道和其他物理属性的物体。但实际上，除了推断其与太阳系遥远起源的关系以外，天文学家对它们的历史一无所知。在人类登上月球之前，人们就开始运用"天体地质学"研究月球历史，在登陆月球之后，更是对其历史进行了彻底分析。在这之后，科学家对一些行星实施了无人探测计划，并获得了新的信息。用研究月球的方法分析这些行星的新信息是顺其自然的，至少在观念上如此。例如，布雷茨描述过的位于华盛顿州的水道贫瘠地并非孤例，在火星上也发现了与其相似的地貌，但是规模要大很多。这证明在深远的过去，火星表面水量丰沛，尽管它早已变为干燥的沙漠。相反地，在金星厚厚的云层下方是明显的冥古宙环境，这可以解释为它的历史与地球或火星完全不同，但它遥远的历史起点或许与地球和火星的历史起点是相同的。在木星多个月球大小的卫星中，木卫二被完全覆盖在厚厚的冰盖下，相当于一个小型的"雪球地球"，而木卫一则布满活火山。这些发现出人意料地增加了太阳系中天体的多样性，而各不相同的历史造就了它们现在的样子。

根据这种新颖的宇宙视角，在20世纪后期和21世纪初，科学

图 11.9 从太空中看到的作为行星的地球,著名的"蓝色弹珠"照片。1972 年,阿波罗 17 号太空船宇航员在飞往月球途中拍下了这张照片。它显示了被南大西洋和印度洋包围的整个非洲,上方是阿拉伯半岛,下方是南极洲,还有云层和旋涡状风暴系统。这张图片和其他类似图像对公众产生了深远的影响。他们借此加深了对地球的理解,将其视为飘浮在空中的"太空球"。然而,对于科学家来说,它也更具体地提供了一个生动的印象,即地球是一个复杂但统一的系统,包括固体、液体和气体(即岩石圈、水圈和大气层)。目前是这样,在其非常漫长的历史进程中以及可能的未来也将依然如此。它激发人们将地球与其他行星及它们的卫星做比较,尤其是将地球历史同它们同样漫长但彼此迥异的"行星历史"相比较

家重新构思了地球自身的历史:它被视为广泛具有不同特性的众多行星的历史中的一个特例。与其他行星的历史相比,地球具有特定的变化路径,当然,其他行星也都各具特性,并充满偶发事件。将注意力集中在塑造地球特殊历史的具体环境中,例如,离太阳既不

太近又不太远,反过来影响了天文学家寻找环绕其他恒星运行的"太阳系外行星"(这类行星最早发现于1992年)的间接证据,也影响了他们估计有多少行星可能是岩态的,甚至是与地球相似的。天文学家还融合了生物学家的猜想,即可能导致或限制在其他星球上产生生命的未来环境是怎样的。在目前的环境下,高度复杂形态的智能生物的进化(可能为早期的"多重世界理论"提供了事实依据)变得比以往更加受限制和更加不可能。尽管如此,环绕太阳运行的岩态行星之一——地球仍然成为众多生命的家园,而且最终还进化出一种智能生物,他们能够基本可信和可靠地发现和重建自己家园的过去历史,这是所有这些复杂的偶发事件中最非凡卓越的。

第十二章
结　论

地球深史：一场回顾展

到 21 世纪初，科学家对作为特殊行星的地球历史做了细节令人赞叹的重建，并且发现在整个地球历史进程中重大事件频发。专家对地球深史的主要轮廓已经没有争议。虽然在找出所有重大事件发生的根本原因方面还有争议，但他们至少在建立独特时期和重要事件的正确序列方面已经达成一致。地质学家认识到，地质时期和其他时段的命名只是出于惯例，重点考虑方便实际使用，任何关于它们定义的争议都可以通过讨论和协商来解决。人们一致同意，时间跨度的不同层次体系——宙、代、世、纪、时代和更短的时间单位，对于描述和解释地球历史及其细节特征非常有益。尽管这些单位没有精确到具体的年份，但是，对于描述漫长而大事频发的地球历史而言，它们是非常有价值的。

显生宙具有相当完整和连续的化石记录，它在 20 世纪被认为是地球历史上最晚近的部分。在它之前至少有三个漫长的宙（元古宙、太古宙和冥古宙），这三个时期的化石记录非常稀少乃至根本没有。在显生宙中，菲利普斯在 19 世纪命名了生命史中的三个重

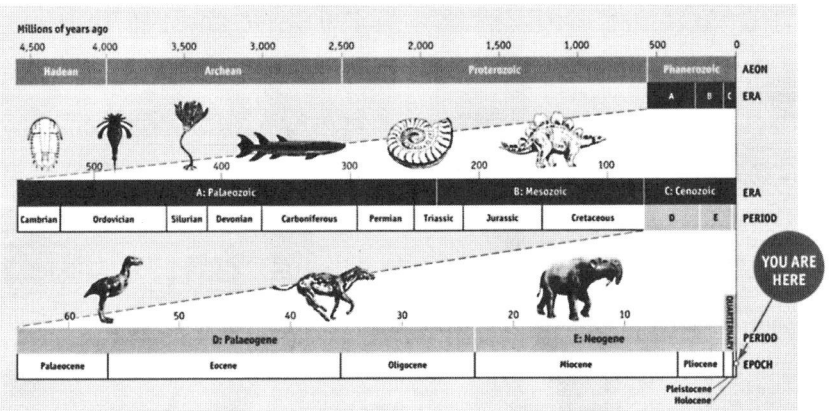

(图中词语:AEON,宙;ERA,代;PERIOD,纪;EPOCH,世;Millions of years ago,百万年以前;Hadean,冥古宙;Archean,太古宙;Proterozoic,元古宙;Phanerozoic,显生宙;Palaeozoic,古生代;Mesozoic,中生代;Cenozoic,新生代;Cambrian,寒武纪;Ordovician,奥陶纪;Silurian,志留纪;Devonian,泥盆纪;Carboniferous,石炭纪;Permian,二叠纪;Triassic,三叠纪;Jurassic,侏罗纪;Cretaceous,白垩纪;Palaeogene,古近纪;Palaeocene,古新世;Eocene,始新世;Oligocene,渐新世;Miocene,中新世;Pliocene,上新世;Pleistocene,更新世;Holocene,全新世;YOU ARE HERE,你在这里;QUARTERNARY,第四纪)

图12.1 以百万年为单位的三个地质年表,展示了地球深史的不同地质时期。该图摘自《经济学人》杂志。该杂志在 2011 年刊登的文章中配发的这张图,向世界范围内的读者总结了地球历史中的重大事件,这些事件是由科学家在 21 世纪初重建的。由于放射性测年法在一个世纪中逐步改进,科学家可以为地球历史匹配尺度惊人的时段,而且可靠性和精确度不断提高。对于开始于寒武纪(中间和下层的地质年表)的显生宙,该图还描绘了一些独特的动物——从三叶虫到类似大象的哺乳动物。它还标记了(在最上层的地质年表上)地球更早期的前寒武纪历史中的一些可能的里程碑。例如,发生在冥古宙的宇宙"重轰炸期";太古宙的第一种微观生命形态;元古宙早期,带有氧气的大气层开始形成;以及显生宙开始时,体形相对较大的生物集中出现的"寒武纪生命大爆发"。但该图主要是为了解释当时出现的新建议,即新生代(最下层的地质年表)下所包含的"世"应该增加一个"人类世"。"人类世"由于跨越时间较短,在这个表中所占据的篇幅太小,以致无法描述,只能在图表边框以外用"你在这里"的标记加以指示。"人类世"表示自工业革命开始以来至今的时期。在这段时间内,人类活动可以说影响深远,所造成的后果不亚于更新世大冰期的巨大气候变化带来的影响

要的代——新生代、中生代和古生代。20世纪后期,人们认为这三个代被两个最大规模的灭绝事件所分隔。在菲利普斯命名的每一个代中,作为19世纪地层学令人印象深刻的成果的各个时段(如默奇森命名的志留纪)的定义都得到了大家的一致认可,这使它们对于追踪地球及寄居其上的生命的历史、地球环境的变迁、大陆移动、偶发的危机和灾难等都极有价值。由"世"(例如,更新世和始新世)所代表的更加细分的时段和历史,同样证明了它们可以更加细致地重建地球历史的价值。

这种对地球历史的分割仍然可以进一步精细化。在21世纪初,一些地球科学家建议,可以对莱伊尔提出的"世"进行扩充,将我们目前所处的新时段独立出来。他们将这个新时段命名为"人类世"(意为最近的人类历史时期)。人们认识到,自工业革命开始以来,虽然从地质意义上看只是微不足道的时间跨度,但是人类已经对地球产生了深远而显著的影响。例如,现代世界的一次性塑料制品的碎片,即使在最偏远的海岸线上也显得如此突兀,未来的地层学家在辨认从工业革命到现在的数百年间形成的沉积物或地层时,这些塑料碎片肯定会成为经典的"标准化石":它们新奇又独特,突然出现,并在世界各地广泛分布。更严重的是,人类数量急剧增加和他们日益破坏环境造成的影响似乎正在引发大型的灭绝事件,与此前从化石记录中检测到的五次大灭绝规模相当。也就是说,人类活动将会引发地球显生宙历史上第六次大规模物种灭绝事件。由于人类大量使用此前埋藏在地下数千万年乃至数亿年的化石燃料,大量二氧化碳被排放进入地球大气层中,从地质学角度看,这是在短时间内突然出现的大量排放。人们广泛认为这种排放同样具有突发、深刻和持久的效果,在不久的将来这一效果会很突出。虽然有充分的理由认为地球作为一颗行星的前景与其深远的过去一样漫长而大事频发，但从长远来看它是否依然适宜智人居住，并不是那么确定。一些最有资格判断这个问题的科学家甚至认为，除非人类在不久的将来修正自己的生活方式，否则21世纪可能是人类的最后一个世纪。

从20世纪初开始，通过对针对深时的定量尺度进行校准，所有定性的地球深史都得到了充实。21世纪初，经过一百多年的技术改进，随着精度、可靠性和稳定性的不断增强，对矿物和岩石进行放射性测年成为常规程序。不仅仅是地球的总体年龄，在整个历史中对组成重大事件的复杂序列进行的年代测定已经没有争议了（除了一些相对细节的问题）。这种地质年代学并不完全依赖于物理学家的如下假设：放射性同位素的衰变速率如同物质的其他基本特性一样，并不随着时间的推移而改变。其他独立的测年方法，例如对沉积物（纹泥）和冰心的年层分析，已经确认估算出的数量级是正确的，至少在最近的历史中是这样。这些测年法毫无疑问地证明，在非常漫长的更新世冰期结束后，时间已经流逝了数千年，这一冰期无可争议地处于地球历史的末端。因此，关于地球的年龄，放射性测年法估算的数十亿年的数值更加符合现实。毋庸置疑，地球确实非常古老，其古老程度几乎不可想象（宇宙更是如此，正如宇宙学家依据大多独立的理由所得出的结论）。

地球历史中最引人注目的是生命的历史，这不仅仅是因为我们自身也是地球的产物之一。生命具有真实而丰富的发展史，而不是一直保持着基本相同的形态——这种观点并非天然为人们所接受。直到19世纪早期，居维叶和其他人证明了灭绝现象的真实性，展示了早期存在的生命与当今世界的生命明显不同，这一观点才开始站稳脚跟。他的继承者在19世纪稍后的时期以发掘出的越来越多的优质化石的记录为依据，确认了生命的历史不仅是线性的和定向的，而且在某种意义上也是"进化的"。生物学家认为"高等"的或更加复杂的生命形态（如哺乳动物）通常在化石记录中出现得较晚，而那些更简单或"低等"的生命形态（例如鱼类）则出现得较早。莱伊尔竭力否认这一点，声称这些记录反过来证明了均变论或类似赫顿对世界的"稳态"解释，但他的这种解释已经没有任何合理性。化石记录中并没有真正的人类化石，直到19世纪中期，专家才发现它们，但仅存于地球历史的最晚近时期（第四纪）。这表明人类是在地球历史的最后一刻（相对来说）才出现的。

在化石记录的另一端，人们于19世纪后期发现，寒武纪岩石中含有的生物遗骸几乎与后来的生物一样多样和复杂，但位于其下层的前寒武纪岩石中却没有任何明显的化石，这种情形令生命历史的开端变得令人费解。然而，在20世纪早期，放射性测年法的发展从根本上改变了地质学家和古生物学家在这一点上的看法，不是通过扩展地球的总体年龄，而是通过将前寒武纪扩展到占地球总体历史的绝大部分。不过，前寒武纪的化石记录仍然稀少且存有疑问，直到20世纪后期，新发现令人们认识到整个前寒武纪时期的生命体形都极为微小，结构相对简单；只是在寒武纪时期开始时的"寒武纪生命大爆发"阶段，体形更大、结构更复杂的生命（后生动物）才开始激增。同样出人意料的是，人们发现，生命——至少是体形微小、结构相对简单的生命形态——在地球的整个历史中很早（在太古宙）就出现了。而且，有证据表明，这些生命后来可能向地球的大气层中释放出氧气，最终为发展出更复杂的生命形态奠定了基础，这些复杂的生命形态当然也包括我们人类。

过去的重大事件和引起它们的原因

在所有这些根据化石记录重建的极为复杂的生命史背后，存在着一个因果性问题，即这些生命的变化是如何发生的。许多早期的博物学家推测，后来的生命形态一定起源于早期的生命形态，或者可能通过某种自然进程而直接起源于非生命物质，但这些进程到底是什么则极为模糊。（神的直接干预导致了新物种的出现，这一点在这些博物学家中并没有得到认同，不论他们是否信仰宗教，这些人后来自称科学家。）达尔文声称他自己版本的进化论（进化速度缓慢得无法察觉，而且主要由自然选择驱动）是唯一真正科学的理论，他整理了大量支持自己观点的证据，因此人们在提到进化论时，有时会将其等同于"达尔文"版的进化论。但事实上，在有关进化问题讨论的每个阶段都存在种类广泛的其他类型的进化理论。例如，从19世纪的"拉马克主义"到20世纪晚期的"间断平衡论"（意为物种偶尔会出现相对迅速的转变），所有这些理论在特性上都和达尔文的理论一样符合理性，在解释证据方面被认为一样有效，甚至更好。围绕可能引起进化的自然进程，学者之间的生物学争论有时十分激烈，然而，地质学家和古生物学家却很少参与其中。另一方面，地质学家和古生物学家们确实坚持认为，只有以化石证据——无论化石记录多么不完美——为依据，才可能对进化过程进行重建，而这些进化在历史现实中是具有一些合理的基础的。即使在20世纪后期，一些传统的进化证据（例如解剖学和生理学证据）被遗传学和DNA序列的证据所证实，但这些证据仍然几乎完全基于生命目前的状况，而不是它们在深远过去时可能的样子。无论如何，最早的化石证据都是非常简单的生命形态（原核生物），就像现代的细菌,但是,这些生命在微观层面上已经惊人地复杂,生物学家也由此对更早期生命的起源展开了热烈讨论,而古生物学家却因为缺乏化石证据,很少参与这种讨论。

进化的历史证据(有时被误称为"进化事实")与其因果性解释("进化理论")之间的区别,在发现地球深史的过程中反复出现。确定深远过去的任何重大事件的历史真实性——不仅是那些涉及现在依然存活生物的事件——与为其找到适当的因果性解释是不同的两件事。过去发生的重大事件的历史真实性在人们充分理解其原因之前就已经很好地得以确立,这在地质学研究过程中是很常见的。那些认为这些事件确实发生过的人一直坚持他们的观点,即这些事件缺乏令人信服的解释并不是否认它们的历史真实性的理由。这一叙述所涵盖的来自最近历史的例子是更新世冰期的一些谜团,包括阿尔卑斯山和其他山脉的巨大推覆体和倒转褶皱,最重要的是,全球范围内所有大陆的运动情况。

在所有这些情况下,确认历史真实性和发现因果性解释之间之所以会产生区别,是因为诸如历史之类的科学(sciences,这里使用的是"sciences"的原始意思,这一意思仍然保留在德语单词Wissenschaften[科学]中)和诸如物理学(只是众多自然科学分支之一)之类的科学之间存在差异。认识到自然科学和人文科学都具有多样性,就能将它们从错误假设——由单数形式的"科学"(Science)这一"英语异端"所巩固——所强加的束缚中完全解放出来,而这种错误假设就是它们应该共享唯一的"科学方法"。发现地球深史的过程表明了在自然世界研究中引进历史维度所发挥的关键作用,这种历史维度此前已经在人类世界研究中很好地得以确立。人类历史研究中使用的方法和概念被转换,用于对地球及其大小不一的特征进行研究。山脉和火山、岩石和化石被认为是自然历史的产物，不能仅根据永恒的"自然规律"所支配的原因来理解它们。就像在人类历史中那样，过去的事件可以从现在保留的特征中推断出来，但这自始至终具有偶然性。它们无法被预测出，即使回过头来看（用专业术语来说是，"追溯"）也是如此。在过去一连串事件的任何一个节点上，总是可以相信或可以想象的是，如果当时发生了不同的事情，会造成一连串不同的后果，这并不违反恒定的"自然规律"。反事实的或以"如果"为前提的历史总是可能的，并且通常富有启发性。想象一下，如果6500万年前并没有发生据说导致最后一批恐龙灭绝的小行星撞击地球事件，历史将如何演进？类比一下，如果1914年奥匈帝国皇储斐迪南大公在访问萨拉热窝时躲过了刺客的子弹，第一次世界大战的导火索没被引燃，那么历史将会怎样改写？

　　纯粹的偶发性也渗透到了重建过程中，学者、博物学家、"科学绅士"或科学家——他们在不同历史时期相继出现的称呼——拼凑了地球深史中发生的事情。正如这个故事一再强调的那样，新证据的发现以及有说服力的新解释的表述方式，一次又一次地令相关人士感到意外和惊讶。这个故事最近部分的明显例子是偶然发现的伊迪卡拉山化石和引火燧石中的化石，这两者都极大地改变了人们对生命早期历史的科学理解。对深远过去的历史推理过程引发了重建，不过，这些重建总是必然地、或多或少地含有推测的成分，因为历史上的事件是无法观察到的。然而，科学家始终乐于根据新证据纠偏和做出改进。比以前保存更好或更完整的化石标本的发现，一次又一次地改善了重建，使得这些重建更可靠地反映了不可观察的深远过去。

第十二章　结　论

图 12.2 奥地利古生物学家弗朗茨·翁格尔（Franz Unger）在《原始世界》（*The Primitive World*，1851）一书中发表的一幅想象画面。这幅图重建了地球深史的一个场景。它显示了中生代（更确切地说是白垩纪早期）的一个场景，其中有两个禽龙（属于第一批被定义为恐龙的爬行动物化石）在争夺配偶，它们周边生长的都是古代植物（翁格尔本人是这方面的专家）。这是一系列大型平版印刷画中的一幅，这些画所展示的"原始世界"实际上并不是独一无二的，而是一个随着时间向前发展而不断变化的世界。翁格尔认为，这个场景中植被茂密，可能是由于大气层中的二氧化碳含量比现在更为丰富，暗示生物世界的发展可能与地球本身形成了某种相互融合的统一系统有关。这个场景包含了自17世纪以来发现地球深史过程中所需要的大部分内容：利用发掘出的所有证据重建历史，这些证据范围广泛，包括骨骼和牙齿化石的残片、植物的茎和叶化石的残片，以及包含它们的岩石。这种历史不可避免地具有推测性，当然，人们会根据后续发现的证据修正和改善这些历史。19世纪后期发现的更加完整的禽龙化石遗骸表明，它们的口鼻部长的角虽然看起来像犀牛角，但实际上是爪子，而且禽龙在形态上与翁格尔及其同时代人想象中的样子完全不同

有关深史的知识可靠吗？

　　这一发现地球自身历史的简史已经进入 21 世纪初。但过去式（历史学家在自己的作品中使用过去式是非常恰当的，尽管他们中的许多人目前似乎认为使用现在时态更加具有吸引力）一直被保留到这个叙事的末尾，以表明这个故事还没有到做结论的时候。叙事走向末尾时的许多总结性解释都在很大程度上涉及"正在进行的工作"——相关科学家将如何、在何时以及是否就这些问题达成共识，以及共识将会是什么，还有待观察。没有理由将目前关于地球历史的知识视为有史以来的最终真理，尽管处于任何时代的科学家都有理由以同样的方式看待他们自己的想法。科学家们常常使用"但我们现在知道了……"来否定或嘲笑他们前辈的结论，但是，一年、十年或一个世纪之后，他们的后辈也可能用这句话来嘲笑他们，他们也一定会为此而尴尬。

　　然而，未来的任何新发现或新思想将不可能从根本上破坏或摧毁在过去几百年里逐渐重建起来的地球深史的主要特征，尽管这些新发现或新观点可能会在很大程度上澄清或修改这些特征。本书广泛的历史叙事为上述看法提供了良好的根据。近几十年来，将科学知识的历史描述为一系列激进的革命和不可通约的"范式"（当今知识分子话语中最过度使用的术语之一）在知识分子群体中很流行，因此，在某一个时期被认为是正确的知识很可能会在稍后的时期被完全推翻或取代。不论在其他学科的案例中这种模式有多么恰当，在发现地球深史时出现了一种清楚明白的重建和解释趋势，这种趋势能够以越来越令人满意的方式解释现有的证据，因为，随着时代的前进各方面出现了全面进步。当历史学家展开细致的研究时发现，即使观点转变乍看上去是突然的，具有戏剧性和"革命性"（例如20世纪对板块构造的接受，或者19世纪对灾变论的拒绝，或者18世纪认识到时间尺度非常巨大），但是，实际上更大量的知识和观念上的连续性为这种转变奠定了坚实基础，而且这种知识和观念上的连续性很强，尽管自认为是胜利者的专家不希望同时代的人相信这一点。正如科学史上经常发生的那样，这种争议激发了富有成效的新研究方向，这些研究方向通常能产生新的解释，这些解释吸收了来自"失败"一方的重要元素，而且吸收的数量并不少于来自那些声称"赢得胜利"的一方的元素。

在诸如地质学之类的学科的发展史中，奠定这种全面进步基础的是相关证据的不断累积。例如，一旦人们发现一个特定的化石标本并对其进行研究和描述，后人就可以参考这个标本，并将其纳入新的解释框架（当然前提是它不会丢失或毁坏）。17世纪，希拉收集并描述了一种特殊的鲨鱼牙齿化石，18世纪，这些化石被纳入伍德沃德的收藏（并用来解释他的洪积论），到了19世纪和20世纪，古生物学家使用进化论的术语重新描述和解释了这些化石，所有这些新的研究都是在类似的标本储备不断丰富的背景下进行的。同样地，在以前未经勘探的地区或以前未经调查的地点进行的野外调查一次又一次地丰富了现有证据，人们可以借此推翻或确认各种或旧或新的解释。例如人们在伊迪卡拉山意外发现的奇怪化石，其意义并不局限于澳大利亚这个发现地，而是昭示了世界范围内地球历史中某个特定遥远时期的特征。调查技术的改进推动了另一个几乎不可逆转的变化，这一变化被称为进展当之无愧。例如，早期的技术进步使得人们能够研究坚硬岩石的轻薄切片的微观特征，如果没有此前的技术基础，学者就不可能从引火燧石中获得早期生命历史的关键性证据。最重要的是，对地球历史上每一个时期进行的日益精确和稳定可靠的年代测定，依赖于不断改进的分析微量放射性同位素的技术，特别是质谱仪的潜力，尽管这种仪器的设计初衷完全不同。

在 19 世纪末出现的地质年代学（geochronology）这一新学科的名字来源于 17 世纪的年代学（chronology，人们现在无论提到古代历史和古代文化中的事件还是文物，依然使用公元前这一纪年方式，而这就是年代学依然具有生命力的成果），两者都属于历史课题的范畴。在 17 世纪，斯坦诺和胡克等博物学家借鉴了斯卡利杰尔和厄谢尔这样的年代学家的成果，他们根据地球的年代表解释了岩石和化石的自然特征。他们认为，地球年代学在原则上与人类历史的年代学并无二致。因此，尽管研究对象在时间尺度上存在巨大差异，但是在 17 世纪博学的年代学家和 21 世纪初的地质年代学家的工作之间存在着知识和观念上未曾间断的连续性。这不是一种简单的连续性，这种刻意将概念和方法从文化转移到自然中（突出体现为普遍使用"自然的硬币和纪念碑""自然的文件和档案"这种隐喻）的方式对于推理习惯的发展至关重要。正是由于这种习惯的养成，学者才可以将岩石和化石、山脉和火山转化为探寻地球深史的可理解的线索。那些最有效地运用这些隐喻的人（如 17 世纪的胡克和 18 世纪的绍拉维）都有意使用从他们那个时代的历史学家那里借鉴来的方法和见解。因此，这些历史学家（其中年代学家只是那些专注于精确编写历史"年表"的人）对后来被称为地质学家的人重建地球自身历史至关重要。

重新评估地质学和《创世记》

早期的编年史学家在现代受到了不公正的指责，主要是因为他们运用《圣经》，特别是将《创世记》作为所创建年表的起点。但是，将他们的做法谴责为"宗教"扭曲或阻碍"科学"进步的案例，是对编年史学家所做工作的误解。他们试图从所有可利用的历史资料中尽可能准确地勾画出世界的全部历史。实际上，他们使用的资料主要来自世俗世界。考虑到他们的文化背景，他们中的大多数人是用神的自我揭示（"神启"）来解释浩瀚的人类历史，并且将人类历史比作一个故事，中间穿插着具有神圣意义的"时代"或决定性时刻，但这并没有影响到他们的年表作为历史科学的本质特征。这些年表的起点通常源自《创世记》中的第一个故事"神的创造"，不仅因为它提供了一个引人注目的开头——"起初"，更由于当时的人们认为《圣经》是记录早期所有重大事件的唯一历史资料。后来，随着年代学的发展，关于不那么遥远的历史，人们可以获得相关的世俗资料。编年史学家最初引用它们作为补充性证据，但后来它们成为确定重大事件日期的主要参考资料。

因此，我们从一个有说服力的例子中可以得出结论，早期编年史学家对人类历史的看法（可以追溯到《创世记》故事中，它很简单地说明了万物的起源）积极促成了后来将历史思维方式转移到对自然世界的研究中。为期"六天"的《创世记》叙事为人们后来讲述地球自身历史提供了模板。早在18世纪时这个模板就证明了自己的价值。当时的博物学家清楚地认识到，地球历史的时间尺度必须比编年史学家们所设想的要长得多。这"六天"被简单地扩展成无限长的期限（这是《圣经》学者当时认可的一种解释），同时保持着对地球及寄居其上的生命从起源到现在无重复的定向发展的意识，这种意识贯穿在一系列明白易懂的事件中，其中的高潮是人类的出现。这种模式使得19世纪的地质学家很容易将他们的学科与宗教活动完美地融合在一起。在这个问题上，地质学和《圣经》文本的解释之间没有根本性冲突，至少对当时那些同时了解这两个领域的最新思潮的人来说是这样的。在更广泛的世界里，那些坚持字句主义解经法的人一直将《圣经》视为一整套意思明确的文本体系，而没有从历史视角来看待它，这些人被贬低到知识界和文化圈的边缘是有充分理由的。

地质学与《创世记》之间存在重大历史冲突的谎言具有误导性，因为真正的冲突点在别处。在19世纪，地质学家认为地球的历史无比漫长，这一新观点所产生的影响虽然引起宗教界的担忧，但是令宗教界更为担忧的是另一件事，即生物学家就现存生物多样性的起源问题提出了新观点。这些担忧又集中在对人类的地位和性质的关注上。这种潜在的担忧是可以理解的，并非完全不合时宜，因为当时对于人类起源的科学推断，即人类是通过某种完全的自然进化过程从早期的灵长类动物进化而来的，日益被提倡无神论议题的人所操纵。具体而言，达尔文包含自然选择思想的进化论首先提供了"嬗变"这一具有可信度的因果性解释，后来被其他人扩展并转化为包罗万象的达尔文主义（Darwinismus这个德语单词比英语更好地体现了这一理论的自命不凡）"世界观"。事实上，到了19世纪后期，达尔文主义或进化论表明它有可能成为一种无神论的准宗教了。到了20世纪，这一点变得越来越明显，因为它的支持者通常表现出强烈的攻击性和教条主义思维模式，这点与他们的宗教同行的行为并无二致。21世纪初的科学家一直对宗教原教旨主义者感到沮丧，因为他们在世界某些地方的政治影响力威胁着科学家所主张的一切。科学家应该承认他们的总体失败，他们未能在自己的队伍中打击那些自命不凡的科学原教旨主义者，这部分人兜售同样有害的理论——错误地将科学进化论扩展为一种无神论世界观。

本书所重点强调的并不是地球时间尺度的巨大扩张，尽管它非常惊人，而是拼合并重建地球出乎意料的、充满变故的历史。对于相关科学家来说，这本身就充满魅力，吸引他们投入大量时间和精力。对于公众来说，21世纪科学界所认可的严谨的"古老地球"与17世纪时所认为的传统的"年轻地球"最明显的区别不在于时间尺度的量级，而在于人类在历史上的地位。人类似乎已经从唱满整出戏（除了简短的前奏）被压缩到只在最后一幕才出现。

对于19世纪时所谓的"人类在自然中的位置"问题，人们的观点发生了根本的改变，需要另一本内容与本书相当不同的书才能充分探索这种改变带来的文化影响。我们有充分的证据指出，这种变化并非史无前例，也并非没有可以比拟的事物。在早期的几个世纪中，天文学家取得的引人注目的成果已经转变了人们对世界的认识，人们的认知历程可谓"从封闭世界到无限宇宙"（From the closed world to the infinite universe，这也是关于这一主题的经典书籍的名字）。这已经使得"人类在自然中的位置"问题在空间维度上发生了根本性改变。同样地，本书所总结的这些发现使得这一问题在时间维度上也发生了根本性改变。粗略地考虑，这两种转换令人类更加渺小：承载着人类乘客的地球仅仅是不可思议的浩瀚空间中围绕着一颗恒星运转的行星，而在地球上生存的人类只是在无比漫长的时间长河的最后一刻才出现。然而，这些引人注目的变化在这两个维度上都没有影响到围绕以下两个方面长期存在的问题：首先是人类存在的意义，其次是建设以公正和怜悯为基础、人类可以充实地生活在其中的社会。在太空探索时代，这些问题依然存在。无论是否认为"我们是宇宙中仅有的人类"，从当年人们认为最早的人类是被安放在仅仅几千年前才被创造出来的独特世界起，这些问题就没有变过。对于在宗教背景下继续解决这些深刻问题的许多人来说，地球历史的大规模扩展严格说来并不是什么大不了的事，无论他们认为这多么令人印象深刻，多么具有科学魅力。那些选择生活在发达的有神论传统中的人（比如犹太教徒或基督教徒［包括我自己］）可以而且应该坦然面对恐龙灭绝和大规模物种灭绝事件，就像他们坦然面对系外行星和黑洞一样。

地球深史的发现在历史上被"宗教"所阻碍，这种观点不堪一击。当然，在任何历史时期和任何文化中，都有可能找到大量的傻瓜和偏执者。但也有很多人既不愚蠢也不顽固，他们既来自那些自称为宗教信徒的人，也来自那些在他们的时代有充分理由批评宗教习俗的人。当然，对于将生活目的和意义寄托于宗教的信徒来说，有些人希望将新的科学知识与他们的世界观相结合，在每个历史时期都有这样的人，而且他们的工作通常提供了有助于扩展科学知识而不是限制它的知识模板。在这个故事所涵盖的每个世纪中都有一些对科学进步做出重要贡献的人同时也是宗教信仰者。

然而，最关键的是，有关地球深史的新科学观点似乎远未推翻传统观点，现代世界中的当权者完全没有理解传统观点造成的实际后果。例如，他们目前正在争论过去十年或二十年间的气候变化的方向，却没有意识到从更深远的过去和可能的未来这一更宏大的视角来看这种短期趋势并不重要。与此同时，他们似乎也并未意识到严重的大规模物种灭绝所带来的严重影响——这是过去 5 亿年中发生的第六次大灭绝，与此前发生的五次规模相当。发生在我们周围的这次大灭绝正是当前的政策和做法引起的，毫无疑问这是"人为的"。最重要的是，他们似乎忽略了近几十年来疯狂开采对自然资源造成的破坏，这些资源历经数百万年甚至数十亿年才生成，完全不可再生。这种无知态度和无视未来人类世代需求的行为肯定是不可宽恕的。

不过，我要用一个乐观的观点来结束本书：在过去的三四个世纪中，那些自称博物学家或科学家（我重申一下，其中许多人是虔诚的宗教人士）的人，通过富有创造力的、严谨认真的工作，运用更强有力和更可靠的证据重建了地球深史，改变了我们对人类在自然界中地位的看法。这肯定是有史以来最令人印象深刻的科学成就之一。我希望本书对其历史的简要介绍将有助于使其得到更广泛的理解和欣赏。当然，这项成就理应得到人们的理解和欣赏。

后记：创世论者无力对抗科学

这本书追溯了逐步发现地球深史的历程，它并没有冒昧地对当前的科学知识提供总结。但是，当前科学圈子中有一个奇怪之处，我们需要对此做出历史评论。它是如此奇怪，到目前为止，它一直处于主流科学思想和实践的圈子之外，所以在此描述它是恰当的。这是近几十年来在美国（在世界其他地方也被模仿）出现的被称为"创世论"的运动，它几乎全面拒绝了科学界对地球历史做出的解释，而且这些解释是现在被称为科学家的人在过去三四百年中经过不懈努力才得出的。创世论的最突出之处是激烈反对进化论，尤其反对进化论对于理解人类所带来的所谓影响。它对"年轻地球"这一观念的重塑也很突出，尽管地球科学界早在18世纪时就有充分理由抛弃这一观点。

本书的前几章描述了早期对地球及寄居其上的生命的历史的认识，展示了17世纪的年代学家如何将《圣经》作为构建世界历史时间线的资料之一。从古罗马和古希腊向前追溯更早的历史时期时，他们相信《圣经》文本是唯一可用的历史记录，《创世记》中上帝造物的故事被认为是有关历史开端的唯一记载。《圣经》的其余部分也在某种意义上被认为是对"神启"的记录，但它被认为是由人类书写或记录的各种文本的集合。例如，《创世记》据说是由摩西记录的。在教父时期，也就是公元后最初几个世纪，人们就对特定的《圣经》文本的各种可能的解释进行了很好的探索，"字面意思"只是其中之一，而且还不是最受重视的。此外，"调和"原则承认《圣经》中使用的语言，包括神启，必然已经适应了最初受众的理解能力，否则人们不会理解《圣经》的意义和信息。在后来的几个世纪里，随着《圣经》研究的不断深入，以及对不同的早期文化的"差异性"日益增长的历史意识，学者和神学家认识到创世故事中的"一天"可能并非现代意义上的"一天"，世界各地普遍出现的关于大洪水的记录可能反映了故事最初的受众亲身经历的事件以及他们所了解的世界。最重要的是，人们承认并确实强调《圣经》的主要目的是记录和解释构成诸如道成肉身和救赎等基督教核心理念的历史事件，并指出它们对日常生活的实际意义，而非在任何科学意义上指导人类。据说，伽利略曾打趣说，《圣经》只是告诉我们如何走向天堂，而没有告诉我们天堂是什么样的。

虽然学术界的"《圣经》解释学"具有悠久的历史传统，但在19世纪末20世纪初"字句主义解经法"突然出现复兴（在美国新教中尤为突出），仍然令世界其他地区的基督教信众感到惊讶。（与它同时发生并同样奇怪的是，在天主教世界中狂热崇拜现象的复兴，这种现象建立在信徒在法国卢尔德看到圣母现身之类的神迹基础上，这也与新的科技时代相矛盾。）正如一些美国宗教人士所提出的，《圣经》字句无误说"是一种令人吃惊的创新。无论如何，这种新型的"字句主义解经法"是可以理解的，在某种程度上是针对美国宗教生活中出现的极端自由运动（这种运动已经放弃了任何超然性的元素，其倡导者甚至将基督教降格为仅仅是一种"社会福音")做出的合理反应。20世纪早期出版了名为《基本要道》(*The Fundamentals*，1910—1915)的系列小册子，目的就是通过重申基本的基督教教义来抵制这种趋势。它的主要目标是极端自由主义神学思潮和支持它的各种简化的《圣经》批判学，而非真正的科学思想。这个丛书所代表的神学观点被命名为"基要主义"。但是，"一战"后，美国政治家威廉·詹宁斯·布赖恩（William Jennings Bryan）领导了一场运动，矛头直指持无神论观点的进化论。这场运动认为，正是有人将进化论扩展到人类才导致了极端残酷的战争以及战后新出现的所有社会弊端。

这就是1925年田纳西州一场引人注目的审判的背景。布赖恩——与其说他是"《圣经》字句无误论者"，不如说他是个道德说教者——成功地领导了这起诉讼。他指控约翰·斯科普斯（John Scopes）在他的生物学课堂上讲授人类进化违反了田纳西州的法律。虽然斯科普斯的辩护律师克拉伦斯·达罗（Clarence Darrow）被普遍认为赢得了道义上的胜利，但布赖恩的立场在接下来几十年中鼓舞了美国新教中日益强劲的原教旨主义运动（布赖恩在这场著名审判之后没多久就去世了）。美国社会生活和政治生活中各种特定因素的组合是造成这种趋势的原因，在世界其他地方并没有类似的因素。例如，南方对北方的反感，新教徒与信奉天主教的移民之间的长期对立，保守的农村社会与复杂的城市文化之间的对立，受教育程度较低的民众与学术精英之间的对立，等等。最重要的是，具有美国特色的、受宪法保护的政教分离原则对于公共教育系统能够或应该教授什么知识至关重要。

进化论成为基督教原教旨主义者打击的主要目标。进化论更多地被理解为达尔文主义，因为它经常被简化地应用于人类起源问题和人类本质为何的问题（无论从哪个方面看，我们都只不过是裸猿）。想要打击进化论，基督教原教旨主义者就必须削弱相关的科学案例，而对这些案例来说，以下两方面至关重要：一则是地球历史极其漫长，一则是被视为进化证据的化石记录。在20世纪初，复临派作家乔治·麦克里迪·普赖斯（George McCready Price）在他所信奉的教派的美国创始人的思想中找到了灵感。他认为地质学的基本原理存在致命缺陷，尽管他在地质学领域几乎没有实践经验。他声称，科学界对于地球历史的全部观点应该根据上帝创世重新改写。上帝几千年前花了六天进行创世，随后是一场非常短暂的全球性大洪水，而地球上的全部岩层都是在大洪水期间一次性沉积而成的。他的理论与两个世纪前伍德沃德的洪积论存在惊人的相似性。普赖斯在多本著作中详细阐述了这种观点，其中《新地质学》（*The New Geology*，1923）对美国的新教信众产生的影响最大。著名地质学家查尔斯·舒克特对普赖斯的论调不屑一顾，说他"心怀地质学梦魇"。舒克特的看法代表了科学界的观点。普赖斯没有因为科学家的否定而灰心，他和朋友们继续宣扬"年轻地球"这一理念。依照他们的观点，任何一种进化都会因为时间不足而不可能发生。20世纪40年代，他们在加利福尼亚州组建了一个大洪水地质学会，但是受到美国基督教科学联盟（这是1941年成立的一个机构，由信奉基督教、在神学理论上持保守态度的科学家组成，这些科学家批评他们完全忽视了能够证明"古老地球"的强有力的地质学证据）的批评。"年轻地球"创世论看起来前景不妙，并且主要支持者仍然局限在复临派信众中，直到《圣经》教师约翰·惠特科姆（John Whitcomb）和工程师亨利·莫里斯（Henry Morris）出版了《创世记洪水》（*The Genesis Flood*，1961）。这两人都具有基督教原教旨主义背景，他们的地质学知识并不比普赖斯更多。然而，这本书取得了意想不到的成功，并对美国新教信众产生了更广泛的影响。在它的影响下，1963年成立了创世研究会。会员仅限于具备科学素养者，但并不要求必须具备与争议问题相关的科学素养。该学会非常教条地遵守"《圣经》无误"原则。然而，在20世纪70年代，创世论运动内部围绕使用何种战术产生了分歧。一些创世论者继续专注于寻找上帝创世距今并不久远和曾经发生过世界性大洪水的证据。为了对抗地层学和古生物学，他们将中生代恐龙足迹识别为早期人类的足迹。他们还将科罗拉多大峡谷的形成过程做出如下解释：首先是巨大的岩层超快速地沉积，紧接着，幽深的峡谷被通过它们的水超快速地侵蚀。此外，他们还在土耳其亚拉腊山的山坡上努力寻找挪亚方舟的遗迹。其他人的战术则发生了重大转变，他们发起了一项运动，要求美国公共教育系统讲授创世论，而且课程时长要和讲授进化论的课程时长一样。他们的理由是进化论的替代理论在科学上是平等的，同样有必要让学生学习。尽管第一组创世论者仍然认为所有地质学和古生物学证据都可以根据《创世记》的狭义字面意思重新解释，但第二组创世论者已经完全淡化了《创世记》，并试图将其重塑为严格意义上的科学。发人深省的是，莫里斯撰写的学校教科书《科学创世论》(*Scientific Creationism*, 1974)出了两个版本：一个版本面向公立学校，完全没有提及《圣经》；另一个版本则面向基督教（严格说是基督教原教旨主义）学校，在前一个版本的基础上增加了一章——"《圣经》记载的上帝造物"。"科学创世论"后来被重塑为"创世科学"，对其批评者来说，"创世"和科学明显是矛盾的。

到了21世纪初，创世论因一系列高度公开的法庭案件为大众所关注。这些案件在美国成为头条新闻，但在世界其他国家鲜为人知。媒体多次报道了创世论者要求美国公立学校给予他们的理论同等的授课时长。20世纪90年代，创世论者进一步转变战术，提出了一系列新的创世论主张。生物化学家迈克尔·贝赫（Michael Behe）在《达尔文的黑匣子》（*Darwin's Black Box*，1996）一书中提出了"智能设计"的概念。这一披着科学外衣的概念只是对传统的"宇宙设计论"进行了简单的再加工。它扩展了由佩利在19世纪初提出的自然神学观点，它的论证从所有生物及其组成器官层面细化到活细胞内的微观结构和分子机制。但生物学家迅速指出，这些特征所具有的所谓"不可减少的复杂性"同样可以使用进化术语解释。例如，人类眼睛所具有的惊人的复杂适应性在19世纪和20世纪已经得到证明。尽管如此，智能设计在21世纪初为创世论提供了战术上的推动力。它精明地隐瞒了这场运动根植于"字句主义解经法"，强化了自己是一种正当的"科学"主张，至少在不懂科学的公众眼中是这样的。它淡化了对"年轻地球"地质学没有把握的依赖。地球仅仅是几千年前才被从无到有地创造出来的，而且此后被一场席卷整个世界的大洪水所蹂躏，在此之前，这种论点不得不依赖于假设当前世界与其早期历史完全不同，这涉及对一些最基本的物理学"自然规律"做重大改变。现在已经没有人这么轻率了，至少从17世纪的伍德沃德以来，已经不会如此了。伍德沃德当时提出暂时抛开牛顿发现的万有引力以解释他的全球性大洪水。这种解释是"年轻地球"创世论所需要的，但明显不合情理。

正如在这里反复强调的那样，各种各样的创世论是典型的美国特产。当听到美国同事介绍美国创世论者的最新活动时，世界其他国家和地区的科学家都感到非常惊讶，甚至难以置信。在20世纪后期，创世论才从美国走出国门，这通常是美国基督教原教旨主义者花费大量钱财办到的。相比之下，诸如英国等其他国家的本土创世论运动大多规模较小，影响有限，持续时间短暂，除非他们得到美国创世论者的支持。在21世纪初，创世论才开始在更大范围内扎根，甚至突破基督教原教旨主义运动，扩展到犹太教、伊斯兰教和其他宗教中类似的原教旨主义运动。所有这些运动都有着惊人的共同点，就是他们拒绝进化观念，对一系列所谓典型的"现代性邪恶"（如离婚、堕胎、同性恋甚至女权主义）抱有强烈敌意。在美国，创世论很明显与一种特定的政治意识形态紧密关联。

在更广泛的背景下，"年轻地球"思想依然顽固存在，与之最为相似的是，仍然有极少数人相信地球实际上是方的，而不是悬在太空中的球体。从哲学意义上讲，"年轻地球"的信奉者与"天圆地方"的信奉者并无二致，而且智能设计论的支持者也同样脱离了时代。虽然创世论发出各种噪声，但这只不过是一个怪异的次要事件。尽管创世论者坚决反对人类最可信的科学成就，可悲的是，他们完全不具备反对科学成就的能力。

致　谢

我的第一职业是科学家，第二职业是历史学家，这本书主要反映了我第二职业的整体面貌，此外，还涉及我的第一职业。尽管不可能记录下帮助过我的所有同事，但我仍要表示感谢。首先，剑桥大学的同事教我如何作为科学史专家思考问题；其次，与来自世界多个国家的同事进行的现场讨论以及研读他们发表的研究成果，对我的工作起到了宝贵的推动作用。我要感谢的第二个群体是我的学生，首先是我在剑桥大学教过的学生，还有后来我在阿姆斯特丹大学、普林斯顿大学和加州大学圣迭戈分校教过的学生，以及在乌得勒支大学短暂讲学期间教过的学生。我对本书中的叙述和分析做了多次修订，他们是第一读者。由于他们中只有极少人计划成为专业的科学史专家，所以将他们视为理解能力强的普通读者的样本是切合实际的。我希望他们能对这本书感兴趣。另一个此类样本是我的朋友，他们大多数不在学术界，他们慷慨地花时间阅读了本书的一个或多个章节的草稿，并向我反馈了他们对文风和图片的感觉，是否易于理解，以及否是富有趣味。由于他们中的一些人想保持匿名，所以我决定让所有帮助过我的朋友都做无名英雄，但我希望他们知道我是多么珍视他们的意见。正是在他们的鼓励下，我才完成了这本书，而且我并没有为了易于理解而降低学术水准。最后，非常感谢芝加哥大学出版社的编辑、设计师以及其他工作人员，正是在他们的努力下，我的书多年来才能在外观上对读者一直保有吸引力，而且版式设计易于翻阅。我要特别感谢卡伦·达琳（Karen Darling），她监督了本书——也是我写作的最后一本书——的出版，她严谨的专业精神和深刻的洞察力令我佩服，她一贯的礼貌和体贴令我如沐春风。

扩展阅读

我的目标读者主要是未必有时间深入探寻本书主题的那部分人，但是对于一些特定主题，有些读者可能会珍视进一步的阅读建议。我在下面列出的著作虽然都属于学术研究范畴，但是对于缺乏相关背景知识的读者来说，也是相对易于理解的。我选择的有些著作被认为是它们所在领域的经典，其他一些出版年代则相对较近。这些较新著作中的注释和参考文献提供了作为它们（包括本书）创作基础的现代研究的详细资料。这些延伸读物仅限于英文著作和被翻译成英文的外文著作，其中大部分是书籍，而不是通常较难理解的学术论文，尽管这个领域最重要的一些研究成果通常在论文中展示。一些书籍涵盖了地球科学史的大部分方面，我选取这些书籍的标准是与本书的科学主题相关，也就是地球自身历史的发现和重建这个主题。因为市面上有太多优秀著作都在描述地球历史方面最新的科学知识，因此，我严格限制了以最新研究为主题的书籍的选取，只选择了运用明确的历史研究方法的那些。参考文献中包含下面列出的所有书籍的更详尽信息，而且其中很多都有电子版。

涵盖所有时期的著作（17—21世纪初）

里歇（Richet）的《一部时间的自然史》（*A Natural History of Time*）和怀斯·杰克逊（Wyse Jackson）的《年代学家的追寻》（*The Chronologers' Quest*），

是讲述地球时间尺度理念发展史的可靠著作。戈斯特（Gorst）的《宙》（*Aeons*）则将这些理念与宇宙学的时间尺度联系起来。这三本书都涵盖了从古代到 20 世纪的全部人类历史。刘易斯（Lewis）和内尔（Knell）编撰的论文集《地球的年龄》（*The Age of the Earth*）收录了讲述发生在 17—20 世纪的这场争论的多篇有价值的文章。

古尔德（Gould）的《时间之箭》（*Time's Arrow*）和《时间之周期》（*Time's Cycle*）收录了对伯内特、赫顿和莱伊尔的"地球理论"有见解的分析文章。古尔德以自然史为主题的多部著名短篇论文集中，记录了地球科学史上多位特殊人物的很多珍贵片段。休格特（Huggett）的《大灾难和地球历史》（*Cataclysms and Earth History*）分析了从古代到 20 世纪灾变论复兴在内的多种"洪积论"。

克尔布尔－埃伯特（Kölbl-Ebert）的《地质学和宗教》（*Geology and Religion*）收录了多种类型的文章，例如，K. V. 马格鲁德（K.V.Magruder）的《六天创世的（17 世纪）习语》（"The [17th-century] idiom of a six-day creation"）；马丁·拉德威克（Martin Rudwick）的《圣经大洪水和（19 世纪的）地质大洪水》（"Biblical flood and [19th-century] geological deluge"）；R. A. 彼得斯（R.A.Peters）的《神正论视角下的创世论》（"Theodicic creationism"），作为一个前神创论者，这是彼得斯值得注意的努力，他这一阐明神创论的研究项目比幼稚的字句主义解经法更加有深度。

《地球科学史》（*Earth Sciences History*）是一份刊登学术文章的国际期刊，其中的许多文章与本书的主题相关。

早期（17—18 世纪中期）

罗西（Rossi）的《时间的黑暗深渊》（*Dark Abyss of Time*）是一部完全国际化的经典著作，讲述了从胡克到布封早期的研究情况。波特（Porter）的《造就地质学》（*The Making of Geology*）是另外一部经典著作，主要聚焦英国，并扩展到了赫顿生活的时代。拉帕波特（Rappaport）的《在地质学家是历史学家的时代》（*When Geologists Were Historians*）是针对这一时期展开研究的优秀作品，作者集中研究了法语世界。普尔（Poole）的《世界创造者》（*World*

Makers），是一部出版时间较近的文化史著作，讲述了 17 世纪对地球研究进行理论化的英国学者的故事。

格拉夫顿（Grafton）的《文本捍卫者》（*Defenders of the Text*）是一部权威评论，评析了斯卡利杰尔创作科学年表的那个时代的知识分子世界。英佩（Impey）和麦格雷戈（MacGregor）的经典著作《博物馆的起源》（*Origins of Museums*）集纳了研究"珍奇屋"的文章。拉德威克的《化石的意义》（*Meaning of Fossils*）的第一章和第二章，不仅描述了关于"化石"本质的早期辩论，还描述了将它们解释为古代遗迹的早期辩论。卡特勒（Cutler）的《山巅的海贝》（*Seashell on the Mountaintop*）是斯坦诺的传记，文风通俗，但内容可靠。

中期（18 世纪中期—19 世纪晚期）

本书的中间章节实际上是拉德威克的《突破时间极限》（*Bursting the Limits of Time*）和它的续篇《亚当之前的世界》（*Worlds Before Adam*）的浓缩版本，这两本书内容详尽，易于理解，书中配有来自原始资料的丰富插图。拉德威克的《作为新学科的地质学》（*New Science of Geology*）以及《莱伊尔和达尔文》（*Lyell and Darwin*）重印了关于这些特定问题的多篇文章。

罗歇（Roger）的《布封》（*Buffon*）是 20 世纪首屈一指的布封专家撰写的优秀传记。海尔布伦（Heilbron）和西格里斯特（Sigrist）的《让–安德烈·德吕克》（*Jean-André Deluc*）评论了有关德吕克的最新研究成果。科尔西（Corsi）的《拉马克的时代》（*Age of Lamarck*）对达尔文之前的进化论进行了经典描述。拉德威克的《乔治·居维叶》（*Georges Cuvier*）翻译和评论了居维叶关于化石的最重要的著作。詹姆斯·西科德（James Secord）编写的莱伊尔《地质学原理》的删节版，对这本重要著作及其社会背景做了有价值的概述。赫伯特（Herbert）的《地质学家查尔斯·达尔文》（*Charles Darwin, Geologist*）详细研究了达尔文的最初科学职业。

拉德威克的《化石的意义》的第三章到第五章描述了 19 世纪中期学者将化石用作探寻地球深史和生命进化的踪迹。拉德威克的《来自深时的场景》（*Scenes from Deep Time*）再现了用图片重建深时的早期例子，同时还对这种图示法进行了评论。格雷森（Grayson）的《人类古老性的确定》（*Establishment of Human Antiquity*）是对 19 世纪这场辩论的经典描述；范里佩尔（Van Riper）的《与猛犸象共存的人类》（*Men among the Mammoths*）聚焦了 19 世纪中叶英国对人类古老性问题具有决定性的研究。

奥康纳（O'Connor）的《展示地球》（*Earth on Show*）重点介绍了英国地质学家和那些使用他们作品的作家之间的关系，这是聚焦这一主题的最出色（同时也是最有趣）的文化史，那些包括字句主义解经者和《圣经》学者在内的创作者在面向更广大公众的"通俗"科学中使用了地质学家的作品。约尔丹诺瓦（Jordanova）和波特的《地球印象》（*Images of the Earth*）收录了很多有价值的论文，例如，约翰·赫德利·布鲁克（John Hedley Brooke）的《地质学家的自然神学》（"The natural theology of the geologists"），戴维·艾伦（David Allen）论述地质学与其他自然史学科关系的作品。拉德威克的《泥盆纪大争论》（*Great Devonian Controversy*）通过详尽描述，彰显了这一时期专业的地质学争论具备的特点。

约翰·英布里（John Imbrie）和凯瑟琳·帕尔默·英布里（Katherine Palmer Imbrie）的《冰期》（*Ice Ages*）描绘了 19 世纪时学者对更新世冰川作用历史现实性的承认，以及 20 世纪时人们围绕引发它们的原因进行的辩论。格林（Greene）的《19 世纪的地质学》（*Geology in the Nineteenth Century*）描述了造山运动理论和魏格纳时代之前的地球构造学。伯奇菲尔德（Burchfield）的《开尔文勋爵和地球年龄》（*Lord Kelvin and the Age of the Earth*）是在放射性被发现以前关于地球年龄争论的经典记叙。鲍勒（Bowler）的《人类进化理论》（*Theories of Human Evolution*）介绍了 20 世纪早期的进化论和其在 19 世纪的根源。

晚期（19 世纪末—21 世纪早期）

鲍勒和皮克斯通（Pickstone）的《现代生物学和地球科学》（*Modern Biological and Earth Sciences*）收录了一些学者做出的有益总结。例如，莫特·格林（Mott Greene）的《地质学》（"Geology"），罗纳德·雷恩杰（Ronald Rainger）的《古生物学》（"Paleontology"），亨利·弗兰克尔（Henry

Frankel）的《板块构造学》（"Plate tectonics"）。奥尔德罗伊德（Oldroyd）的《地球的内部和外部》（*The Earth Inside and Out*）收录了谢丽·刘易斯（Cherry Lewis）的《亚瑟·霍姆斯的统一理论》（"Arthur Holmes' unifying theory"），它将放射性测年法与大陆漂移联系起来；还收录了乌尔苏拉·马文（Ursula Marvin）的《地质学：从地球到一门行星科学》（"Geology: from an Earth to a planetary science"）。克里格（Krige）和佩斯特（Pestre）的《20世纪的科学》（*Science in the Twentieth Century*）收录了R. E. 德尔（R. E. Doel）的《地球科学和地球物理学》（"The earth sciences and geophysics"），它对新的行星视角做了特别有价值的论述。

刘易斯的《测年游戏》（*Dating Game*）是亚瑟·霍姆斯的传记，讲述了他在放射性测年法方面所做的工作。哈勒姆（Hallam）的《地球科学中的革命》（*Revolution in the Earth Sciences*）是地质学家书写的关于大陆漂移说和板块构造学的最优秀的历史著作，写于相关研究尘埃落定之后不久。勒格朗德（LeGrand）的《漂移大陆和活动论》（*Drifting Continents and Shifting Theories*）根据不断增长的科学知识评估了这个主题。奥雷斯克斯（Oreskes）的《拒绝大陆漂移学说》（*Rejection of Continental Drift*）是有关这一理论的一部卓越历史作品，并对该理论进行了分析。作者是一位历史学家，但最初接受过地质学教育，她在书中聚焦了美国科学家起先拒绝接受这一理论的情况，此外，还描述了这一理论在北美以外的发展。奥雷斯克斯的《板块构造学》（*Plate Tectonics*）集纳了很多优秀地质学家的重要论文，而且她还为这本论文集写了序言。

舍普夫（Schopf）的《生命的摇篮》（*Cradle of Life*）的第一章和第二章讲述了一位地质学家有价值的发现和解释前寒武纪化石的历史；布拉西耶（Brasier）的《达尔文的迷失世界》（*Darwin's Lost World*）是另一位地质学家的更加非正式的记叙作品。阿诺德（Arnaud）等编撰的《新元古代冰川作用》（*Neoproterozoic Glaciations*）收录了保罗·F. 霍夫曼（Paul F.Hoffman）的文章《新元古代冰川地质学历史，1871—1997》（"A history of neoproterozoic glacial geology，1871—1997"），霍夫曼是确认前寒武纪冰期的一位主要地质学家。

贝克（Baker）的《水道贫瘠地》（*Channeled Scabland*）对早期的"新灾变论"争论进行了历史叙述。塞普科斯基（Sepkoski）的《重读化石记录》

（*Rereading the Fossil Record*）是讲述定量的"古生物学"运动的一部优秀的历史作品，这一运动鉴定了可能的大规模灭绝事件；塞普科斯基和鲁斯（Ruse）的《古生物学革命》（*Paleobiological Revolution*）收录了由多位著名古生物学家撰写的一系列有价值的论文，例如，苏珊·特纳（Susan Turner）和戴维·奥尔德罗伊德（David Oldroyd）的《雷吉·斯普里格和伊迪卡拉山动物群的发现》（"Reg Sprigg and the discovery of the Ediacara fauna"）。格伦（Glen）的《大灭绝辩论》（*Mass Extinction Debates*）是一部相似的论文集，编辑对这场辩论做了解释。劳普（Raup）的《涅墨西斯事件》（*Nemesis Affair*）是一位地质学家的生动叙述，记录了正在进行的关于来自太空的重要影响的争论。

朗博斯（Numbers）的《创世论者》（*Creationists*）是讲述这场运动的标准历史作品，修订以后涵盖了最近的"智能设计"争论。马蒂（Marty）和阿普尔比（Appleby）的《原教旨主义和社会》（*Fundamentalisms and Society*）收录了詹姆斯·莫尔（James Moore）的《新教原教旨主义的创世论宇宙》（"The creationist cosmos of Protestant fundamentalism"），该文对创世论的历史根源做了有价值的解释。施奈德曼（Schneiderman）和阿利蒙（Allmon）的《岩石记录》（*For the Rock Record*）讲述了地质学家对"年轻地球"和"智能设计"理论的反应，包括蒂莫西·H. 希顿（Timothy H. Heaton）对"神创论视角下的地质学"所做的历史性评论。

参考书目

Arnaud, Emmanuele, Galen P. Halverson, and Graham Shields-Zhou (eds.), *The Geological Record of Neoproterozoic Glaciations*, Geological Society, 2011.

Baker, Victor R., "The Channeled Scabland: a retrospective," *Annual Reviews of Earth and Planetary Sciences*, vol. 37, pp. 393–411, 2009.

Bowler, Peter J., *Theories of Human Evolution: A Century of Debate, 1844–1944*, Basil Blackwell, 1986.

Bowler, Peter J., and John V. Pickstone (eds.), *The Modern Biological and Earth Sciences* [Cambridge History of Science, vol. 6], Cambridge University Press, 2009.

Brasier, Martin, *Darwin's Lost World: The Hidden History of Animal Life*, Oxford University Press, 2009.

Burchfield, Joe D., *Lord Kelvin and the Age of the Earth*, Science History, 1975.

Corsi, Pietro, *The Age of Lamarck: Evolutionary Theories in France, 1790–1830*, University of California Press, 1988 [*Oltre il Mito*, Il Mulino, 1983].

Cutler, Alan, *The Seashell on the Mountaintop: A Story of Science, Sainthood, and the Humble Genius Who Discovered a New History of the Earth*, Dutton, 2003.

Glen, William, *The Mass Extinction Debates: How Science Works in a Crisis*, Stanford University Press, 1994.

Gorst, Martin, *Aeons: The Search for the Beginning of Time*, Fourth Estate, 2001.

Gould, Stephen Jay, *Time's Arrow, Time's Cycle: Myth and Metaphor in the Discovery of Geological Time*, Harvard University Press, 1987.

Grafton, Anthony T., *Defenders of the Text: The Traditions of Scholarship in an Age of Science, 1450–1800*, Harvard University Press, 1991.

Grayson, Donald K., *The Establishment of Human Antiquity*, Academic Press, 1983.

Greene, Mott. T., *Geology in the Nineteenth Century: Changing Views of a Changing World*, Cornell University Press, 1982.

Hallam, A., *A Revolution in the Earth Sciences: From Continental Drift to Plate Tectonics*, Clarendon Press, 1973.

Heilbron, J. L., and René Sigrist (eds.), *Jean-André Deluc: Historian of Earth and Man*, Slatkine Érudition, 2011.

Herbert, Sandra, *Charles Darwin, Geologist*, Cornell University Press, 2005.

Huggett, Richard, *Cataclysms and Earth History: The Development of Diluvialism*, Clarendon Press, 1989.

Imbrie, John, and Katherine Palmer Imbrie, *Ice Ages: Solving the Mystery*, Harvard University Press, 1986.

Impey, Oliver, and Arthur MacGregor (eds.), *The Origins of Museums: The Cabinet of Curiosities in Sixteenth- and Seventeenth-Century Europe*, Clarendon Press, 1985.

Jordanova, L. J., and Roy Porter (eds.), *Images of the Earth: Essays in the History of the Environmental Sciences*, 2nd ed., British Society for the History of Science, 1997.

Kölbl-Ebert, Martina (ed.), *Geology and Religion: A History of Harmony and Hostility*, Geological Society, 2009.

Krige, John, and Dominique Pestre (eds.), *Science in the Twentieth Century*, Harwood Academic, 1997.

LeGrand, H. E. *Drifting Continents and Shifting Theories: The Modern Revolution in Geology and Scientific Change*, Cambridge University Press, 1988.

Lewis, Cherry, *The Dating Game: One Man's Search for the Age of the Earth*, Cambridge University Press, 2000.

Lewis, Cherry, and S. J. Knell (eds.), *The Age of the Earth: From 4004 BC to AD 2002*, Geological Society, 2001.

Marty, Martin E., and R. Scott Appleby (eds.), *Fundamentalisms and Society*, University of Chicago Press, 1993.

Numbers, Ronald L., *The Creationists: From Scientific Creationism to Intelligent Design*, University of California Press, 2006 [first edition, 1993].

O'Connor, Ralph, *The Earth on Show: Fossils and the Poetics of Popular Science, 1802–1856*, University of Chicago Press, 2007.

Oldroyd, David R. (ed.), *The Earth Inside and Out: Some Major Contributions to Geology in the Twentieth Century*, Geological Society, 2002.

Oreskes, Naomi, *The Rejection of Continental Drift: Theory and Method in American Earth Science*, Oxford University Press, 1999.

Oreskes, Naomi (ed.), *Plate Tectonics: An Insider's History of the Modern Theory of the Earth*, Westview Press, 2001.

Poole, William, *The World Makers: Scientists of the Restoration and the Search for the Origins of the Earth*, Peter Lang, 2010.

Porter, Roy, *The Making of Geology: Earth Science in Britain, 1660–1815*, Cambridge University Press, 1977.

Rappaport, Rhoda, *When Geologists Were Historians, 1665–1750*, Cornell University Press, 1997.

Raup, David M., *The Nemesis Affair: A Story of the Death of Dinosaurs and the Ways of Science*, W. W. Norton, 1986.

Richet, Pascal, *A Natural History of Time*, University of Chicago Press, 2007 [*L'Age du Monde*, Éditions du Seuil, 1999].

Roger, Jacques, *Buffon: A Life in Natural History*, Cornell University Press, 1997 [*Buffon: Un Philosophe au Jardin du Roi*, Fayard, 1989].

Rossi, Paolo, *The Dark Abyss of Time: The History of the Earth and the History of Nations from Hooke to Vico*, University of Chicago Press, 1984 [*I Segni di Tempo*, Feltrinelli, 1979].

Rudwick, Martin J. S., *Bursting the Limits of Time: The Reconstruction of Geohistory in the Age of Revolution*, University of Chicago Press, 2004.

———, *Georges Cuvier, Fossil Bones, and Geological Catastrophes*, University of Chicago Press, 1997.

———, *The Great Devonian Controversy: The Shaping of Scientific Knowledge among Gentlemanly Specialists*, University of Chicago Press, 1985.

———, *Lyell and Darwin, Geologists: Studies in the Earth Sciences in the Age of Reform*, Ashgate, 2005.

———, *The Meaning of Fossils: Episodes in the History of Palaeontology*, 2nd ed., University of Chicago Press, 1985.

———, *The New Science of Geology: Studies in the Earth Sciences in the Age of Revolution*, Ashgate, 2004.

———, *Scenes from Deep Time: Early Pictorial Representations of the Prehistoric World*, University of Chicago Press, 1992.

———, *Worlds Before Adam: The Reconstruction of Geohistory in the Age of Reform*, University of Chicago Press, 2008.

Schneiderman, Jill S., and Warren D. Allmon (eds.), *For the Rock Record: Geologists on Intelligent Design*, University of California Press, 2010.

Schopf, J. William, *Cradle of Life: The Discovery of Earth's Earliest Fossils*, Princeton University Press, 1999.

Secord, James A. (ed.), *Charles Lyell: Principles of Geology*, Penguin Books, 1997.

Sepkoski, David, and Michael Ruse (eds.), *The Paleobiological Revolution: Essays on the Growth of Modern Paleontology*, University of Chicago Press, 2009.
Sepkoski, David, *Rereading the Fossil Record: The Growth of Paleobiology as an Evolutionary Discipline*, University of Chicago Press, 2012.
Van Riper, A. Bowdoin, *Men among the Mammoths: Victorian Science and the Discovery of Human Prehistory*, University of Chicago Press, 1993.
Wyse Jackson, Patrick, *The Chronologers' Quest: The Search for the Age of the Earth*, Cambridge University Press, 2006.

图片来源

第一章

图 1.1、图 1.4　Ussher, *Annales Veteris Testamenti*, 1650, pp. 1, 4.
图 1.2　　　作者设计
图 1.3　　　Lloyd (ed.), *Holy Bible*, 1701, p. 1.
图 1.5、图 1.6　Kircher, *Arca Noë*, 1659, opp. pp. 159, 192.

第二章

图 2.1　　　Worm, *Museum Wormianum*, 1655, frontispiece.
图 2.2　　　Scilla, *Vana Speculazione*, 1670, pl. XVI.
图 2.3、图 2.4　Steno, *Myologia Specimen*, 1667, Tab. IV, VI.
图 2.5　　　Lister, *Historia Conchyliorum*, 1685–92, pl. 1046.
图 2.6　　　Steno, *De Solido . . . Prodromus*, 1669, plate.
图 2.7　　　Hooke, *Posthumous Works*, 1705, p. 321.
图 2.8　　　Scheuchzer, *Homo Diluvii Testis*, 1725, plate.
图 2.9　　　Scheuchzer, *Physica Sacra*, vol. 1 (1731), Tab. XXII.

第三章

图 3.1　　　Descartes, *Principia Philosophiae*, 1644, p. 215.
图 3.2　　　Burnet, *Sacred Theory of the Earth*, vol. 1, 1684, frontispiece.
图 3.3　　　Buffon, *Époques de la Nature*, 1778, p. 1. 作者翻译

图 3.4	作者设计
图 3.5、图 3.6	Hutton, *Theory of the Earth*, 1795, vol. 1, pl. 3 and p. 200.

第四章

图 4.1、图 4.8	Knorr and Walch, *Merkwürdigkeiten der Natur*, vol. 1, 1755, Tab. XIIIb, Tab. XIa.
图 4.2	Trebra, *Erfahrungen vom Innern der Gebirge*, 1785, Taf. VI.
图 4.3	Arduino, MS section of Valle d'Agno, 1758, in Arduino archive, bs.760, IV.c.11, Biblioteca Civica di Verona.
图 4.4	Hamilton, *Campi Phlegraei*, 1776, pl. 6.
图 4.5	Faujas, *Volcans éteints*, 1778, pl. 10.
图 4.6	Desmarest, "Détermination de trois époques" in *Mémoires de l'Institut National*, vol. 6, pl. 7.
图 4.7	Lamanon, "Fossiles de Montmartre" in *Observations sur la Physique*, vol. 19 (1782), pl. 3.
图 4.9	Hunter, "Observations on the bones near the River Ohio" in *Philosophical Transactions of the Royal Society*, vol. 58 (1769), pl. 4.

第五章

图 5.1	Bru de Ramón, print in Cuvier archive 634(2), Bibliothèque Centrale, Muséum National d'Histoire Naturelle, Paris.
图 5.2	Tilesius [Wilhelm von Tilenau], "De skeleto mammonteo Sibirico" in *Mémoires de l'Académie Impériale des Sciences de St Pétersbourg*, vol. 5 (1815), pl. 10.
图 5.3	Cuvier, MS drawing, in Cuvier archive 635, Bibliothèque Centrale, Muséum National d'Histoire Naturelle, Paris.
图 5.4	Cuvier, *Ossemens Fossiles* (1812), vol. 1, p. 3. 作者翻译
图 5.5	De la Beche, MS drawing, 1820, in De la Beche archive, MS 347, Department of Geology, National Museum of Wales, Cardiff.
图 5.6	Hall, "Revolutions of the Earth's surface" in *Transactions of the Royal Society of Edinburgh*, vol. 7 (1814), pl. 9.
图 5.7、图 5.9	Buckland, *Reliquiae Diluvianae*, 1823, pls. 17, 21.
图 5.8	Conybeare, "Hyaena's den at Kirkdale," lithographed print, 1823.

第六章

| 图 6.1、图 6.2 | Cuvier, *Ossemens Fossiles*, 1812, vol. 1, part of "Carte géognostique" |

| 图 6.3 | Englefield, *Isle of Wight*, 1816, pl. 25.
| 图 6.4 | De la Beche, "*Duria antiquior*" print, 1830.
| 图 6.5、图 6.6 | Buckland, *Geology and Mineralogy*, 1836, vol. 2, parts of pl. 1.
| 图 6.7 | Brongniart and Desmarest, *Crustacés Fossiles*, 1822, part of pl. 1.
| 图 6.8 | Goldfuss, *Petrifacta Germaniae*, vol. 3, 1844, frontispiece.
| 图 6.9 | De la Beche, *Researches in Theoretical Geology*, 1834, frontispiece.

and pl. 2, fig. 1.

第七章

| 图 7.1 | Mary Buckland to Whewell, 12 May 1833, MS letter in Whewell papers, a 66/31, Trinity College, Cambridge.
| 图 7.2 | [Rennie], *Conversations on Geology*, 1828, pls. [3, 5].
| 图 7.3 | Mantell, *Wonders of Geology*, 1838, frontispiece.
| 图 7.4 | Scrope, *Geology of Central France*, 1827, p. 165.
| 图 7.5 | Lyell, *Principles of Geology*, vol. 1, 1830, frontispiece.
| 图 7.6 | De la Beche, *Awful Changes* print [1830].
| 图 7.7、图 7.8 | Rudwick, *Worlds Before Adam*, 2008, fig. 13.7 and fig. 35.3.
| 图 7.9 | Agassiz, *Études sur les Glaciers*, 1840, pl. 17.

第八章

| 图 8.1 | Geikie, *Great Ice Age*, 1894, plate XIV.
| 图 8.2 | Schmerling, *Recherches sur les Ossemens Fossiles*, 1833–34, vol. 1, plate I.
| 图 8.3 | Boucher de Perthes, *Antiquités Celtiques et Antédiluviennes*, vol. 1, 1847, reproduced in Donald K. Grayson, *Establishment of Human Antiquity*, Academic Press, 1983, p. 124.
| 图 8.4 | Prestwich, "Exploration of Brixham Cave," *Philosophical Transactions of the Royal Society*, vol. 163, 1873, p. 550.
| 图 8.5 | Agassiz, *Recherches sur les Poissons Fossiles*, 1833–43, vol. 1, plate at p. 170.
| 图 8.6 | Gaudry, *Animaux Fossiles et Géologie de l'Attique*, vol. 2, 1867, p. 354.
| 图 8.7 | S. J. Mackie, "Aeronauts of the Solenhofen Age," *Geologist*, vol. 6, 1863, plate I.
| 图 8.8 | Boitard, "L'Homme Fossile," *Magasin Universel*, vol. 5, 1838, p. 209.

第九章

| 图 9.1 | Smith, *Chaldean Account of Genesis*, 1876, p. 10.

图 9.2	Hawkins, "Visual education as applied to geology," *Journal of the Society of Arts*, vol. 2, 1854, p. 446.
图 9.3	Prévost, "Formation des terrains," in *Candidature de Prévost*, 1835, plate.
图 9.4	Lugéon, "Grandes Nappes de Recouvrement des Alpes," *Bulletin de la Société Géologique de France*, ser. 4, vol. 1, 1902, fig. 3, p. 731.
图 9.5	Bertrand, "Châine des Alpes," *Bulletin de la Société Géologique de France*, ser. 3, vol. 15, 1887, p. 442, fig. 5.
图 9.6、图 9.9	Phillips, *Life on the Earth*, 1860, pp. 66, 51.
图 9.7	Barrande, *Système Silurien du Centre de la Bohême*, vol. 1, 1852, pl. 10.
图 9.8	Dawson, *Life's Dawn on Earth*, 1875, pl. IV.

第十章

图 10.1	Zeuner, *Dating the Past: An Introduction to Geochronology*, Methuen, 1946, fig. 17, p. 51.
图 10.2	Wegener, *Entstehung der Kontinente und Ozeane*, 1922, fig. 2, p. 5.
图 10.3	Köppen and Wegener, *Klimate der geologischen Vorzeit*, Borntraeger, 1924, fig. 3, p. 22.
图 10.4	Du Toit, *Our Wandering Continents: An Hypothesis of Continental Drifting*, Oliver & Boyd, 1937, fig. 9, p. 76.
图 10.5	Holmes, "Radioactivity and Earth Movements," *Transactions of the Geological Society of Glasgow*, vol. 18, 1931, figs. 2, 3, p. 579.
图 10.6	J. E. Everett and A. G. Smith, "Genesis of a geophysical icon . . . ," *Earth Sciences History*, vol. 27 (2008), p. 7, fig. 5, reproduced from E. Bullard, J. E. Everett, and A. G. Smith, "The fit of the continents . . . ," *Philosophical Transactions of the Royal Society of London*, vol. A 258 (1965), pp. 41–51, fig. 8.
图 10.7	Naomi Oreskes, *Plate Tectonics*, Westview, 2001, p. 48, reproduced from A. D. Raff and R. G. Mason, "Magnetic survey . . . ," *Bulletin of the Geological Society of America*, vol. 72 (1961), pp. 1267–70.
图 10.8	Anthony Hallam, *A Revolution in the Earth Sciences: From Continental Drift to Plate Tectonics*, Clarendon, 1973, fig. 34, p. 79.

第十一章

图 11.1	Mary Leakey and Richard Hay, "Pliocene footprints in Lateolil beds at Lateoli, northern Tanzania," *Nature*, vol. 278, 22 March 1979, fig. 7, p. 322.

图 11.2　Whittington, *The Burgess Shale*, Yale University Press, 1985, fig. 4.70.

图 11.3、图 11.6　Preston Cloud, *Oasis in Space: Earth History from the Beginning*, Norton, 1988, fig. 10.9 A, p. 239; and fig. 11.5 A, p. 262.

图 11.4　Glaessner, "Pre-Cambrian animals," *Scientific American*, vol. 204, 1961, p. 74.

图 11.5　Harland and Rudwick, "The Great Infra-Cambrian Ice Age," *Scientific American*, vol. 212, 1964, p. 30.

图 11.7　Arizona meteor crater, Wikimedia Commons.

图 11.8　C. S. Beals, M. J. S. Innes, and J. A. Rothenberg, "Fossil meteorite craters," fig. 1, in Barbara M. Middlehurst and Gerard Peter Kuiper, *The Moon, Meteorites and Comets*, University of Chicago Press, 1963, p. 237.

图 11.9　"The Blue Marble," Wikimedia Commons.

第十二章

图 12.1　"A man-made world," *The Economist*, 28 May 2011, p. 81.

图 12.2　Unger, *Die Urwelt*, 1851, Atlas, Taf. 9.

新知文库

01 《证据：历史上最具争议的法医学案例》[美] 科林·埃文斯 著　毕小青 译
02 《香料传奇：一部由诱惑衍生的历史》[澳] 杰克·特纳 著　周子平 译
03 《查理曼大帝的桌布：一部开胃的宴会史》[英] 尼科拉·弗莱彻 著　李响 译
04 《改变西方世界的26个字母》[英] 约翰·曼 著　江正文 译
05 《破解古埃及：一场激烈的智力竞争》[英] 莱斯利·罗伊·亚京斯 著　黄中宪 译
06 《狗智慧：它们在想什么》[加] 斯坦利·科伦 著　江天帆、马云霏 译
07 《狗故事：人类历史上狗的爪印》[加] 斯坦利·科伦 著　江天帆 译
08 《血液的故事》[美] 比尔·海斯 著　郎可华 译　张铁梅 校
09 《君主制的历史》[美] 布伦达·拉尔夫·刘易斯 著　荣予、方力维 译
10 《人类基因的历史地图》[美] 史蒂夫·奥尔森 著　霍达文 译
11 《隐疾：名人与人格障碍》[德] 博尔温·班德洛 著　麦湛雄 译
12 《逼近的瘟疫》[美] 劳里·加勒特 著　杨岐鸣、杨宁 译
13 《颜色的故事》[英] 维多利亚·芬利 著　姚芸竹 译
14 《我不是杀人犯》[法] 弗雷德里克·肖索依 著　孟晖 译
15 《说谎：揭穿商业、政治与婚姻中的骗局》[美] 保罗·埃克曼 著　邓伯宸 译　徐国强 校
16 《蛛丝马迹：犯罪现场专家讲述的故事》[美] 康妮·弗莱彻 著　毕小青 译
17 《战争的果实：军事冲突如何加速科技创新》[美] 迈克尔·怀特 著　卢欣渝 译
18 《最早发现北美洲的中国移民》[加] 保罗·夏亚松 著　暴永宁 译
19 《私密的神话：梦之解析》[英] 安东尼·史蒂文斯 著　薛绚 译
20 《生物武器：从国家赞助的研制计划到当代生物恐怖活动》[美] 珍妮·吉耶曼 著　周子平 译
21 《疯狂实验史》[瑞士] 雷托·U. 施奈德 著　许阳 译
22 《智商测试：一段闪光的历史，一个失色的点子》[美] 斯蒂芬·默多克 著　卢欣渝 译
23 《第三帝国的艺术博物馆：希特勒与"林茨特别任务"》[德] 哈恩斯－克里斯蒂安·罗尔 著　孙书柱、刘英兰 译
24 《茶：嗜好、开拓与帝国》[英] 罗伊·莫克塞姆 著　毕小青 译
25 《路西法效应：好人是如何变成恶魔的》[美] 菲利普·津巴多 著　孙佩妏、陈雅馨 译
26 《阿司匹林传奇》[英] 迪尔米德·杰弗里斯 著　暴永宁、王惠 译

27	《美味欺诈：食品造假与打假的历史》[英]比·威尔逊 著 周继岚 译	
28	《英国人的言行潜规则》[英]凯特·福克斯 著 姚芸竹 译	
29	《战争的文化》[以]马丁·范克勒韦尔德 著 李阳 译	
30	《大背叛：科学中的欺诈》[美]霍勒斯·弗里兰·贾德森 著 张铁梅、徐国强 译	
31	《多重宇宙：一个世界太少了？》[德]托比阿斯·胡阿特、马克斯·劳讷 著 车云 译	
32	《现代医学的偶然发现》[美]默顿·迈耶斯 著 周子平 译	
33	《咖啡机中的间谍：个人隐私的终结》[英]吉隆·奥哈拉、奈杰尔·沙德博尔特 著 毕小青 译	
34	《洞穴奇案》[美]彼得·萨伯 著 陈福勇、张世泰 译	
35	《权力的餐桌：从古希腊宴会到爱丽舍宫》[法]让－马克·阿尔贝 著 刘可有、刘惠杰 译	
36	《致命元素：毒药的历史》[英]约翰·埃姆斯利 著 毕小青 译	
37	《神祇、陵墓与学者：考古学传奇》[德]C. W. 策拉姆 著 张芸、孟薇 译	
38	《谋杀手段：用刑侦科学破解致命罪案》[德]马克·贝内克 著 李响 译	
39	《为什么不杀光？种族大屠杀的反思》[美]丹尼尔·希罗、克拉克·麦考利 著 薛绚 译	
40	《伊索尔德的魔汤：春药的文化史》[德]克劳迪娅·米勒－埃贝林、克里斯蒂安·拉奇 著 王泰智、沈惠珠 译	
41	《错引耶稣：〈圣经〉传抄、更改的内幕》[美]巴特·埃尔曼 著 黄恩邻 译	
42	《百变小红帽：一则童话中的性、道德及演变》[美]凯瑟琳·奥兰丝汀 著 杨淑智 译	
43	《穆斯林发现欧洲：天下大国的视野转换》[英]伯纳德·刘易斯 著 李中文 译	
44	《烟火撩人：香烟的历史》[法]迪迪埃·努里松 著 陈睿、李欣 译	
45	《菜单中的秘密：爱丽舍宫的飨宴》[日]西川惠 著 尤可欣 译	
46	《气候创造历史》[瑞士]许靖华 著 甘锡安 译	
47	《特权：哈佛与统治阶层的教育》[美]罗斯·格雷戈里·多塞特 著 珍栎 译	
48	《死亡晚餐派对：真实医学探案故事集》[美]乔纳森·埃德罗 著 江孟蓉 译	
49	《重返人类演化现场》[美]奇普·沃尔特 著 蔡承志 译	
50	《破窗效应：失序世界的关键影响力》[美]乔治·凯林、凯瑟琳·科尔斯 著 陈智文 译	
51	《违童之愿：冷战时期美国儿童医学实验秘史》[美]艾伦·M. 霍恩布鲁姆、朱迪斯·L. 纽曼、格雷戈里·J. 多贝尔 著 丁立松 译	
52	《活着有多久：关于死亡的科学和哲学》[加]理查德·贝利沃、丹尼斯·金格拉斯 著 白紫阳 译	
53	《疯狂实验史Ⅱ》[瑞士]雷托·U. 施奈德 著 郭鑫、姚敏多 译	

54 《猿形毕露：从猩猩看人类的权力、暴力、爱与性》［美］弗朗斯·德瓦尔 著　陈信宏 译
55 《正常的另一面：美貌、信任与养育的生物学》［美］乔丹·斯莫勒 著　郑嬿 译
56 《奇妙的尘埃》［美］汉娜·霍姆斯 著　陈芝仪 译
57 《卡路里与束身衣：跨越两千年的节食史》［英］路易丝·福克斯克罗夫特 著　王以勤 译
58 《哈希的故事：世界上最具暴利的毒品业内幕》［英］温斯利·克拉克森 著　珍栎 译
59 《黑色盛宴：嗜血动物的奇异生活》［美］比尔·舒特 著　帕特里曼·J.温 绘图　赵越 译
60 《城市的故事》［美］约翰·里德 著　郝笑丛 译
61 《树荫的温柔：亘古人类激情之源》［法］阿兰·科尔班 著　苜蓿 译
62 《水果猎人：关于自然、冒险、商业与痴迷的故事》［加］亚当·李斯·格尔纳 著　于是 译
63 《囚徒、情人与间谍：古今隐形墨水的故事》［美］克里斯蒂·马克拉奇斯 著　张哲、师小涵 译
64 《欧洲王室另类史》［美］迈克尔·法夸尔 著　康怡 译
65 《致命药瘾：让人沉迷的食品和药物》［美］辛西娅·库恩等 著　林慧珍、关莹 译
66 《拉丁文帝国》［法］弗朗索瓦·瓦克 著　陈绮文 译
67 《欲望之石：权力、谎言与爱情交织的钻石梦》［美］汤姆·佐尔纳 著　麦慧芬 译
68 《女人的起源》［英］伊莲·摩根 著　刘筠 译
69 《蒙娜丽莎传奇：新发现破解终极谜团》［美］让－皮埃尔·伊斯鲍茨、克里斯托弗·希斯·布朗 著　陈薇薇 译
70 《无人读过的书：哥白尼〈天体运行论〉追寻记》［美］欧文·金格里奇 著　王今、徐国强 译
71 《人类时代：被我们改变的世界》［美］黛安娜·阿克曼 著　伍秋玉、澄影、王丹 译
72 《大气：万物的起源》［英］加布里埃尔·沃克 著　蔡承志 译
73 《碳时代：文明与毁灭》［美］埃里克·罗斯顿 著　吴妍仪 译
74 《一念之差：关于风险的故事与数字》［英］迈克尔·布拉斯兰德、戴维·施皮格哈尔特 著　威治 译
75 《脂肪：文化与物质性》［美］克里斯托弗·E.福思、艾莉森·利奇 编著　李黎、丁立松 译
76 《笑的科学：解开笑与幽默感背后的大脑谜团》［美］斯科特·威姆斯 著　刘书维 译
77 《黑丝路：从里海到伦敦的石油溯源之旅》［英］詹姆斯·马里奥特、米卡·米尼奥－帕卢埃洛 著　黄煜文 译
78 《通向世界尽头：跨西伯利亚大铁路的故事》［英］克里斯蒂安·沃尔玛 著　李阳 译
79 《生命的关键决定：从医生做主到患者赋权》［美］彼得·于贝尔 著　张琼懿 译
80 《艺术侦探：找寻失踪艺术瑰宝的故事》［英］菲利普·莫尔德 著　李欣 译

81	《共病时代：动物疾病与人类健康的惊人联系》[美] 芭芭拉·纳特森-霍洛威茨、凯瑟琳·鲍尔斯 著 陈筱婉 译
82	《巴黎浪漫吗？——关于法国人的传闻与真相》[英] 皮乌·玛丽·伊特韦尔 著 李阳 译
83	《时尚与恋物主义：紧身褡、束腰术及其他体形塑造法》[美] 戴维·孔兹 著 珍栎 译
84	《上穷碧落：热气球的故事》[英] 理查德·霍姆斯 著 暴永宁 译
85	《贵族：历史与传承》[法] 埃里克·芒雄-里高 著 彭禄娴 译
86	《纸影寻踪：旷世发明的传奇之旅》[英] 亚历山大·门罗 著 史先涛 译
87	《吃的大冒险：烹饪猎人笔记》[美] 罗布·沃乐什 著 薛绚 译
88	《南极洲：一片神秘的大陆》[英] 加布里埃尔·沃克 著 蒋功艳、岳玉庆 译
89	《民间传说与日本人的心灵》[日] 河合隼雄 著 范作申 译
90	《象牙维京人：刘易斯棋中的北欧历史与神话》[美] 南希·玛丽·布朗 著 赵越 译
91	《食物的心机：过敏的历史》[英] 马修·史密斯 著 伊玉岩 译
92	《当世界又老又穷：全球老龄化大冲击》[美] 泰德·菲什曼 著 黄煜文 译
93	《神话与日本人的心灵》[日] 河合隼雄 著 王华 译
94	《度量世界：探索绝对度量衡体系的历史》[美] 罗伯特·P. 克里斯 著 卢欣渝 译
95	《绿色宝藏：英国皇家植物园史话》[英] 凯茜·威利斯、卡罗琳·弗里 著 珍栎 译
96	《牛顿与伪币制造者：科学巨匠鲜为人知的侦探生涯》[美] 托马斯·利文森 著 周子平 译
97	《音乐如何可能？》[法] 弗朗西斯·沃尔夫 著 白紫阳 译
98	《改变世界的七种花》[英] 詹妮弗·波特 著 赵丽洁、刘佳 译
99	《伦敦的崛起：五个人重塑一座城》[英] 利奥·霍利斯 著 宋美莹 译
100	《来自中国的礼物：大熊猫与人类相遇的一百年》[英] 亨利·尼科尔斯 著 黄建强 译
101	《筷子：饮食与文化》[美] 王晴佳 著 汪精玲 译
102	《天生恶魔？：纽伦堡审判与罗夏墨迹测验》[美] 乔尔·迪姆斯代尔 著 史先涛 译
103	《告别伊甸园：多偶制怎样改变了我们的生活》[美] 戴维·巴拉什 著 吴宝沛 译
104	《第一口：饮食习惯的真相》[英] 比·威尔逊 著 唐海娇 译
105	《蜂房：蜜蜂与人类的故事》[英] 比·威尔逊 著 暴永宁 译
106	《过敏大流行：微生物的消失与免疫系统的永恒之战》[美] 莫伊塞斯·贝拉斯克斯-曼诺夫 著 李黎、丁立松 译
107	《饭局的起源：我们为什么喜欢分享食物》[英] 马丁·琼斯 著 陈雪香 译 方辉 审校
108	《金钱的智慧》[法] 帕斯卡尔·布吕克内 著 张叶 陈雪乔 译 张新木 校
109	《杀人执照：情报机构的暗杀行动》[德] 埃格蒙特·科赫 著 张芸、孔令逊 译

110 《圣安布罗焦的修女们：一个真实的故事》[德] 胡贝特·沃尔夫 著　徐逸群 译
111 《细菌》[德] 汉诺·夏里修斯 里夏德·弗里贝 著　许嫚红 译
112 《千丝万缕：头发的隐秘生活》[英] 爱玛·塔罗 著　郑嬿 译
113 《香水史诗》[法] 伊丽莎白·德·费多 著　彭禄娴 译
114 《微生物改变命运：人类超级有机体的健康革命》[美] 罗德尼·迪塔特 著　李秦川 译
115 《离开荒野：狗猫牛马的驯养史》[美] 加文·艾林格 著　赵越 译
116 《不生不熟：发酵食物的文明史》[法] 玛丽－克莱尔·弗雷德里克 著　冷碧莹 译
117 《好奇年代：英国科学浪漫史》[英] 理查德·霍姆斯 著　暴永宁 译
118 《极度深寒：地球最冷地域的极限冒险》[英] 雷纳夫·法恩斯 著　蒋功艳、岳玉庆 译
119 《时尚的精髓：法国路易十四时代的优雅品位及奢侈生活》[美] 琼·德让 著　杨冀 译
120 《地狱与良伴：西班牙内战及其造就的世界》[美] 理查德·罗兹 著　李阳 译
121 《骗局：历史上的骗子、赝品和诡计》[美] 迈克尔·法夸尔 著　康怡 译
122 《丛林：澳大利亚内陆文明之旅》[澳] 唐·沃森 著　李景艳 译
123 《书的大历史：六千年的演化与变迁》[英] 基思·休斯敦 著　伊玉岩、邵慧敏 译
124 《战疫：传染病能否根除？》[美] 南希·丽思·斯特潘 著　郭骏、赵谊 译
125 《伦敦的石头：十二座建筑塑名城》[英] 利奥·霍利斯 著　罗隽、何晓昕、鲍捷 译
126 《自愈之路：开创癌症免疫疗法的科学家们》[美] 尼尔·卡纳万 著　贾颋 译
127 《智能简史》[韩] 李大烈 著　张之昊 译
128 《家的起源：西方居所五百年》[英] 朱迪丝·弗兰德斯 著　珍栎 译
129 《深解地球》[英] 马丁·拉德威克 著　史先涛 译